中国数据中心冷却技术年度发展研究报告
2024

中国制冷学会数据中心冷却工作组　**组织编写**

中国建设科技出版社有限责任公司
China Construction Science and Technology Press Co., Ltd.

北　京

图书在版编目（CIP）数据

中国数据中心冷却技术年度发展研究报告 . 2024/
中国制冷学会数据中心冷却工作组组织编写 . --北京：
中国建设科技出版社有限责任公司，2025.3. -- ISBN
978-7-5160-4409-4

Ⅰ. TB6

中国国家版本馆 CIP 数据核字第 2025H1F538 号

中国数据中心冷却技术年度发展研究报告 2024
ZHONGGUO SHUJU ZHONGXIN LENGQUE JISHU NIANDU FAZHAN YANJIU BAOGAO 2024
中国制冷学会数据中心冷却工作组　组织编写

出版发行：中国建设科技出版社有限责任公司
地　　址：北京市西城区白纸坊东街 2 号院 6 号楼
邮　　编：100054
经　　销：全国各地新华书店
印　　刷：北京雁林吉兆印刷有限公司
开　　本：787mm×1092mm　1/16
印　　张：16.25
字　　数：380 千字
版　　次：2025 年 3 月第 1 版
印　　次：2025 年 3 月第 1 次
定　　价：**68.00 元**

本书编委

参 编 名 单

第1章 陈焕新 杨 闯 樊 超 张疏桐 刘 存 张 雪 蒋敏辉
1.1 陈焕新 杨 闯 刘 存
1.2 陈焕新 樊 超 张 雪
1.3 陈焕新 张疏桐 蒋敏辉

第2章 曹炳阳 李 震 冉 鑫 唐正来 沈 扬 张旭东 张 博 李 斌
2.1 曹炳阳 冉 鑫
2.2 曹炳阳 唐正来
2.3 曹炳阳 沈 扬
2.4 曹炳阳 张旭东
2.5 李 震 张 博
2.6 曹炳阳 李 斌
2.7 曹炳阳 冉 鑫

第3章 李 震 黄 翔 邵双全 陈焕新 王馨翊 褚俊杰 杨顺淋 胡孝俊
　　　 王泽青
3.1 李 震 王馨翊
3.2 李 震 王馨翊
3.3 黄 翔 褚俊杰 杨顺淋
3.4 邵双全 胡孝俊 王泽青
3.5 李 震 陈焕新 王馨翊
3.6 李 震 王馨翊

第4章 罗海亮 姜宇光 吴宏杰 袁卫星 董文兴
4.1 徐茂辉 李金峰 罗莉莉 李自勇
4.2 吴宏杰 李 印 徐 连 何 为、黄冬梅 郑品迪 杨 超 韩泽磊 高发华
　　　 钱三平
4.3 袁卫星 董文兴 任柯先 曾云辉

4.4　胡孝俊　丁　昊　廖曙光　邢　利

4.5　徐　连　徐茂辉

4.6　徐　连　宋　阔　王永真

4.7　李金峰　徐　连　徐茂辉

4.8　徐茂辉　李自勇

4.9　姜宇光　吴宏杰　李　印

第5章　刘圣春

5.1　刘圣春　黄冬梅

5.2　李雪强　孙海旺

5.3　李雪强　秦国强

5.4　王志明　郭神通

5.5　王志明　黄冬梅

5.6　王志明　孙海旺

第6章　韩宗伟　徐　欣　周　峰　孙晓晴　吴成斌　王　静　张义奇　历秀明

6.1　韩宗伟　孙晓晴　王　静　历秀明

6.2　周　峰　韩宗伟　孙晓晴　王　静　张义奇

6.3　徐　欣　孙晓晴　韩宗伟　王　静

6.4　徐　欣　韩宗伟

6.5　吴成斌　孙晓晴　韩宗伟

第7章　邵双全　王宁波　蔡贵立

7.1　王宁波

7.2　王　伟

7.3　王宁波

7.4　吕松浩

7.5　吕松浩

7.6　吕松浩

7.7　吕松浩

第8章　黄　翔　邵双全　吴　伟　褚俊杰

8.1　黄　翔　褚俊杰　杨顺淋　高　远

8.2　黄　翔　褚俊杰　高　远

8.3　黄　翔　褚俊杰　杨顺淋

8.4 黄 翔 褚俊杰 杨顺淋 高 远

8.5 黄 翔 褚俊杰 杨顺淋 高 远

8.6 吴 伟 隋云任 邵双全 魏祖园 王永真 陈孝元 卢乙彬 孔庆一

8.7 邵双全 吴 伟 周 峰 黄琮琪 苏 文 蔺新星 王泽青 欧阳俊彪

8.8 吴 伟 邵双全

第9章 邵双全 郭玉洁 赵国君 张晓宁

9.1 邵双全 郭玉洁

9.2 罗莉莉 李金峰 郭焱华

9.3 董文兴 任柯先 董梓骏

9.4 王 超 姜 峰 黄琮琪

9.5 王 伟 蔡贵立 肖 玮 陈汉鸣 梁景淋 于宏鑫

9.6 徐 欣 白泽阳 龚 聪

9.7 李洪智 孟洋洋 魏祖园

9.8 刘 飞 王凌云 刘晴晴

9.9 孙 地 罗 琪 郭玉洁

9.10 邵双全 郭玉洁

第10章 郑竺凌 荆华乾

10.1.1 杜海能 金 谦

10.1.2 杨志新 刘 玉

10.1.3 刘和军 肖成伟

10.1.4 郭小飞 李泽雁

10.1.5 万积清 朱 冰

10.1.6 吴 桐 徐龙云

10.1.7 任柯先 袁卫星

10.1.8 任柯先 袁卫星

10.2.1 徐明微 赵路平

10.2.2 郭小飞 李泽雁

10.2.3 佟 钊 徐 欣

10.2.4 李雪强 孙海旺

10.3.1 王 伟

10.3.2 帅 旗 陈 健

10.3.3 滕家乐 黄 璜 王安光

前　言

数据中心作为数字经济发展的引擎和关键载体，在国家战略布局中具有举足轻重的地位。近年来，云计算、大数据、人工智能等业务的迅猛发展，驱动了云存储、云计算以及智能算力需求的快速增长。随着单机柜功率密度持续提升，传统风冷技术因其冷却能力和能效限制，逐渐难以满足高功率密度数据中心的冷却需求，而液冷技术凭借其高效散热、节能环保、噪声低等诸多优势，成为数据中心冷却技术新的发展方向，其应用前景日益广阔。

为了全面总结我国数据中心冷却技术的发展现状与未来趋势，中国制冷学会数据中心冷却工作组已连续八年编写并发布《中国数据中心冷却技术年度发展研究报告》。在新形势和新挑战下，工作组再次组织相关领域的专家、学者及企业代表，编写完成了《中国数据中心冷却技术年度发展研究报告 2024》。本书以数据中心液冷技术为核心，全面描述了我国数据中心行业的基本概况、技术现状和发展趋势，结合理论分析与测试数据，深入剖析了液冷技术的核心优势与潜在挑战。同时，书中对国内外相关技术方案进行了适用性分析，并介绍了多个具有代表性的应用案例，供读者参考。

本书第 1 章概述了数据中心及其冷却技术的总体发展状况；第 2 章从数据中心的主要热源入手，深入介绍了芯片热管理与散热过程；第 3 章对液冷系统进行了总体概述，结合芯片热特性论述了液冷技术应用的必要性与优越性；第 4 章至第 7 章分别聚焦于几种主要液冷技术：冷板式液冷、单相浸没式液冷、相变浸没式液冷、喷淋式液冷，详细探讨了其技术原理及技术细节；第 8 章重点介绍了液冷技术的冷源解决方案及余热利用技术，为进一步提升能源利用率提供了参考；第 9 章对国内外液冷产品进行了总结与分析；第 10 章精选多个液冷数据中心的实际运行案例进行剖析，总结经验并探讨未来改进方向。本书旨在帮助广大读者全面了解数据中心液冷技术的发展背景、核心特点、最新现状及未来趋势。

中国制冷学会数据中心冷却工作组成员单位对本书的编写工作给予了大力支持与辛勤付出。在此致以衷心的感谢！书中存在的不足或疏漏之处，恳请各位专家和读者批评指正，以帮助我们不断完善和改进。

目　录

第1章　数据中心及数据中心冷却概况 ……………………………………………… 1

1.1　中国数据中心及冷却系统发展状况 …………………………………… 1

1.2　全球数据中心新变化 …………………………………………………… 11

1.3　国内数据中心冷却系统政策发展趋势 ………………………………… 15

参考文献 …………………………………………………………………………… 27

第2章　芯片热过程与热管理 ……………………………………………………… 29

2.1　引言 ……………………………………………………………………… 29

2.2　芯片自热效应 …………………………………………………………… 31

2.3　芯片近结热管理 ………………………………………………………… 39

2.4　芯片热管理材料 ………………………………………………………… 47

2.5　接触热阻 ………………………………………………………………… 51

2.6　芯片散热方式 …………………………………………………………… 55

2.7　小结 ……………………………………………………………………… 58

参考文献 …………………………………………………………………………… 58

第3章　数据中心液冷形式 ………………………………………………………… 62

3.1　引言 ……………………………………………………………………… 62

3.2　液冷系统的基本形式 …………………………………………………… 62

3.3　液冷系统的温差分配 …………………………………………………… 65

3.4　液冷系统一次侧管路 …………………………………………………… 67

3.5　液冷系统的种类及对比 ………………………………………………… 71

3.6　小结 ……………………………………………………………………… 75

参考文献 …………………………………………………………………………… 75

第4章　冷板式液冷 ………………………………………………………………… 77

4.1　引言 ……………………………………………………………………… 77

4.2　单相冷板式液冷 ………………………………………………………… 77

4.3　两相冷板式液冷 ………………………………………………………… 91

4.4　辅助风冷系统 …………………………………………………………… 95

4.5　安全与保障 ……………………………………………………………… 104

4.6　冷板式液冷节能及经济性分析 ………………………………………… 105

4.7 技术瓶颈与解决方案 ……………………………… 114

4.8 冷板式液冷市场分析 ……………………………… 116

4.9 小结 ……………………………………………… 119

参考文献 …………………………………………… 119

第 5 章 单相浸没式液冷 ……………………………… 121

5.1 引言 ……………………………………………… 121

5.2 单相浸没液冷组件 ………………………………… 121

5.3 工质 ……………………………………………… 124

5.4 单相浸没液冷数据中心长期运行可靠性 …………… 128

5.5 CFD 技术在单相浸没式液冷中的应用 ……………… 129

5.6 小结 ……………………………………………… 136

参考文献 …………………………………………… 136

第 6 章 相变浸没式液冷 ……………………………… 138

6.1 引言 ……………………………………………… 138

6.2 相变浸没冷却液 …………………………………… 138

6.3 相变浸没冷却系统 ………………………………… 142

6.4 循环系统及管路设计 ……………………………… 148

6.5 相容性及耐久性 …………………………………… 149

参考文献 …………………………………………… 152

第 7 章 喷淋式液冷 …………………………………… 155

7.1 引言 ……………………………………………… 155

7.2 喷淋液冷系统 ……………………………………… 155

7.3 热工设计 ………………………………………… 161

7.4 工质 ……………………………………………… 162

7.5 二次侧管路及循环系统 …………………………… 163

7.6 供配电 …………………………………………… 164

7.7 液冷群控系统架构 ………………………………… 165

参考文献 …………………………………………… 166

第 8 章 冷源与余热利用 ……………………………… 167

8.1 引言 ……………………………………………… 167

8.2 干冷器 …………………………………………… 167

8.3 开式冷却塔 ………………………………………… 171

8.4 闭式冷却塔 ………………………………………… 173

8.5 间接蒸发冷却塔 …………………………………… 176

8.6 余热直接供热技术 ………………………………… 179

8.7 余热升温供热技术 ·· 180

8.8 小结 ·· 186

参考文献 ·· 186

第 9 章 液冷产品 ·· 188

9.1 引言 ·· 188

9.2 解耦型冷板式液冷机柜 ·· 188

9.3 机柜式 CDU ··· 190

9.4 Vertiv™ Liebert®冷板液冷 XDU ··· 192

9.5 IDC 芯片级喷淋液冷系统 ··· 195

9.6 数据中心相变浸没液冷换热模块 ·· 197

9.7 数据中心液冷工质（型号 TSJ 型） ·· 199

9.8 预制模块化浸没式液冷数据/智算中心产品——云酷智能 ··················· 201

9.9 申菱天枢 SKY-ACMECOL 液冷温控系统 ······································ 204

9.10 小结 ·· 205

第 10 章 液冷数据中心运行案例 ·· 206

10.1 冷板式液冷系统应用案例 ··· 206

10.2 浸没式液冷系统应用案例 ··· 229

10.3 喷淋式及其他液冷系统应用案例 ··· 238

10.4 本章案例综合分析 ··· 245

第1章 数据中心及数据中心冷却概况

1.1 中国数据中心及冷却系统发展状况

数据中心在现代社会扮演着举足轻重的角色，它们不仅是数据存储和处理的核心，也是云计算、人工智能和大数据分析等前沿技术的坚实基石。然而数据中心的高效运行面临着能源消耗和热管理的巨大挑战，冷却系统作为确保数据中心设备稳定运行的关键环节，其设计和效能对整个数据中心的可靠性和性能有着至关重要的影响。本节将深入探讨数据中心冷却的多个维度，包括当前的规模、所采用的技术以及未来的发展趋势。

1.1.1 "人工智能"背景下中国数据中心行业规模与市场趋势

在数字化时代，数据中心行业扮演着越来越重要的角色，特别是在人工智能等前沿技术的快速发展推动下，中国的数据中心市场持续展现出增长的趋势。根据中商产业研究院发布的《2024—2029年中国数据中心建设市场需求预测及发展趋势前瞻报告》，我国数据中心市场规模一直保持增长态势，如图1.1-1所示。2023年，中国数据中心整体市场规模达到了约2407亿元，相较于2022年同比增长了26.7%，增长率与前一年持平。基于这一趋势，预计到2024年，中国数据中心市场总规模将达到约3048亿元，增长率预计为26.6%，与近两年的增长率持平。这一预测显示，尽管增长速度有所减缓，但数据中心市场规模的增长势头依旧强劲，预示着数据中心在中国数字化转型和新基建中将继续扮演关键角色。

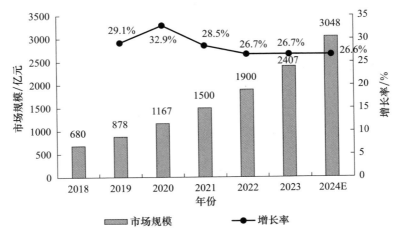

图 1.1-1　2019—2024年中国IDC市场规模及增长率

注：图中 E 表示预测值。

1

如图 1.1-2 所示，截至 2023 年，中国在用数据中心的机架总规模已超过 810 万标准机架，这一数字不仅代表了数据中心规模的扩张，更是技术能力提升的体现。据中国信息通信研究院测算，中国的算力规模已达到每秒 1.97 万亿亿次浮点运算，位居全球第二。这一成就不仅彰显了中国在超级计算和云计算领域的领先地位，而且为人工智能、大数据分析等前沿技术的发展提供了强有力的支持。随着数字经济的蓬勃发展和信息化技术的广泛应用，中国的数据中心行业展现出稳步增长的势头，成为推动国家数字化转型和科技创新的关键力量。

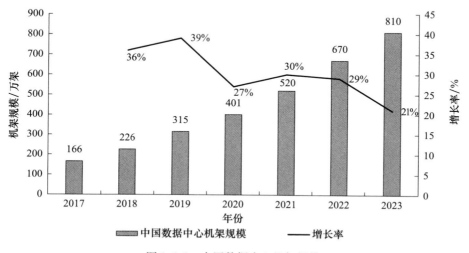

图 1.1-2　中国数据中心机架规模

随着数字经济的快速发展，以及 5G、物联网、人工智能等新兴技术的广泛应用，传统数据中心市场的需求呈现出多样化和高度专业化的趋势。过去数据中心市场主要集中在为大型互联网公司提供基础设施支持，如数据存储、网络传输等。然而随着云计算的兴起和普及，企业不再仅仅依赖于自建数据中心，而是越来越多地倾向于采用云服务，这对传统数据中心行业带来了市场结构的重大影响。目前数据中心市场的需求呈现出了多元化的特征，除了大型互联网公司外，中小型企业、政府部门以及各行各业都开始积极采用数据中心服务，以支持其数字化转型和业务扩展。这种变化不仅提升了数据中心市场的整体规模，也推动了服务内容和技术水平的提升，如数据安全性、服务响应速度和能源效率等方面的优化成为了行业关注的焦点。随着 5G 和物联网技术的进一步普及，以及人工智能和大数据的深度融合，中国传统 IDC 市场将继续面临新的挑战和机遇。如何通过技术创新和服务升级，适应日益复杂和多变的市场需求，将是行业发展的关键。

数据中心算力规模高速增长，大型数据中心成为主流模式，如图 1.1-3 所示。随着各行业数字化转型，以及人工智能、大数据、5G、人工智能生成内容（AIGC）等技术推动，我国算力中心建设规模高速增长。根据《中国算力发展指数白皮书》，近年来中国智能算力增长迅速，2021 年增速超 85％，2022 年中国智能算力规模（换算为 FP32）达到 178.5EFlops，增速高达 71.63％，如图 1.1-4 所示。根据 IDC 披露的信息，2023年中国智能算力规模增长率为 28.9％，中国智能算力规模达到 239EFlops。2023 年 10

月，工信部等六部门发布《算力基础设施高质量发展行动计划》，到 2025 年，中国算力规模将超过 300EFlops，其中，智能算力占比将达到 35%。大型以上算力中心机架数量占比逐年提升，2022 年大型规模以上算力中心机架数占比 81%。智能时代加速而来，最大的需求是算力，最关键的基础设施是数据中心。一边是算力需求远超摩尔定律的井喷增长，而另一边是多重的资源约束，未来数据中心必须持续创新，在消耗本地资源的前提下实现最大的算力输出，数据中心产业将迎来新一轮变革。

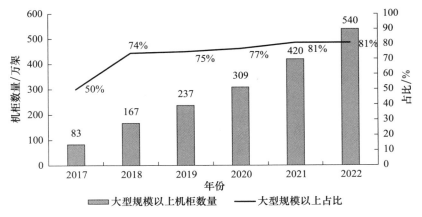

图 1.1-3 大型以上算力中心机架数及占比

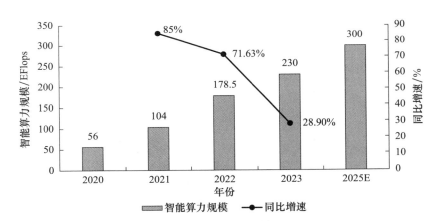

图 1.1-4 2020—2025 年中国智能算力规模及其同比增速

注：智能算力规模按照我国近 6 年 AI 服务器算力总量估算。我国智能算力＝∑ 近六年
(年 AI 出货规模×当年 AI 服务器平均算力)。

中国在超级计算领域的进步是算力增长的重要推动力量之一，超级计算机的建设和运行不仅对硬件设施有严苛的要求，更需要庞大的数据处理能力支持。中国在过去几年积极推动了超级计算机的研发和应用，如天河系列超级计算机在国际上的知名度和影响力逐步提升，为算力规模的增长奠定了坚实的基础。云计算和大数据技术的快速发展也极大地促进了算力规模的扩展，云计算平台通过高效的数据处理和存储，为各行各业提供了便捷和灵活的计算资源。中国的云计算市场蓬勃发展，多家企业提供的云服务不断升级，为用户提供了更高效、更稳定的计算能力支持，进一步推动了算力的增长。人工智能技术的广泛应用也是算力需求增长的重要因素，深度学习、机器学习等人工智能技术对计算资源的需求极大，需要大规模的数据处理和运算能力，中国在人工智能领域的投资和研发持续增加，吸引了大量的算力投入，加速了算力规模的提升。

在中邮证券发布的《产业与政策双轮驱动，数据中心液冷进入高景气发展阶段》报告中，针对数据中心热管理设备领域的上市公司进行了深入调研，涉及的企业包括英维克、申菱环境、曙光数创、科华数据和飞荣达等。在激烈的市场竞争中，这些企业通过在液冷数据中心技术上的深入研究和突破，实现了显著的业绩增长。2023 年，英维克在机房温控节能产品及机柜温控节能产品上的收入分别达到 16.40 亿元和 14.65 亿元，占总营收的 87.99%。申菱环境凭借冷板式、浸没式等多种液冷系统整体解决方案，实现了全国范围内机房整体 PUE 低于 1.15 的优异表现。曙光数创作为液冷技术的领军企业，在两相浸没式液冷技术中展现出显著的竞争优势。科华数据拥有"IDC＋新能源"双主业，其中 IDC 业务占比接近 30%，在 2023 年成功交付了中国移动长三角地区液冷数据中心、海外液冷集装箱等项目，带来了巨大的经济效益。飞荣达作为液冷技术的新兴力量，已经具备冷板式和浸没式液冷技术的储备，并研制了单项液冷和两相液冷相关产品，实现了小批量交付。如图 1.1-5 所示，在这些企业中，2023 年科华数据的营业收入、净利润及营收增长率均最高，分别达到了 81.41 亿元、5.08 亿元、44%，而其他公司的营收也相当可观，这充分证明了发展液冷数据中心技术能够带来显著的经济效益。

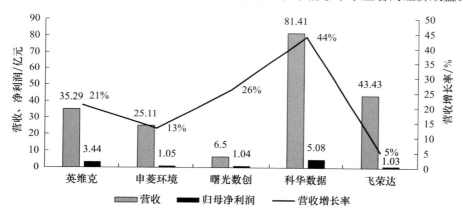

图 1.1-5　2023 年我国数据中心热管理设备部分上市供应商营收、净利润及增长率

1.1.2　中国数据中心地域分布及发展趋势

信息技术的飞速发展使得数据中心成为支撑大数据存储与处理的核心基础设施，其地理分布和未来趋势对于全球信息社会的发展至关重要。数据中心不仅是满足日益增长的信息管理需求的关键，也是推动云计算、人工智能和物联网等前沿技术进步的重要力量。在全球一体化和数字化的双重推动下，数据中心的布局和技术进步已成为塑造未来信息社会格局的重要动力和挑战。

"东数西算"是中国在新基建背景下提出的一项关键战略，旨在解决国内数据中心资源分布不均和能源消耗问题，促进经济和社会的可持续发展。该战略通过将东部地区的数据计算任务转移到能源和土地资源更丰富的西部地区处理，以实现绿色计算和区域协调发展。

随着数字经济的蓬勃发展，数据中心作为信息基础设施的关键组成部分，其数量和规模正在迅速扩张。然而，这些数据中心大多集中在东部沿海发达地区，如北京、上海和广州等，尽管这些地区网络基础设施完善、技术人才集中，但也面临着土地资源紧张、电力供应不足和环境压力增大等问题。相比之下，西部地区虽然拥有丰富的土地资源和清洁能源，如风能、太阳能和水力发电等，但由于地理位置偏远和基础设施相对落后，数据中心建设和运营成本较高，未能充分发挥其潜力。因此如何平衡东西部之间的数据计算能力，成为一个亟待解决的问题。

尽管"东数西算"战略具有明显优势，但在实施过程中也面临诸多挑战。例如西部地区的恶劣自然环境可能影响数据中心的稳定运行，并且数据传输距离的增加可能导致网络延迟和数据安全问题。如何在实际操作中有效克服这些困难，是这一战略成功实施的关键。随着 5G、物联网和人工智能等新兴技术的持续发展，数据量将呈现爆炸式增长，对数据中心的需求也将随之增加。"东数西算"战略的实施，不仅有助于解决当前数据中心布局不均的问题，还将为未来的数据处理和存储奠定坚实的基础。

数据中心服务商在中国的布局主要集中在京津冀、长三角、粤港澳和成渝等经济发达区域，以及内蒙古等资源丰富地区。根据数据中心标准化委员会（CDCC）的统计数据，2021 年这四大核心区域的存量机柜总数占比超过 80%，如图 1.1-6 所示，其中华北地区以北京及周边为核心，占比 26%；华东地区以长三角为核心，占比 29%；华南地区以粤港澳为核心，占比 24%；西南地区以成渝为核心，占比 10%。

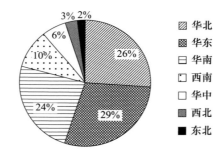

图 1.1-6　全国各区域 IDC 存量机柜总数占比

中国数据中心存量机柜的分布呈现出多样化和高度发展的趋势，作为互联网基础设施的关键支撑，数据中心不仅是数据存储与处理的重要场所，也直接影响着各类云服务的稳定性和效率。2022 年 1 月，国家发展改革委批复建设全国一体化算力网络国家枢纽节点，明确要求东西部枢纽节点数据中心的 PUE 分别控制在 1.25 和 1.2 以下。这些枢纽节点包括宁夏、京津冀、内蒙古、甘肃、成渝、长三角、贵州和粤港澳等，西部数据中心主要承担后台加工、离线分析和存储备份等对网络要求不高的业务，而东部枢纽则处理对网络要求较高的业务，如工业互联网、金融证券、灾害预警、远程医疗、视频通话和人工智能推理等。

东部沿海地区包括北京、上海、广东等经济发达省市，是中国数据中心存量机柜的主要集中地，得益于这些地区的优越经济条件和成熟的信息技术产业，吸引了大量企业和互联网公司投资建设大型数据中心。中部地区尤其是成都、武汉、西安等新兴城市，在政府政策扶持和区域经济快速发展的背景下，逐渐成为新的数据中心热点区域，推动了当地信息技术产业的发展，并加强了区域数字经济建设和云计算服务能力。西部地区虽然机柜总数相对较少，但也呈现出明显的增长势头，特别是在青藏高原周边的一些新兴城市，通过政策支持和基础设施建设，逐步成为连接内地和西部地区的重要枢纽，有利于缩小区域发展差距，并为跨区域互联网服务提供更稳定和高效的支持。

总体来看，中国各区域数据中心存量机柜总数的占比呈现出多样化和动态发展的特征。东部沿海地区依然是主要集聚区，而中部和西部地区正在快速追赶和扩展。随着云计算、5G等技术的深入应用和普及，各地数据中心存量机柜总数的增长将继续受到政策支持和市场需求的双重推动，为中国数字经济的全面发展注入新的活力和动力。

1.1.3 中国数据中心能耗现状及态势

中国的数据中心行业在云计算、大数据、人工智能等技术的推动下迅速增长，成为数字经济和信息化建设的基石，但是这一增长也伴随着能源消耗的挑战。2019年，中国数据中心的总能耗已达到数十亿kW·h，预计随着行业扩张和数据需求的上升，这一数字将持续攀升。数据中心的能耗主要集中在服务器运行和制冷系统上，后者的能耗尤为突出，尽管数据中心的能效水平正在提升，但老旧设施和低效设备的普遍存在仍是一个挑战，需要通过技术革新和精细管理来克服，以实现能效的进一步提升。

中国的数据中心行业在云计算、大数据、人工智能等技术的推动下迅猛发展，成为数字经济和信息化建设的重要基础设施，但这一发展势头也带来了能源消耗和环境影响的挑战。据CDCC数据（图1.1-7）显示，2021年全国数据中心用电量达到937亿kW·h，占全社会用电量的1.13%，二氧化碳排放量约为7830万t，占全国二氧化碳排放量的0.77%。预计到2025年，全国数据中心用电量将增至1200亿kW·h，二氧化碳排放总量预计将达到10000万t，约占全国排放总量的1.23%。面对这一趋势，节能优化和能源替换成为数据中心行业减排的两大途径。特别是在当前全国数据中心PUE和可再生能源使用水平较低的情况下，"十四五"规划末期提出了明确的改进目标。

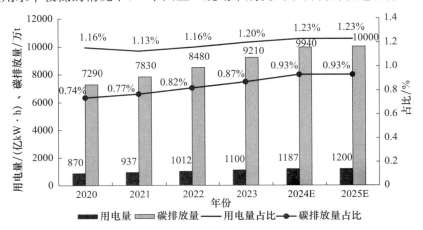

图1.1-7 2020—2025年全国数据中心用电量和碳排放量概况

根据CDCC的统计分析，2021年全国数据中心平均PUE为1.49，仍有提升空间。如图1.1-8所示，华北、华东地区的数据中心平均PUE接近1.4，表现相对较优，而华中、华南地区由于地理位置、上架率及其他因素的影响，数据中心平均 PUE 接近 1.6，存在较大的提升空间。面对这些挑战，数据中心行业正通过技术创新和管理模式的改进，努力实现能效提升和绿色发展。

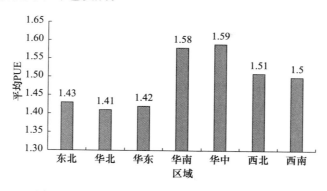

图 1.1-8　2021 年我国各区域 IDC 平均 PUE 情况

2021 年 7 月，工信部发布了《新型数据中心发展三年行动计划（2021—2023 年）》，明确提出目标，即到 2023 年底，新建大型及以上数据中心的 PUE（能源效率）应降至 1.3 以下（图 1.1-9）。紧接着在 2022 年 6 月，工信部等六部门联合印发《工业能效提升行动方案》，进一步提出到 2025 年，新建大型、超大型数据中心的 PUE 应优于 1.3。2024 年 7 月，国家发展改革委等部门联合印发了《数据中心绿色低碳发展专项行动计划》，提出到 2025 年底，全国数据中心布局更加合理，整体上架率不低于 60%，所有机房平均 PUE 降低至 1.5 以下。在北上广深等一线城市，对 PUE 的限制更为严格，这要求数据中心采用更高效节能的技术及设备以降低能耗。

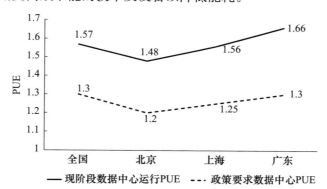

图 1.1-9　2022 年数据中心 PUE 与政策要求

我国数据中心的耗电量在全国电力消耗中占据了日益重要的比重，随着数字化进程的加速和云计算、大数据等新兴技术的广泛应用，数据中心的用电需求急剧增长，成为全国电力负荷的重要组成部分。根据工业和信息化部的最新数据，中国数据中心的耗电量已经占到了全国总用电量的 6% 左右，这一比例近年来稳步增长，反映了数据中心在支撑国家经济发展和信息化进程中的关键作用。特别是在东部沿海发达地区，数据中心的用电量更为显著，这些地区集中了大量互联网企业和云服务提供商，其数据中心用电量在全国的比重更高。

数据中心耗电量的增长不仅受到数字经济快速扩展的推动，还与数据中心规模的急剧扩大密切相关。大型数据中心通常配备数千甚至数万台服务器，以及大量冷却设备和电力备份系统，这些设施的运行需要大量的电能支持。因此，数据中心的能效管理和节能措施成为业界关注的重点，通过优化设备使用效率和采用节能技术，来降低能耗和环境影响。

我国数据中心的单机柜功率密度正处于快速提升的阶段，传统数据中心的机柜功率密度通常在2～5kW，而随着云计算、人工智能等技术的发展，现代数据中心的单机柜功率密度已经普遍超过10～20kW甚至更高。高功率密度的机柜能够容纳更多的服务器和计算设备，提升数据处理和存储能力，同时也带来了更高的能耗和散热需求。为了应对这一挑战，数据中心在设计和建设过程中，采用了先进的冷却技术和节能设备，如热回收系统、液冷技术等，以提高能效和降低运营成本。未来，随着技术的进步和需求的增长，我国数据中心的单机柜功率密度有望继续上升，这也将促使行业在能源利用效率和环境友好型数据中心建设上不断创新。

传统风冷数据中心的电费占据了运维总成本的60%～70%，赛迪顾问的统计数据揭示了中国数据中心能耗的分布情况，如图1.1-10所示，其中制冷系统的耗电占比约为43%，仅次于IT设备自身能耗占比（45%），这一数据表明数据中心能耗中制冷系统的能耗巨大。而《绿色节能液冷数据中心白皮书》提供的数据则显示了液冷技术在节能方面的显著效果，某液冷数据中心通过使用液冷设备替代风冷设备，其能耗占比降至9%（图1.1-11），PUE值也降低至1.2以下。这些数据不仅证实了液冷技术在降低数据中心能耗和提高能效方面的潜力，也表明了数据中心节能技术的发展方向。

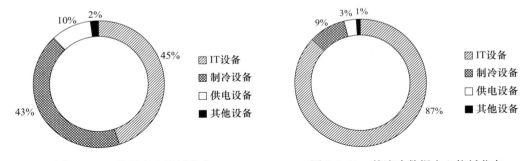

图1.1-10　数据中心能耗分布　　　　图1.1-11　某液冷数据中心能耗分布

1.1.4　中国数据中心冷却系统技术应用及发展

随着人工智能技术的飞速发展，数据中心作为支撑其运算能力的基石，正面临着算力需求的急剧增长，为了满足这一需求，数据中心的规模不断扩大，单机柜的功率密度也随之显著提升，直接导致发热量大幅增加。目前数据中心的冷却方式主要分为风冷和液冷两大类。风冷技术作为传统的冷却方法，通过风扇将冷空气送入数据中心，吸收服务器产生的热量，再通过空调系统进行冷却。这种方法简单且成本较低，但随着数据中心功率密度的增加，风冷系统可能会面临冷却效率不足的问题。相比之下，液冷技术以其更高的效率和节能特性，成为数据中心冷却的新趋势，液冷技术通过液体介质直接或间接吸收服务器产生的热量，更有效地处理高密度热量，减少能耗并提高冷却效率。更为先进的是，液冷系统不仅能够有效控制数据中心的高温环境，还能实现余热的回收利用，将原本被视为负担的废热转化为可供其他领域使用的宝贵能源，从而在提升数据中心能效的同时，也促进了能源利用的可持续发展。

根据图 1.1-12～图 1.1-13 的数据，液冷冷却方式的数据中心 PUE 明显低于风冷方式，制冷能力也显著高于风冷方式，其中相变浸没式冷却方式的 PUE 可低至约 1.1，制冷能力更是可以达到 30kW 以上。相比之下传统的风冷直膨技术的 PUE 普遍在 1.4 以上，这进一步凸显了液冷技术在数据中心冷却中的优越性和未来发展潜力。

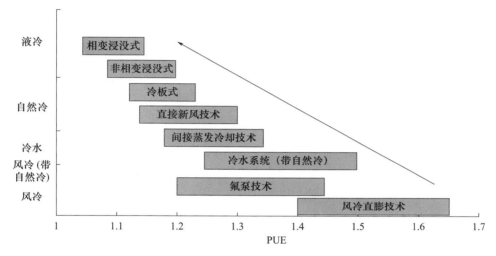

图 1.1-12 数据中心制冷技术对应 PUE 范围

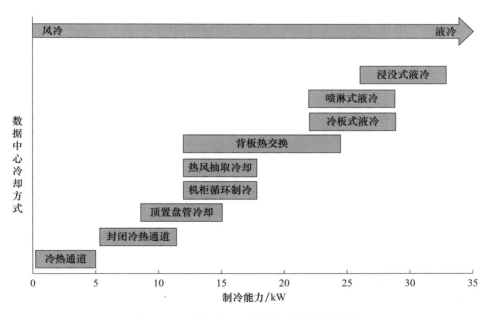

图 1.1-13 数据中心不同冷却技术制冷效果

综上所述，液冷技术利用液体的高导热性和高热容性，替代空气成为散热介质，展现出低能耗、高效散热、低噪声和低总体拥有成本（TCO）等显著优势。液冷散热技术的传热路径较短、换热效率较高、制冷能效高，这些特点共同促成了液冷技术的低能耗优势，液体的载热能力、导热能力和对流换热系数均显著高于空气，因此其散热能力远超风冷，同时液冷散热通过泵驱动冷却介质在系统内循环流动，有效解决了噪声污染问题。液冷数据中心的 PUE 可以降至 1.2 以下，每年能够节省大量电费，显著降低数据中心的运行成本。

针对 2MW 机房的情况，数据中心冷却技术的性能对比如图 1.1-14 所示，可以看到风冷、冷板式液冷和浸没式液冷三种不同的冷却方式，其中风冷技术的冷却能耗、冷却电费、机柜数量和占地面积都明显大于冷板式液冷。为了响应国家对绿色数据中心的倡导，未来的数据中心冷却技术发展应向液冷方向倾斜，以实现更高的能效和更低的环境影响。

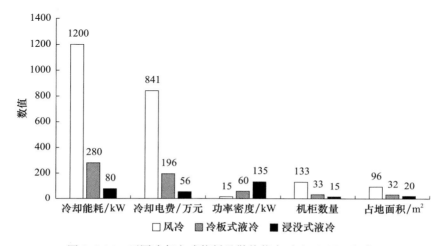

图 1.1-14 不同冷却方式能耗及散热能力对比（2MW 机房）

数据中心热管理市场正在经历快速增长，液冷技术作为其中的新兴力量，市场份额有望迅速提升。根据 Omdia 的数据（图 1.1-15），2023 年全球数据中心热管理市场规模已飙升至 76.7 亿美元，液冷市场份额占 13%，市场规模约为 10 亿美元。预计到 2028 年，数据中心冷却市场总规模将达到 168 亿美元，液冷市场份额将增至 33%，市场规模约为 55 亿美元。这一增长势头在很大程度上受到人工智能驱动的需求和高密度基础设施创新的推动，标志着数据中心热管理行业的一个重要转折点。

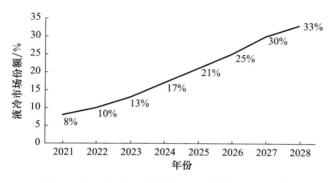

图 1.1-15 Omdia 对数据中心热管理市场的预测

数据中心作为信息时代的能源消耗大户，其在高效处理海量数据的同时，也产生了大量的余热，这些看似无用的余热实则蕴含着巨大的潜力和价值。通过创新的余热回收技术，数据中心可以将这些废热转化为可用于供暖、热水供应甚至发电的宝贵资源。这种做法不仅有助于减少数据中心对环境的影响，实现节能减排的目标，还能促进能源的高效循环利用，为城市或工业园区提供可持续的能源解决方案。为此，数据中心余热利用不仅是提升数据中心能效的关键一环，也是推动绿色能源发展、实现经济社会可持续发展目标的重要途径。

1.2　全球数据中心新变化

在国内数据中心规模不断提升、政策不断完善的同时，全球数据中心也正处于快速发展与技术革新并进的关键时期。北美洲、西欧和东亚等成熟的数据中心市场持续保持稳定增长，而东南亚、非洲南部等市场则逐步加强对数据中心的政策支持和产业投入，全球数据中心市场将迎来新的发展阶段。本节将从全球范围内，介绍当前世界上数据中心的发展现状，并举例展示一些具有代表性国家的有关数据中心的标准、政策，最后介绍数据中心液冷技术中较为先进的热管技术。

1.2.1　全球数据中心发展现状

随着云计算、大数据、物联网和人工智能等信息技术的应用发展，全球数据流量持续增长，数据中心的市场规模不断扩大。2019 年全球数据中心市场规模为 567 亿美元，在 2023 年增长至 822 亿美元，2019—2023 年的复合年增长率达 9.73%。预测 2024 年全球数据中心市场规模将超 900 亿美元。具体见图 1.2-1。

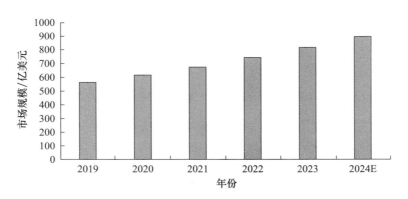

图 1.2-1　2019—2024 年全球数据中心市场规模趋势预测图

随着全球数字化进程的加速，数据中心的规模和数量呈持续增长趋势，对温控技术的需求也将不断提升。与此同时，全球资源短缺和能源危机加剧，如何有效降低数据中心的能耗已成为行业发展的关键挑战。在这种背景下，液冷技术凭借其高效、节能、环保的优势，逐渐成为数据中心温控解决方案的核心，并在未来将占据更重要的地位。

在液冷技术应用方面，数据中心运营商正积极推动包括冷板式液冷和单相浸没式液冷在内的多种液冷技术路径，这些技术为数据中心的可持续性和能效提升作出了重要贡献。单相浸没式液冷领域的先驱企业 Green Revolution Cooling（GRC），自 2009 年成立以来，开发了创新的液冷服务器机架，已经获得了戴尔和英特尔等 IT 巨头的认可。GRC 的浸没冷却技术可将数据中心的功率密度从每平方英尺 100～200W 提升至 2200W，机架密度更是高达 184kW，为高密度计算需求提供了有力支持。

此外，LiquidStack 作为浸没式两相液冷解决方案的先驱，率先在商业数据中心中成功实施了浸没式冷却技术，其标志性的 DataTank 系统已广泛应用于欧洲多个 160MW 以上的超大规模数据中心。LiquidStack 还创建了全球最大的数据中心，分别具备 40MW 和 120MW 的 IT 负载能力，有力地推动了液冷技术在全球范围内的应用。

在中国，阿里云张北数据中心作为 2022 年北京冬奥会的数据中心，也采用了浸没式液冷技术。该数据中心位于河北省张家口市张北县，采用 30～35℃的冷却水系统即可稳定运行，可以有效利用自然冷却条件，减少了碳排放。

人工智能（Artificial Intelligence，AI）和大规模语言模型如 ChatGPT 在数据中心中的应用，对数据中心基础设施提出了前所未有的高要求。首先，AI 模型的训练过程需要处理大量的数据和进行复杂的数学计算。以 OpenAI 的 GPT-3 模型为例，其训练过程涉及数以万计的 GPU 小时，该过程会产生较高的能耗，这对数据中心的冷却能力提出了较高的要求。图 1.2-2 展示了 5 种大型自然语言处理深度神经网络的能耗。

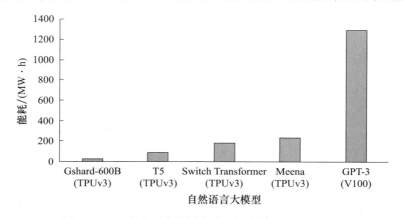

图 1.2-2　5 种大型自然语言处理深度神经网络的能耗

AI 模型的实时推理能力对于提供即时响应的应用至关重要。实时推理意味着 AI 模型能够在收到输入后立即生成输出，这对用户体验和应用效果有直接影响。为了实现这一点，边缘计算成为一种关键技术。边缘数据中心将计算资源部署在接近用户的位置，减少了数据传输的延迟，从而提供更快的响应时间。例如，微软和亚马逊通过其边缘数据中心服务，实现了低延迟的 AI 应用，显著提升了用户的交互体验。

数据存储和管理是另一个关键领域。AI 应用生成和处理的数据量巨大，需要高效且可靠的存储系统。现代数据中心采用分布式存储系统和大数据处理框架（如 Hadoop 和 Spark），以支持 AI 应用的数据需求。这些系统能够有效地存储和处理大量数据，确保数据的完整性和可访问性，从而为 AI 模型的训练和推理提供坚实的基础。

此外，AI 和 ChatGPT 在数据中心中的应用还涉及复杂的数据管理和调度策略。数据中心需要能够动态地分配计算资源，以应对不同 AI 任务的需求。这包括负载均衡、资源调度和能效管理等多方面的优化。这种动态管理确保了数据中心资源的高效利用，满足了 AI 模型训练和推理的高计算需求，同时也尽量减少了能源消耗和运营成本。

1.2.2　全球数据中心发展政策

本小节将立足于全球范围，挑选一些主要国家和地区，包括美国、欧盟以及澳大利亚等发达国家和地区，以及印度这一发展中国家，介绍近年来其数据中心的政策与标准，并将其汇总于表 1.2-1。

表 1.2-1　全球部分国家及地区近年来数据中心政策介绍

国家/地区	政策/标准/法律法规	主要内容
美国	《数据中心优化计划》[7] 《数据隐私和安全保护法案》[8]	进一步优化数据中心能耗，促进更大范围地采用绿色能源，并注重对个人数据隐私与安全的保护
欧盟	《2023—2024 年数字欧洲工作计划》[9] 《数据法案》[10]	加大对数据中心的建设和发展的支持，促进数据共享的同时注重个人隐私的保护
澳大利亚	"绿色数据中心"项目	通过区位优势及绿色能源优势吸引国际投资，推动建设更多绿色数据中心
印度	《个人数据保护法案草案》[11]	推出一系列激励措施支持数据中心发展，注重个人隐私保护

1.2.2.1　美国数据中心政策和标准

由于数据中心产业在美国早期就已经开始发展，美国已经在全球数据中心市场中占据了极其重要的地位。长时间的数据中心产业技术积累/发展使得美国占据重要地位，无论是在市场份额、技术创新还是行业标准的制定等方面，美国都处于全球领先的地位，这使其成为全球数据中心分布的首要区域。美国各地都有数据中心，覆盖面广泛，主要集中在人口众多、经济发达和互联网业务发达的地区，包括北弗吉尼亚州、得克萨斯州、加利福尼亚州和伊利诺伊州等。

根据美国能源部最新发布的《数据中心优化计划》，政府机构被要求进一步优化数据中心能耗，特别是提高电源使用效率和水资源使用效率。这一政策要求各机构积极采用智能冷却系统、自动化管理平台和节能型服务器等新技术，从而减少能源浪费并降低运营成本。此外，美国环境保护署还提高了"能源之星"认证的标准，以促进数据中心运营商更大范围地使用绿色能源。这些政策有助于减少碳排放，推动行业向清洁能源转型，实现可持续发展。

在隐私保护方面，2024 年推出的《数据隐私和安全保护法案》为数据中心引入了更为严格的隐私合规要求。此法案建立了统一的联邦隐私标准，要求所有数据中心在数据收集和处理方面遵循更高的安全性和透明度标准。根据该法案，数据中心须采取最小数据收集原则，仅保留必要的数据，并且必须对敏感数据进行更强的加密处理。除此之外，该法案对数据泄露事件进行了更严格的报告要求，规定运营商在发生数据泄露后的 48h 内通知用户和相关监管机构。这些举措不仅保障了用户的隐私权，还让数据中心在数据访问控制、隐私保护技术等方面得到了进一步的加强，为数据安全和个人信息保护设立了新的基准。

1.2.2.2 欧盟数据中心政策和标准

近年来，由于受到数字化转型和云计算需求上升的推动，欧盟的数据中心行业得以快速增长。2023 年，欧盟的数据中心市场规模已达到 500 亿欧元，预计在未来 5 年内将以每年约 10％的速度增长。随着大数据和人工智能的广泛应用，欧盟的数据中心的数量和规模也在持续提高和扩大，尤其是在德国、法国和荷兰等技术领先国家。

欧盟对数据中心的建设和发展给予了强有力的支持，特别是在资金和政策方面。2023 年 3 月 24 日，欧盟委员会发布了《2023—2024 年数字欧洲工作计划》，将投入 1.13 亿欧元用于改善云服务安全性、创设人工智能实验及测试设施以及提升各个领域的数据共享水平，其中也包含了对数据中心的支持。

此外，欧盟还提出了"欧洲数据空间"倡议，并发布了《数据法案》。其目的在于通过促进数据共享来提升数据中心的利用效率，推动数字经济的发展。《数据法案》要求企业在数据生成和处理过程中，确保数据的透明性和可追溯性，促进数据的公平共享。根据法案，企业需要在合理范围内开放其非个人数据，确保第三方可以访问和使用这些数据，从而推动创新和竞争。同时，《数据法案》还强调数据保护与隐私的重要性，确保在数据共享的过程中不可侵犯用户的隐私权利。该法案为数据中心的可持续发展提供了法律保障。

1.2.2.3 澳大利亚数据中心政策和标准

澳大利亚的数据中心市场在近几年内持续快速发展。其数据中心主要集中在悉尼、墨尔本和堪培拉等核心城市，形成了亚太地区的数据枢纽。这些区域凭借稳定的网络基础设施、便捷的国际连接和丰富的可再生能源资源，吸引了大量国际投资，为数据中心的高速发展提供了保障。其中，悉尼和墨尔本占据了全国大部分的市场份额。

为了支持数据中心的可持续发展，澳大利亚政府推出了一系列政策和专项基金，鼓励更多企业投资清洁能源基础设施。政府与微软、AirTrunk 等企业合作，推进"绿色数据中心"项目，包括使用太阳能、风能等可再生能源，并采用液冷等新型冷却技术，降低数据中心能耗和碳排放。

为解决数据中心在地区分布不平衡的问题，澳大利亚政府正逐步推进西澳大利亚和北领地的数据中心基础设施建设。西澳大利亚和北领地地理位置优越，拥有连接亚洲市场的光缆和丰富的清洁能源资源，这些因素可以促使其成为新兴的数据枢纽区域。政府还提供了税收优惠和补贴，以吸引更多企业在这些欠发达地区建立数据中心，推动当地经济发展，同时缓解东部核心城市的资源压力。

1.2.2.4 印度数据中心政策和标准

印度的数据中心行业在过去几年中快速崛起。由于人口红利和数字化转型的加速，印度国内对数据存储和处理的需求不断上升。印度的数据中心集中在孟买、班加罗尔、钦奈和海得拉巴等城市。这些城市拥有较为完善的基础设施和丰富的电力资源，吸引了国内外企业的投资。

为了支持数据中心行业的发展，印度政府推出一系列激励措施。例如，印度国家基础设施投资和资金管理局在 2023 年宣布投资 1.6 亿美元用于建设新型数据中心，同时推动与全球知名公司的合作进程，以加快数据中心的建设。各州政府也发布税收减免、土地租赁优惠等政策，以促进数据中心在当地的落地和运营。在数据隐私和数据主权方面，印度也在努力制定更加严格的监管措施。政府推出了《个人数据保护法案》草案，要求所有公司在印度本地存储用户数据。

1.3　国内数据中心冷却系统政策发展趋势

1.3.1　新背景下的数据中心建设发展政策

顺应时代发展，随着数字经济的快速发展，数据已经成为新的生产要素和经济增长点。政府将进一步加强数字经济发展战略，推动数据中心建设，以支持数字化转型和创新发展，同时将继续出台相关政策，推动数据中心行业的发展。本节介绍了 2024 年对国内数据中心发展最具影响力和指导意义的两大政策，这些政策主要包括加大对数据中心建设的投资、鼓励技术创新、优化能源消耗等特点。

1）推进"东数西算"，加快全国算力一体化

近年来，随着数字化经济发展及新技术推动，我国数据总量增长，对算力需求提升。东部数据中心面临资源约束，西部有资源潜力。将部分业务放在西部数据中心可缓解东部资源紧张，避免重复建设和浪费，促进西部经济发展，带动相关产业崛起，创造就业机会，推动区域协调发展。"东数西算"催生新技术解决方案，促进技术进步，对实现绿色发展有重要作用。总之，"东数西算"是重要战略举措，将对我国经济社会发展产生深远影响。

"东数西算"工程全面启动后，八大枢纽节点和十大数据中心集群建设取得重要突破，我国算力规模快速增长，总规模居全球第二，近五年年均增速近 30%。算力产业链初具规模，基础设施、平台、服务和运营能力不断提升，产业生态持续优化。存力规模高速增长，今年存力达 23% 的增速，规模突破 1080EB。"东数西算"算力设施布局应兼顾当前与未来，考虑潜在需求，适度超前合理部署，平衡供给与需求，为全国一体化算力体系奠定基础。

在十四届全国人大会议上，李强总理提出适度超前建设数字基础设施，加快形成全国一体化算力体系。这是首次在政府工作报告中提及，备受关注。全国一体化算力体系以信息网络技术为载体，是促进全国各类算力资源高比例、大规模一体化调度运营的数字基础设施，具有集约化、一体化、协同化、价值化特征。由此引出为何要加速形成全国一体化算力体系以及如何构建的问题。构建全国一体化算力体系对发展新质生产力、做强数字经济及推动数字中国建设意义重大。但目前存在算力布局不均衡等问题。建设该体系需统筹各地算力资源，提高整体效率和经济性。为此，应以一体化算力体系为目标，从算力布局、调度、算网传输、资源安全、绿色算力等层面施策。

深入实施"东数西算"工程，构建全国一体化算力体系，重点做好五个统筹，即通用、智能、超级算力一体化布局，东中西部算力协同，算力与数据、算法一体化应用，算力与绿色电力融合，算力发展与安全保障协同推进。要强化规划布局刚性约束，推动新增算力向国家枢纽节点集聚；以"结对子"促东西部规模化算力调度；依托国家枢纽节点算力资源，深化行业数据和算力协同；建立健全算力电力协同机制，探索分布式新

能源参与绿电交易；强化国家枢纽节点安全防护能力。国家推动东数西算两年来，三大运营商作为数字基础设施建设国家队和主力军，已取得一定成果，并积极投入全国一体化算力体系建设。

中国联通聚焦算网编排服务、算力传输、算力中心布局、算网安全体系建设。算网编排上，构建一站式服务平台，借云网边一体化调度平台实现算网能力封装与协同编排；算力传输方面，打造"IP＋光"一体化承载网，包括东数西算全光底座、基于"IPv6＋"的无损承载网；算力中心以联通云为主打品牌升级为安全数智云，提供普适化、泛在化的算网融合算力供给；算网安全上，健全应急响应与安全管理体系，保障体系安全运行。

中国移动积极落实国家相关要求，建成技术和规模领先的全国性算力网络，围绕基础设施构建、算网应用赋能、技术创新引领推动算力网络发展。基础设施上形成"4＋N＋31＋X"布局，覆盖"东数西算"核心枢纽；算网应用上以移动云为算力服务形态，深化创新应用；技术创新上构建核心技术体系，布局关键技术，构建科学装置，发布创新案例。

中国电信提出"云网融合"理念，形成"2＋4＋31＋X＋O"的算力布局，在内蒙古和贵州建全国性云基地融合资源池，京津冀等4大区建大规模公有云，31个省会及重点城市建属地化专属云，X节点打造差异化边缘云，布局海外延展算力体系。

表1.3-1中罗列了国家及地方政府出台的部分继续推进深化落实"东数西算"工程的相关政策。无论国家方面，还是地方方面，均在政策上对统筹提升"东数西算"整体效能、加快形成全国一体化算力体系表示支持鼓励。并为继续优化数据中心建设布局和供给结构，提升多元算力综合供给，提高西部地区算力利用水平，更好地落地实施下达了具体的量化目标。

表1.3-1　国家及地方政府推进深化落实"东数西算"工程的相关政策

时间	会议/政策名称	主要内容
2023年2月	《数字中国建设整体布局规划》	提出到2025年，基本形成横向打通、纵向贯通、协调有力的一体化推进格局，数字中国建设取得重要进展；到2035年，数字化发展水平进入世界前列，数字中国建设体系化布局更加科学完备
2023年3月	《关于印发数字宁夏"1244＋N"行动计划实施方案的通知》	围绕数字宁夏建设，推动实施"1244＋N"行动计划，健全完善组织、规划、政策保障体系，加快全国一体化算力网络国家枢纽宁夏节点和国家（中卫）新型互联网交换中心建设
2023年4月	《上海市推进算力资源统一调度指导意见》	提出"十四五"期间逐步推进建设"算网布局不断完善、算力资源供给充沛、算力结构持续优化、算效水平稳步提升、应用场景不断丰富"的发展格局
2023年7月	《关于印发河南省重大新型基础设施建设提速行动方案（2023—2025年）》	明确了未来3年河南省新型基础设施的建设目标、重点任务和支持举措。到2025年，争取新型基础设施建设水平进入全国前列，通信网络、智慧交通、智慧能源等领域实现全国领先

时间	会议/政策名称	主要内容
2023 年 8 月	《湖北省加快发展算力与大数据产业三年行动方案》	提出立足湖北省资源禀赋和产业基础,以超常规行动和创新性举措,加快推进算力与大数据产业跨越式发展。到 2025 年,把湖北打造成国家算力网络中部枢纽,建成全国算力与大数据创新发展的核心区
2023 年 9 月	《上海市进一步推进新型基础设施建设行动方案(2023—2026 年)》	到 2026 年底,全市新型基础设施建设水平和服务能级迈上新台阶,人工智能、区块链、第五代移动通信(5G)、数字孪生等新技术更加广泛融入和改变城市生产生活,支撑国际数字之都建设的新型基础设施框架体系基本建成
2023 年 10 月	《算力基础设施高质量发展行动计划》	提出到 2025 年,算力在计算力、运载力、存储力、应用赋能等层面将有巨大突破,能够充分推动数字经济发展,助力中国数字产业转型升级
2023 年 10 月	《安徽省通用人工智能创新发展三年行动计划(2023—2025 年)》	力争到 2025 年,安徽省充裕智能算力建成,高质量数据应开尽开,通用大模型和行业大模型达到全国领先,场景应用也将走在国内前列,从而吸引一大批企业集聚,形成一流产业生态,让安徽率先进入通用人工智能时代
2023 年 11 月	《省大数据局等 8 部门印发关于促进全国一体化算力网络国家(贵州)枢纽节点建设的若干激励政策的通知》	旨在深入落实新国发 2 号文件相关要求及国家四部委《关于加快构建全国一体化大数据中心协同创新体系的指导意见》相关要求,有效提升贵州省算力使用率和产业本地化水平,促进数据资源有序流通和创新利用
2023 年 12 月	《深入实施"东数西算"工程加快构建全国一体化算力网的实施意见》	政策强调要深入实施"东数西算"工程,即将数据资源(数)和算力资源(算)的优势结合起来,推动算力资源在全国范围内的高效分配和利用。这包括在京津冀、长三角、粤港澳大湾区、成渝以及内蒙古、贵州、甘肃、宁夏等地建设国家算力枢纽节点,并规划了 10 个国家数据中心集群
2023 年 12 月	《数字经济促进共同富裕实施方案》	提出通过数字化手段促进解决发展不平衡不充分问题,不断缩小区域、城乡、群体、基本公共服务等方面差距(以下简称"四大差距"),推进全体人民共享数字时代发展红利,助力在高质量发展中实现共同富裕
2023 年 12 月	《深圳市算力基础设施高质量发展行动计划(2024—2025)》	计划指出,到 2025 年,深圳基本形成空间布局科学合理,规模体量与极速先锋城市建设需求相匹配,计算力、运载力、存储力及应用赋能等方面与数字经济高质量发展相适应,打造"多元供给、强算赋能、泛在连接、安全融通"的中国算网城市标杆
2024 年 4 月	《数字经济 2024 年工作要点》	提出适度超前布局数字基础设施,深入推进信息通信网络建设,加快建设全国一体化算力网,全面发展数据基础设施。加快构建数据基础制度,推动落实"数据二十条",加大公共数据开发开放力度,释放数据要素价值

续表

时间	会议/政策名称	主要内容
2024 年 4 月	《北京市算力基础设施建设实施方案（2024—2027 年)》	旨在通过系统的策略和明确的实施步骤，应对日益增长的算力需求，特别是人工智能产业的迅猛发展所带来的挑战
2024 年 7 月	《"千兆黔省、万兆筑城"行动计划（2024—2025 年)》	提出在"万兆筑城"主要任务中，提升算力固基行动，打造面向全国的算力基地；深化运力筑基行动，着力强化运力高效承载，以此深度支撑"东数西算"工程

目前，国家枢纽节点建设取得阶段性成果，东西部算力资源空间分布不均衡局面得到较大改善，8 个枢纽节点 2023 年新开工的数据中心项目近 70 个，其中，西部新增数据中心的建设规模超过 60 万机架；多个数据中心项目已开工或投产，如庆阳数据中心集群算力规模突破 5000PB，张家口市投入运营的数据中心达到 27 个，宁夏建成全国首个万卡智算基地，算力质效指数全国第四、西部第一，数字经济占 GDP 比重为 35％以上；网络基础设施能力持续完善，如中卫集群互联网出口带宽达到 18TB，实现中卫到北京、上海的单向时延在 15ms 以内等。这些成果标志着"东数西算"工程已进入深入实施阶段，各枢纽节点均在紧锣密鼓地部署数据中心未来建设，这将为我国数字经济的发展提供强大的动力，为数字中国的建设奠定坚实的基础。

2）"双碳"，绿色数据中心

人工智能大模型、物联网等需求持续拉动数据中心建设，数据中心规模和算力均呈快速增长的趋势，我国数据中心总规模已位居世界第二。未来随着数据中心建设的提速、算力要求的增加，数据中心的用电量将呈快速增长的趋势，算力的竞争正在演变为能源资源的竞争。低碳运营数据中心已经成为缓解巨大能耗需求的必然选择。一方面，数据中心低碳运营是我国数字经济可持续发展的必然选择；另一方面，数据生产的低碳化也是保障我国数字化竞争力的重要方面。数据中心的低碳运营，核心在于降低能耗、绿电可及和负荷调节能力。

然而，现如今推广低碳化的绿色数据中心仍面临许多挑战。例如，数据中心区域布局需求与可再生能源资源仍存在较大的错位，尽管"东数西算"战略加强了西部地区关键节点数据基础设施的布局，但东西部的机架数量差距仍然较为悬殊；绿电交易市场体系和认证机制不完善也增加了数据中心获得低碳电力的难度。尽管我国近期大幅改进了绿电和绿证交易的相关政策机制，但仍存在部分问题，而对于具备绿电来源的数据中心而言，提高绿电的消纳水平，实现高比例的绿电供给也存在技术、经济、意识、机制等多重障碍。

在上述背景和"双碳"战略目标的指引下，绿色低碳仍是这两年数据中心政策发展的重点，国家及地方政府出台了一系列政策推动绿色数据中心的发展，主要内容包括加快相关技术和系统研发，为数据中心低碳运营提供技术基础；推进电力市场建设，为数据中心提供可靠绿电来源和有效价格激励；完善绿色数据中心等激励机制，引导数据中心加快减碳步伐等。表 1.3-2 中列出了部分国家及地方政府针对数据中心节能减碳发展的相关政策。

表 1.3-2　国家及地方政府针对数据中心节能减碳发展的相关政策

时间	会议/政策名称	主要内容
2023 年 2 月	《广东省碳达峰实施方案》	制定广东省 2030 年前碳达峰行动方案，重点推进"两高"行业和数据中心、5G 等新型基础设施的降碳行动
2023 年 4 月	《绿色数据中心政府采购需求标准（试行）》	要求政府采购数据中心相关设备和服务应当优先选用新能源、液冷、分布式供电、模块化机房等高效方案。2023 年 6 月起数据中心电能比不高于 1.4，2025 年起数据中心电能比不高于 1.3
2023 年 6 月	《关于下达 2023 年度国家工业节能监察任务的通知》	在 2021 年、2022 年工作基础上，依据《关于加强绿色数据中心建设的指导意见》（工信部联节〔2019〕24 号）和相关能效标准，对大型、超大型数据中心开展能效专项监察，核算电能利用效率（PUE）实测值，检查能源计量器具配备情况
2023 年 7 月	《关于印发进一步加强数据中心项目节能审查若干规定的通知》	为进一步完善北京数据中心项目节能审查工作，从源头上规范引导数据中心实现高质量发展，持续提高能效碳效水平，强化全生命周期节能管理，促进碳减排碳中和
2023 年 10 月	《国家碳达峰试点建设方案》	到 2025 年和 2030 年，试点地区的数据中心能源利用效率应得到显著提高，碳排放强度应明显降低
2023 年 10 月	《四川省工业领域碳达峰实施方案》	加快发展数字经济，促进产业数字化转型，推动互联网、大数据、人工智能、第五代移动通信（5G）等新兴技术与绿色低碳优势产业深度融合
2023 年 12 月	《关于组织开展 2023 年度国家绿色数据中心推荐工作的通知》	为落实《"十四五"工业绿色发展规划》《工业能效提升行动计划》《信息通信行业绿色低碳发展行动计划（2022—2025 年）》，加快数据中心能效提升和绿色低碳发展，组织开展 2023 年度国家绿色数据中心推荐工作
2023 年 12 月	《数据中心能源效率限额》	对数据中心 PUE 值提出更高的要求，限定值从 1.4 降为 1.3、准入值从 1.3 降为 1.2，以促进数据中心绿色发展
2023 年 12 月	《深圳市算力基础设施高质量发展行动计划（2024—2025）》	到 2025 年，全市数据中心机架规模达 50 万标准机架，算力算效水平显著提高。绿色安全，到 2025 年，我市新建数据中心电能利用效率（PUE）降低到 1.25 以下，绿色低碳等级达到 4A 级以上
2024 年 2 月	《碳达峰碳中和标准体系建设指南》	为积极应对全球气候变化，我国提出二氧化碳排放力争 2030 年前达到峰值，努力争取 2060 年前实现碳中和。重点制修订面向节能低碳目标的通信网络、数据中心、通信机房等信息通信基础设施的工程建设、运维、使用计量、回收利用等标准
2024 年 7 月	《数据中心绿色低碳发展专项行动计划》	提出到 2025 年底，全国数据中心布局更合理，PUE 降至 1.5 以下等；到 2030 年底达国际先进水平。明确了完善布局、严格新上项目要求、推进存量改造等 6 方面重点任务及保障措施
2024 年 11 月	《北京市存量数据中心优化工作方案（2024—2027 年）》	旨在引导存量数据中心绿色低碳改造，转型为智能算力中心。以 PUE 值高于 1.35 的存量数据中心为优化对象，实施节能等改造给予资金奖励，2026 年起对高 PUE 值数据中心征收差别电价，推动绿电消纳等

PUE 即电源使用效率，是衡量数据中心能源效率的关键指标。它的计算方法是数据中心总设备能耗除以 IT 设备能耗。理想情况下，PUE 的值为 1，表示数据中心的所有电能都被 IT 设备消耗，没有额外的能源损耗，但在实际中，由于制冷、照明、配电等系统都会消耗电能，PUE 的值通常大于 1。在"双碳"目标驱动下，国家层面出台了关于绿色数据中心、新型数据中心发展的指导意见，对 PUE 提出高要求。例如在工信部 2021 年发布的《新型数据中心发展三年行动计划（2021—2023 年)》中，就明确提出到 2023 年底，新建大型及以上数据中心 PUE 降低到 1.3 以下，严寒和寒冷地区力争降低到 1.25 以下；2022 年，工信部、国家发展改革委、财政部等六部门联合发布的《工业能效提升行动计划》也指出，到 2025 年，新建大型、超大型数据中心 PUE 达到 1.3 以下……"东数西算"工程中，则要求内蒙古、贵州、甘肃、宁夏 4 处枢纽设立的数据中心集群 PUE 控制在 1.2 以内，京津冀、长三角、粤港澳大湾区、成渝枢纽设立的数据中心集群 PUE 控制在 1.25 以内。

数据中心行业对绿色低碳的要求日益提高，液冷服务器龙头迎来发展机遇期，根据相关数据公司报告，中国液冷服务器市场在 2023 年继续保持快速增长。2023 年中国液冷服务器市场规模达到 15.5 亿美元，与 2022 年相比增长 52.6%，其中 95% 以上采用冷板式液冷解决方案。在政府明确 PUE 指标考核下，能够更好地降低 PUE 值的液冷服务器优势突出，其不仅能承接更高密度的机柜散热需求，实现更低的 PUE（1.0～1.2），且在使用寿命上，相较于传统风冷服务器使用寿命 6 年左右，液冷服务器使用寿命可达到 10 年。

绿色数据中心是数据中心发展的必然趋势，政府鼓励创新技术和管理模式在数据中心的应用，激发相关领域的研发活力，加速绿色技术的进步和推广。工业和信息化部依据《关于组织开展 2023 年度国家绿色数据中心推荐工作的通知》，遴选了共 50 个 2023 年度国家绿色数据中心，其中，通信领域 17 个、互联网领域 14 个、公共机构领域 11 个，此外还有能源领域 1 个、金融领域 6 个、智算中心领域 1 个。这一举措进一步推动了绿色数据中心理念的深入普及和实践，强化了全社会对数据中心绿色发展的重视。其次，通过明确推荐工作的要求和流程，引导数据中心积极采取措施提升能源利用效率、降低碳排放等，促进数据中心行业向绿色化、可持续方向转型升级。这有助于提高整个行业的发展质量和竞争力，也为实现国家的碳达峰、碳中和目标贡献力量，同时，鼓励创新技术和管理模式在数据中心的应用，能激发相关领域的研发活力，加速绿色技术的进步和推广。

1.3.2 新背景下数据中心标准发展情况

2023 年 2 月，中共中央和国务院发布了《数字中国建设整体布局规划》，强调要推动通用数据中心、超算中心、智能计算中心以及边缘数据中心等形成科学合理的梯次布局。数字中国建设是数字时代推进中国式现代化的重要动力，也是构建国家竞争新优势的有力支撑。近年来，我国信息化水平不断上扬、信息消费快速攀升，信息化建设步伐持续加快，数据中心作为信息的重要载体，是支撑大量数字技术应用的基础，其建设已进入高速发展时期，成为社会必不可少的"数字底座"；而标准是构建"数字底座"的基础所在。所谓标准，就是"通过标准化活动，按照规定程序经协商一致制定出来，为各种活动或其结果提供规则、指南或特性，供共同使用和重复使用的文件"。作为行业发展中必须遵循的准则，标准化是实现数据中心高质量发展的核心保障，是支撑数据中心建设的重要推动因素。

1）国内数据中心标准发展情况

我国不同层面颁布并实施的相关政策文件为全国一体化大数据中心的发展作出了顶层设计、整体规划和要求，在标准化助力全国一体化大数据中心发展上也作出了初步的要求、安排和规划。2020 年 12 月，国家发展改革委印发《关于加快构建全国一体化大数据中心协同创新体系的指导意见》，指出要构建"数网""数纽""数链""数脑""数盾"这五大体系，同时提出要加快制定数据中心能源效率的国家标准，支持工业互联网大数据中心标准建设，推动绿色数据中心标准体系的完善，加快数据共享标准体系的建设等。2021 年 5 月，国家发展改革委颁布了《全国一体化大数据构建全国一体化数据中心标志体系中心协同创新体系算力枢纽实施方案》，该方案表示要着手全国一体化算力网络国家枢纽节点的建设布局，同时加快推动"东数西算"工程，并且明确要完善数据中心综合节能评价标准体系，针对数据资源分级分类进行探索，制定有关规范标准。另外，工信部发布的《"十四五"信息通信行业发展规划》《新型数据中心发展三年行动计划（2021—2023 年）》等中央政策文件，以及《关于加快推进"东数西算"工程建设全国一体化算力网络国家（贵州）枢纽节点的实施意见》《关于加快构建山东省一体化大数据中心协同创新体系的实施意见》《加快构建广西一体化大数据中心协同创新体系的实施方案》等地方政策文件，均是针对全国一体化大数据中心建设的有关方面设定了标准化要求。

截至 2024 年 6 月 1 日，通过全国标准信息公共服务平台去检索，国内已发布的相关标准中，含有"数据中心"之名的标准有 314 项，其中包含国家标准 19 项、行业标准 91 项、地方标准 53 项与团体标准 151 项。而这些标准可被划分为 14 个种类，分别为术语类、参考架构类、测试评估类、规划设计类、基础设施类、关键技术类、绿色节能类、运维管理类、云服务类、数据资源类、数据融合对接类、行业数据大脑类、城市数据大脑类和基础安全类。

当下已发布的含有"数据中心"的标准主要涵盖绿色节能、基础设施、规划设计、关键技术等基础建设以及运维管理等方面。其中，绿色节能相关标准的占比处于最高水平，这表明我国数据中心的建设与运营是依照"双碳"战略以及绿色低碳发展原则来进行的。不过，在数据流通、云服务、网络和数据安全、数据应用等领域，现行标准的占比相对较低，存在较大缺口，还没有形成完备的全国一体化大数据中心标准体系。

2）国内数据中心标准体系

依据《关于加快构建全国一体化大数据中心协同创新体系的指导意见》，全国一体化大数据中心体系涵盖国家"数网"体系、"数纽"体系、"数链"体系、"数脑"体系、"数盾"体系这五个主要部分，其把数据基础设施网络、算力服务调度关键节点、数据价值传递链路、数据行业智能运用以及数据安全保障防护进行了有机整合，旨在优化数据中心的供给架构，推进算力资源向服务化转变，加快数据的流通融合，深入大数据的应用创新，提高大数据安全层级，对提升数据生产力起到助力作用，更好地让数据要素发挥对经济社会发展的驱动推动作用。

如今在新背景下，要发展国内的数据中心标准体系，可对全国一体化大数据中心体系所需标准予以分类整合而形成一种科学合理、具有开放性与创新性且有机协调的标准体系架构，这会对全国一体化大数据中心体系的高质量发展起到引领以及基础支撑的效用。如图 1.3-1 所示，全国一体化大数据中心标准体系框架主要是由基础与通用、"数网""数纽""数链""数脑""数盾"这六大部分所构成。

图 1.3-1　全国一体化大数据中心标准体系架构

从全国一体化大数据中心标准体系架构来看，在当下已发布或者正在进行修订的国家标准、行业标准、地方标准以及团体标准里，能够用来支撑和引导全国一体化大数据中心体系构建的相关标准数量众多，不过在"数网""数纽""数链""数脑""数盾"这五大体系的共性标准方面，依旧存在欠缺。由此可见，全国一体化大数据中心体系还处在构建的初期阶段，相应地，全国一体化大数据中心标准体系也处于摸索探究的时期。新背景下，数据中心标准化工作的首要任务在于加速对"数网""数纽""数盾"子标准体系进行完善，保证标准能够有效施行，同时同步去摸索发展"数链""数脑"子标准体系，将标准化的基础性和引领性作用充分发挥出来，对全国一体化大数据中心协同创新体系的建设进行有效支撑和指引。

3）国内数据中心新标准

2023 年 5 月 23 日，国家标准化管理委员会与国家市场监督管理总局发布了《信息技术服务数据中心业务连续性等级评价准则》，其是我国首个针对数据中心业务连续性等级评价的国家标准，于 2023 年 12 月 1 日正式实施。随着国家战略的落地实施，将诞生越来越多对数据中心和信息技术高度依赖的行业，数据中心服务的中断将成为一个系统性的社会风险，因此为保护数据安全，数据中心的业务连续性管理能力迫切需要详尽的等级评定标准。该标准的发布实施对提高数据中心关键业务的高可用性和业务连续性能力，促进数据中心的标准化、自动化、智能化、绿色化建设和运营，推动数据中心的创新发展和转型升级，增强数据中心的核心竞争力，为数据中心的监管、评估、认证提供参考依据和技术支撑具有重要意义。该标准提出的数据中心业务连续性等级模型专注于数据中心本身的业务特点，适用于提供场地服务、云计算（算力）服务和业务处理服务等各种服务类型的数据中心，可用于评价不同数据中心的业务连续性等级，也可指导数据中心提升自身业务连续性等级。

2023年11月27日，算力基础设施领域推荐性国家标准《互联网数据中心（IDC）技术和分级要求》正式发布，该标准是我国算力基础设施领域的首个国家标准，由中国信息通信研究院联合多家企事业单位编制，正契合当前国家算力基础设施建设和算力产业高质量发展需要，于2024年6月1日正式实施。该标准规定了互联网数据中心（IDC）在绿色、可用性、安全性、服务能力、算力算效、低碳等六大方面的技术及分级要求，适用于互联网数据中心（IDC）的规划、设计、建设、运维和评估。在绿色节能方面，规定了IDC在能源效率、可再生能源利用等方面的要求，包括PUE、WUE、节能技术，旨在推动IDC实现绿色化发展；在可用性方面，提出了IDC在设备冗余、架构设计等方面的要求，以保障数据中心应对突发情况的能力；在安全性方面，强调了IDC在设备运行及人员安全方面的保障措施；在服务能力方面，对IDC的服务能力进行了客观评价，有利于数据中心的自我改进提升，也有利于客户根据业务需求选择合适的数据中心；在算力算效方面，针对算力和算效提出相应技术要求，规范并支撑高供给、高需求下的各行业，助力企业加快数字化转型发展；在低碳方面，对IDC的碳排放进行了限制和管理，以减少对环境的影响。该标准的发布实施对提高数据中心关键业务的高可用性和业务连续性能力，促进数据中心的标准化、自动化、智能化、绿色化建设和运营，推动数据中心的创新发展和转型升级，增强数据中心的核心竞争力，为数据中心的监管、评估、认证提供参考依据和技术支撑具有重要意义。

数据中心是信息社会至关重要的新型基础设施，与国计民生息息相关。在"东数西算"和"双碳"相关政策的驱动下，我国数据中心行业新标准的发展以绿色、高效、安全为导向，推动着数据中心行业的健康、可持续发展。未来中国数据中心行业将呈现出更加规范化、绿色化、精细化的发展特征，表1.3-3中列出了部分我国数据中心行业现行的新标准。

表 1.3-3　我国数据中心行业现行的新标准

实施时间	标准名称	适用范围
2023年8月	YD/T 4195—2023《互联网数据中心基础设施监控系统北向接口规范》	规定了互联网数据中心基础设施（包括：强电、暖通、弱电。不包括：IT基础设施）监控系统与互联网数据中心上层集成平台之间的数据交互接口，即北向接口
2023年8月	YD/T 4274—2023《单相浸没式液冷数据中心设计要求》	规定了单相浸没式液冷数据中心基础设施、IT设备、液冷系统等相关的设计技术要求
2023年8月	YD/T 4275—2023《互联网数据中心基础设施监控指标规范》	规定了互联网数据中心基础设施（包括：电气、空调及监控系统。不包括：IT基础设施）应满足的监控指标
2023年11月	YD/T 4414—2023《数据中心存储阵列技术要求和测试方法》	规定了存储阵列设备的功能、性能、可靠性、安全等方面的要求
2024年4月	YD/T 4411—2023《单相浸没式液冷数据中心测试方法》	适用于单相浸没式液冷数据中心建设和运维中的测试验证

续表

实施时间	标准名称	适用范围
2024 年 4 月	YD/T 4415—2023《云数据中心服务器测试方法》	适用于云数据中心服务器的引入测试
2024 年 4 月	YD/T 4485—2023《云数据中心服务器技术要求》	适用于云数据中心服务器的设计指导
2024 年 4 月	YD/T 4624—2023《微型集成化数据中心技术要求》	适用于指导微型集成化数据中心的设计和实现
2024 年 4 月	YD/T 4625—2023《数据中心能耗管理系统技术要求》	适用于全国各地区数据中心能耗管理系统的数据采集、分析、诊断、优化
2024 年 4 月	YD/T 4626—2023《数据中心运营管理系统技术要求和智能化分级评估方法》	适用于数据中心各类型运营管理系统智能化管理能力的等级评估
2024 年 4 月	YD/T 4627—2023《数据中心网络智能管控及运维系统技术要求》	适用于基于数据中心网络智能管控及运维系统的研发和测试
2024 年 4 月	YD/T 4628—2023《数据中心基础设施验证测试技术规范》	适用于新建、改建和扩建的数据中心基础设施验证测试
2024 年 4 月	YD/T 4629—2023《新型数据中心数据存储服务能力成熟度评价规范》	适用于新型数据中心数据存储系统的规划、建设及评价
2024 年 4 月	YD/T 4630—2023《边缘数据中心分类分级及技术要求》	适用于边缘数据中心的规划、设计、建设、运维和评估
2024 年 4 月	YD/T 4631—2023《面向业务需求的数据中心设计要求》	适用于指导云数据中心、智能计算中心、边缘数据中心以及金融等特殊领域数据中心的建设及升级改造工作
2024 年 6 月	NB/T 11400—2023《电力数据中心设计规程》	适用于为满足电力系统（包含国家电网公司、南方电网公司、各发电集团等）生产调度和数字化应用需求，用于部署服务器、存储设备等设施的场所

为了应对未来数据中心高密度计算设备的散热需求，缓解日趋紧张的电力资源给业务发展带来的压力，同时为贯彻执行我国"碳达峰、碳中和"战略规划，行业内掀起了液冷研究和应用热潮。由于数据中心液冷是一项新出现的"革命性"技术，各企业关于液冷的研发基本处于各自为政状态。自 2022 年 4 月首批数据中心液冷行业标准实施以来，本系列行业标准又新增 3 个，对于企业应用液冷技术及我国液冷行业有序建设有重要指导意义。此外，随着 2024 年 3 月 22 日，中国工程建设标准化协会标准《数据中心液冷系统技术规程》顺利通过审查，数据中心液冷技术前景广阔，该规程将填补数据中

心液冷系统应用标准的空白，对"数据中心液冷系统技术"认知达成共识具有重要的指导意义，既包含数据中心液冷系统的相关设计，还兼顾了安装、验收、运维等内容。

1.3.3　新背景下国内数据中心的未来发展之路

1.3.3.1　绿色高质量

1）加深新能源技术的应用

储能技术通过"削峰填谷"，成为降低数据中心电力成本的重要方式。数据中心耗能较高，电力成本占运营总成本的 60%～70%。尽管当前不少数据中心通过节能优化提升了数据中心电能利用效率，但电力成本占数据中心总体成本依然较大。为了平衡电网用电时段，供电公司通常会提供波峰及波谷电价，数据中心可利用储能系统在波谷时存储电力，并在高峰期进行利用，以降低数据中心用电成本。蓄冷、储能等均是重要的解决方案，蓄冷在夜间电力负荷低谷期制备冷量，并在日间电力负荷高峰期将制备的冷量应用于空调系统；储能通过储能设备实现电力存储，锂电由于其高能量密度、高输出电压等特点成为下一代数据中心后备储能方案之一。

新能源与储能技术融合加深，有效转变数据中心能源结构，提升绿色低碳水平。随着数据中心能耗政策的收紧及"双碳"目标的确立，新能源供电逐渐成为实现数据中心零碳排放的重要方式，风、光、水、氢等清洁能源的使用占比将不断提升，数据中心可直接采用新能源发电实现能源供给或通过碳排放权交易间接促进新能源的使用。尽管新能源发电具有清洁环保优势，但是新能源供给容易受到自然条件影响，进而导致其连续性难以保障。新能源与储能技术融合能够有效提升新能源供电的稳定性，解决可再生能源系统应用过程中的供需不平衡、稳定性差等问题。

2）液冷技术发展

当前我国液冷技术正在快速演进，系统可靠性逐步提升，这与我国数据中心规模不断扩大、单机柜功率密度不断提升有关。液冷技术利用液体作为换热媒介在靠近热源处进行换热制冷，不需要像风冷一样通过空气间接制冷，由于液体具有相对较高的比热容，其制冷效果和能效远高于风冷制冷，在高密度、大规模及散热需求较高的数据中心中优势明显。按液冷室内末端与服务器等发热源接触方式不同可将液冷分为间接液冷技术和直接液冷技术，间接液冷中热源与冷却液没有直接接触换热，直接液冷技术中冷却液则与发热电子元件直接接触换热制冷。间接液冷以冷板式为主，其中单相冷板式液冷解决方案较为常见。直接液冷主要是浸没式，散热效率高，噪声低。

随着边缘算力需求的不断提升，液冷技术应用场景将从云端扩展到边缘。终端算力需求的提升使得传统云算力逐渐下沉到边缘，边缘计算服务器功率密度及散热需求也在同步提升。为了降低数据中心制冷能耗，提升数据中心整体能效，部分边缘数据中心也开始引入液冷边缘服务器，通过液冷技术应用提升边缘数据中心的能效水平。

3）低碳要求趋严

"双碳"目标及可持续发展战略将长期驱动我国数据中心产业绿色低碳发展。在政策方面，我国数据中心政策对能效的要求不断趋严，能效考核指标从以 PUE 为主逐步演变为 PUE、CUE、WUE、绿色低碳等级等多指标兼顾，未来有可能会纳入更多新的能效指标，日趋严格的能耗政策将进一步推动产业全面绿色低碳发展。

1.3.3.2　安全可靠

1）设计新型配电系统

对于传统数据中心，不同工作负载同时达到峰值的概率极低。比如，典型的大型数据中心峰均比通常在1.5～2.0或更高。但在新型智算中心，由于AI训练负载缺乏变化（峰均比接近1.0），工作负载可以在峰值功率下，运行数小时、数天甚至数周。其结果是增加了上游大型断路器脱扣的可能性，以及宕机的风险。同时，由于机柜功率密度的升高，需要采用更高额定电流值的断路器、列头柜、小母线等。而在电阻变小的同时，可以通过的故障电流也就更大，这意味着IT机房出现拉弧的风险也会升高，保证该区域工作人员的安全是必须解决的难题。因此，需要采用更先进的冗余设计和高质量设备，保障持续稳定的电力供应，减少停电风险。

2）预制模块化技术深度融合

预制模块化建筑技术与模块化数据中心深度融合，新一代预制模块化数据中心可靠性及使用体验大幅提升。信息技术的快速迭代及用户对数据中心交付工期要求的缩短，使得传统数据中心建设模式越来越难以满足现实需求，数据中心预制化成为实现数据中心快速建设的关键技术之一。数据中心预制化技术已有多年发展历史，早期预制化数据中心采用All-in-One形式设计，单箱体集成数据中心各子系统，可满足小规模数据中心快速部署及应急建设要求。

在All-in-One基础上，业界逐渐实现了设备区和配电区等核心区域的模块化，出现了传统的预制模块化数据中心。受到可靠性、空间及标准化程度等因素制约，传统预制模块化数据中心仍以小规模及特定场景应用为主。随着预制模块化理念的成熟及模块化数据中心的发展，预制模块化建筑技术与模块化数据中心融合程度加深，新一代预制模块化数据中心开始出现。

3）容灾备份能力增强

数据重要性不断凸显，容灾备份需求驱动备份一体机市场高速增长。数据是数据中心中存放的企业最重要的资产，在我国企业数字化转型进程加快的背景下，数据中心及企业机房容灾备份能力逐渐受到业界关注。传统数据保护方式大多只能针对物理设备的数据进行保护，难以对云计算等环境提供统一的数据保护备份服务，随着数据中心分布式计算应用场景的增长，传统数据保护备份方式越来越难以满足需求，高效、全面、融合、统一灵活的数据备份和恢复方案成为下一代数据中心数据保护方案的方向。

备份一体机是面向下一代数据中心数据保护场景的重要方案，备份一体机可利用软件、磁盘阵列、服务器引擎或节点备份数据，与备份软件紧密集合形成目录、索引、计划，从而实现数据的传送。

1.3.3.3　智能高效

1）智算中心引领数据中心建设

过去十年，云计算一直是推动数据中心建设与发展的主要驱动力，目的是为社会提供数字化转型所需的通用算力。但是，AI的爆发带来了巨大的算力需求，为了满足AI大模型的训练和应用推理，我们需要建设大量的智算中心。根据全球数据中心的用电量、GPU芯片和AI服务器未来的出货量等数据，估算出全球智算中心目前的电力需求为4.5GW，占数据中心总电力需求57GW的8%，并预测到2028年它将以26%～36%

的年复合增长率增长，最终达到 14.0～18.7GW，占总电力需求 93GW 的 15%～20%。这一增长速度是传统数据中心年复合增长率（4%～10%）的 2～3 倍。算力的分布也会由现在的集中部署（集中：边缘为 95%：5%）向边缘迁移（50%：50%），这意味着智算中心将引领数据中心建设的潮流。根据工业和信息化部的规划，我国智能算力的占比将在 2025 年达到 35%，年均复合增长率在 30% 以上，相较于传统数据中心，智算中心的建设需要在确保高能效和高可用的前提下，实现可持续发展和更具前瞻性，也就是最小化对环境的影响，尤其需要提高适应性来满足未来 IT 技术（高功耗的芯片和服务器）的需求。

2）AI 推动机柜功率密度骤升

机柜功率密度对数据中心的设计与造价具有较大的影响，包括供配电、制冷以及 IT 机房的布局等，一直都是数据中心比较关注的设计参数之一。目前我国服务器机柜的功率密度正在稳步但缓慢地攀升，机柜的平均功率密度通常低于 6kW，大多数运营商没有超过 20kW 的机柜。造成这一趋势的原因包括摩尔定律使芯片的热设计功耗维持在相对较低的水平（150W），同时高功率密度服务器通常被分散部署在不同的机柜以降低对基础设施的要求。但 AI 的爆发将改变这一趋势，用于训练的 AI 机柜功率密度可以高达 30～100kW（取决于芯片的类型和服务器的配置）。而造成这一高功率密度的原因是多方面的，包括快速提升的 CPU/GPU 热设计功耗，CPU 为 200～400W，GPU 为 400～700W，未来还会进一步升高；AI 服务器的功耗通常在 10kW 左右，由于 GPU 是并行工作的，AI 服务器需要以集群的方式紧凑部署，以降低芯片和存储之间的网络时延。机柜功率密度的陡增将给数据中心物理基础设施的设计带来巨大挑战。

3）AI 赋能数据中心的节能改造

数据中心通过提供 AI 算力推动人类社会向着自动化、数字化和电气化等更加可持续的方向演进，赋能交通、制造和发电领域，减少对环境的影响。反过来，AI 也可以赋能数据中心能源的优化，来减少其自身对环境的影响。比如，AI 和机器学习技术可以用于数据中心冷源系统和空调末端的控制，通过对历史数据的分析，实时监测数据中心气流分布，并基于数据中心 IT 负载的变化，实时匹配合适的冷量输出。通过自动调节末端精密空调及风机的运转方式，从而实现动态地按需制冷，以减少热点并且降低机房的能源消耗与运维成本。AI 技术在机房空调群控系统中的应用，可以实现机房内部环境参数的智能监测和控制，并通过自动调节与优化来提高能效和系统的可靠性，从而达到节能减排的目的。随着 AI 技术的持续普及，以及国家对数据中心节能降耗的持续要求，无论是新建还是改造项目，AI 技术在数据中心空调群控系统中均将得到更多的关注与应用。

参考文献

[1] 中商产业研究院 . 2024—2029 年中国数据中心建设市场需求预测及发展趋势前瞻报告 [R]，2024.

[2] 科智咨询（中国 IDC 圈）. 2023—2024 年中国 IDC 行业发展研究报告 [R] . 北京：中科智道（北京）科技股份有限公司，2023.

［3］ 华为技术有限公司．数据中心 2030［R］．深圳：华为技术有限公司，2023.

［4］ 中国智能计算产业联盟．2024—2029 年中国智能计算（智算）产业发展前景预测与投资战略规划分析报告［R］，2024.

［5］ 数字基建产业研究院．中国数据中心产业发展白皮书（2023）［M］，2023.

［6］ 中邮证券．液冷深度：产业和政策双轮驱动，数据中心液冷进入高景气发展阶段［R］．

［7］ STRATTON H，NEWKIRK A. The current state of DCOI：lessons learned and opportunities for improvement［R］，2021.

［8］ CONGRESS. GOV. H. R. 8152-American Data Privacy and Protection Act［EB/OL］（2022-06-21）［2024-11-02］. https：//www. congress. gov/bill/117th-congress/house-bill/8152.

［9］ 中国科学院网信工作网．欧盟《2023—2024 年数字欧洲工作计划》将投 1.13 亿欧元提升数据与计算能力［EB/OL］．（2023-06-08）［2024-11-02］. http：//www. ecas. cas. cn/xxkw/kbcd/201115＿129816/ml/xxhzlyzc/202306/t20230608＿4939869. html.

［10］ European Commission. The data act［M］，2022.

［11］ Ministry：Electronics and Information Technology. The digital personal data protection bill, 2023［EB/OL］．（2023-08-09）［2024-11-02］. https：//prsindia. org/billtrack/digital-personal-data-protection-bill-2023.

第 2 章　芯片热过程与热管理

2.1　引　言

1949 年，Werner Jacobi 首次提出集成电路的概念，之后，集成电路经历了快速发展[1]。集成电路通常是由半导体硅制成的芯片，每一块芯片由大量微小电子元件封装制成，其中可分为处理器、存储器、输入输出接口和时钟等部分。随着芯片制造技术的发展，芯片朝着集成化、小型化、高频化、多核化趋势发展[2]。针对芯片的快速发展，英特尔的创始人摩尔基于经验在 1964 年提出了著名的摩尔定律[1]。该定律指出，每过 18个月到 24 个月，集成电路上的元器件数目将会翻一番。该定律还预测了，每过 24 个月，集成电路产品的特征尺寸会缩小 0.7 倍，尺寸缩小的同时，单位成本也同步下降[3-4]。芯片的高集成度和小型化，使得芯片最高功率密度急剧增大。研究结果显示，2022 年，芯片的最高功耗，即理论设计功耗，为 120W，远远高于 2017 年的理论设计值[5]。过高的功率密度导致芯片内部产生大量的热，最新研究表明，目前金刚石基底GaN HEMTs（high electron mobility transistors，高电子迁移率晶体管）近节点热流密度已经达到了太阳表面热流密度的 10 倍以上[6]。

常见的芯片封装单元如图 2.1-1 所示。芯片内部的大量产热会使得其温度升高，芯片温度升高会降低芯片可靠性，恶化芯片性能，缩短芯片寿命。根据美国国防部对电子器件可靠性的研究报告，电子器件在各温度下相对于 75℃下失效率的相对失效率，随器件温度升高呈指数形式增加[7-8]。研究表明，电子器件温度每升高 1℃，其可靠性下降 5%[9-10]。根据美国空军航空电子设备完整性项目的一项研究，总体上，大约 55%的电子器件失效是由于温度问题引起的[11]。

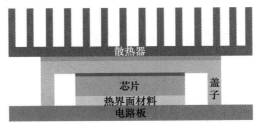

图 2.1-1　芯片封装单元

基于经验，电子器件的温度每降低 10℃，其故障率就会减小一半，且电子器件的温度越低，可靠性越高[8]。在半导体技术中，通常采用 Black 方程估计单位小时的失效中值时间（MTF），如下[8]：

$$\text{MTF} = \frac{1}{mJ^2} \exp\left(\frac{E_0}{k_B T}\right) \tag{2.1-1}$$

式中，m 为常数；J 为每平方厘米的电流密度；E_0 为活性能量，单位为 eV，对于半导体硅的故障问题，约为 $0.68eV$；k_B 为玻尔兹曼常数；T 为器件工作温度，单位为 K。

Black 方程表明，单个电子器件的可靠性与器件工作温度呈指数关系，当器件工作温度增加较小幅度时，器件的可靠性会大幅度降低。温度分布除了会影响电子器件失效率，还会导致功耗泄漏。器件的温度越高，工作时泄漏的功耗越多，反过来会提高器件温度，从而进一步增加器件失效率。泄漏功耗通常与电子器件的开关部件相关，开关部件越多，泄漏功耗越大。研究表明，工作电子器件超过 40% 的功耗会通过处理器泄漏，随着温度的升高，这个比例还会进一步增大[8]。

基于以上分析，随着集成电路加工工艺的持续改善，芯片内部的产热会不断提升。为了提高芯片可靠性、保障芯片性能稳定、延长芯片使用寿命，有必要对芯片进行高效热管理，让工作芯片维持在较低温度。对芯片进行热管理，需要从产热、传热和散热全链条出发，厘清芯片内部热输运影响机制，发展芯片内部各元件热阻网络模型，建立准确预测芯片温度分布和热流的有效手段，发展提高芯片散热效率的有效措施，建立调控芯片内部温度的热管理技术与方法。

首先，由于自热效应，芯片工作时会产生大量热，准确刻画芯片内的自热效应，是研究芯片产热、进而建立热管理技术的前提[9]。当处理器的特征尺寸逐渐减小到纳米尺度时，芯片自热效应变得越来越重要。在 HEMTs 中，芯片通常在栅极下方 100nm 范围之内发热，产生自热效应，而沟道层的尺度通常在几百微米左右[12]。芯片局部区域的自热效应，会提高芯片的局部温度，导致芯片出现热点，进而导致芯片温度分布不均匀，降低芯片可靠性，甚至出现热点区域温度过高，导致芯片失效。对芯片自热效应的研究，有助于阐明芯片自热效应机理，准确预测热点温度，并通过发展有效措施优化芯片材料和结构，降低热点温度，从而削弱自热效应对芯片使用带来的负面影响。芯片自热效应来源于电子和声子之间的强烈碰撞，主要有三个来源，即焦耳热、重组-生成热与帕尔贴和焦耳-汤姆逊效应产生的热量[13]。芯片自热效应的传统研究方法通常基于傅里叶导热定律。在纳米尺度的芯片中，声子和电子输运的弹道效应不可忽略，芯片中的电输运和热输运处于弹道-扩散区域，弹道效应会增大芯片内的热阻，进而增强芯片自热效应。此时，傅里叶导热定律将失效，需要发展基于玻尔兹曼方程的研究方法，以准确刻画芯片内的自热效应[14]。

其次，芯片工作时产生的热，首先由器件内部传导到外部。研究结果表明，在芯片的整体热阻中，内部热阻占据的比例更高[15]。因此，强化芯片内部传热，发展高效近结热管理措施，对建立芯片热管理技术至关重要。强化芯片内部传热的关键在于准确预测芯片内部的温度分布和热流。当芯片尺度逐渐减小到纳米尺度时，芯片内部存在强烈的热非平衡效应，基于扩散输运假设的傅里叶导热定律不再成立，需要采用玻尔兹曼方程研究纳米尺度芯片内部的热输运过程，优化芯片内部的热传导路径。进一步，在极小尺度下，与扩散输运不同的是，声子和电子与边界和界面的碰撞越来越强烈，导致边界和界面对热输运产生的热阻不可忽略。此时，芯片内部的热输运以弹道-扩散方式传递。传统的基于傅里叶导热定律定义的热导率不仅依赖于温度，还强烈依赖于材料尺寸。研究表明，当特征尺度从毫米减小到微米，甚至纳米量级时，材料热导率会逐渐减小，即热导率出现尺度效应。因此，基于正确的理论模型，采用准确的热导率，有助于准确预测芯片内部的温度分布。此外，在弹道-扩散热输运下，芯片的扩展热阻高于基于傅里叶导热定律预测的扩展热阻，为了发展高效近结热管理技术，需要建立针对纳米尺度芯片的弹道-扩散机制下的扩展热阻模型[9,16]。

再次，芯片工作时产生的热，由热管理材料对其在器件内的传导路径进行有效调控，因此，发展高性能的热管理材料能够有效提高芯片内部各元件的散热效率。芯片热管理材料是芯片热管理技术的物质基础。不同的热管理材料特性各有不同，比如理想的热界面材料通常具有以下几个特性[17]：①高导热性；②高柔韧性；③绝缘性；④安装简便，可拆性高；⑤适用性高。目前，鉴于各种热管理材料的特性各有优劣，从实际应用的角度看，对热管理材料的需求是多方面的，因此，热管理材料正在朝着不同材料复合化方向发展。

最后，当芯片的产热传导到芯片外部后，将由芯片外部散热手段，将产热首先传递给散热器，然后再由散热器传递到外部环境。芯片外部散热手段主要分为直接接触式冷却和间接接触式冷却。对芯片外部传热过程的优化，可以进一步提高芯片散热效率，优化芯片热管理技术。芯片外部传热过程的优化，包括散热器结构优化、高性能工质选取和冷却方式改进等。目前，服务器芯片的冷却方式正在从传统的风冷方式朝着液冷方式发展，这不仅提高了服务器能效，还提高了芯片散热效率。研究表明，液体蒸发冷却方式的最高热流密度是 $1000 \mathrm{kW/m}^2$[11]。

本章将介绍芯片自热效应、芯片近结热管理、芯片热管理材料、接触热阻和芯片散热方式。在芯片自热效应一节中，将依次详细介绍自热效应的基本原理、自热效应的仿真与建模、自热效应对芯片性能的影响以及典型器件的自热效应；在芯片近结热管理一节中，将依次详细介绍典型散热方式和芯片近结热管理、微纳米结构中的弹道扩散导热、纳米结构的等效热导率和弹道-扩散机制下的扩展热阻；在芯片热管理材料一节中，将依次对 6 种典型芯片热管理材料作详细介绍，即热界面材料、热智能材料、固液相变材料、导热膜材料、盖板材料和半导体异质结材料；在接触热阻一节中，将依次介绍固固接触热阻、固液接触热阻和热界面材料的厚度三个部分；在芯片散热方式一节中，将分别对被动散热和主动散热两种方式作详细介绍。

2.2　芯片自热效应

2.2.1　自热效应的基本原理

随着电子设备的普及和计算任务的日益复杂，现代芯片的性能要求越来越高，功率密度也逐渐增加。据统计，近年来，芯片的功率密度每年以 10% 左右的速度增长，而芯片的最大功率也在不断刷新记录。以英特尔最新的酷睿 i9 处理器为例，其最大热设计功率已达到 125W，较之前一代处理器提高了 20W[5]。这种趋势的背后是高度集成和微型化技术的发展，以及更为复杂和多样化的应用场景对芯片性能的需求。然而，高功率密度带来的温度升高是不可避免的问题，这可能会降低芯片的可靠性、性能和寿命。芯片内部的产热，即自热效应，是限制芯片发展的重要原因之一。

自热效应的物理机制主要由电子在导电过程中的能量损失引起。当电流通过芯片

31

时，电子在外加电场的作用下获得能量，并在导电通道内加速运动。这一过程中，电子与晶格原子的碰撞会导致能量以热量的形式释放，从而引起芯片温度的升高。在芯片内部，不同区域的发热量不同。以高电子迁移率晶体管（HEMTs）为例，其发热主要集中在栅极下方约100nm的小区域内，而沟道和衬底层的总厚度在数百微米范围内。当从一个小热点向一个大得多的区域传热时，会导致显著的近结扩展电阻，进一步影响芯片性能和寿命[18]。因此，正确认识器件内的自热效应，对于电子器件的近结热管理技术有着重要意义。

　　器件内能量传递的微观过程可以通过图 2.2-1 来说明[19]。在外加电场的作用下，芯片内部的沟道区域的电子会获得能量并在芯片沟道区加速运动，形成电流。这个过程会导致原有的平衡状态被破坏，从而使得载流子的温度逐渐升高。随着温度的升高，电子会通过与晶格相互作用来激发声子、耗散热量。由于电子和光学声子的碰撞频率较大，因此大部分能量都被传递给频率较高的光学声子，导致局部光学声子数量增多，形成温度明显高于周围的热点区域。然而，电子与声学声子的碰撞频率较小，所以只有少部分能量传递给频率较低的声学声子。光学声子和声学声子对传热的贡献差别很大，相对于声学声子，光学声子群速度很小，对热量传输的贡献很小，对热传递起主要贡献的是声学声子。因此，获得电子能量的绝大多数光学声子都会将热量传递给声学声子，通过声学声子在器件内部散热，并将热量导出。深入理解芯片内部的自热效应对于芯片设计和热管理至关重要。通过对自热效应的物理机制、能量传递过程的全面分析，可以为芯片的高效设计和热管理策略提供理论依据和技术支持。

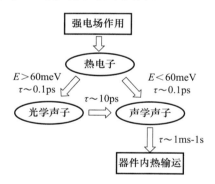

图 2.2-1　器件内能量传递微观过程

2.2.2　自热效应的仿真与建模

2.2.2.1　基本仿真方法

　　对于器件自热效应的仿真方法，可以分为三种：热学仿真、电热仿真和电热力仿真。热学仿真仅需基于热源分布即可获取器件的温度场，是最快速且高效的求解方法，只需要获取器件的发热功率与主要热点位置就能完成。热学仿真主要用于快速评估器件的温度分布情况，适合在设计初期进行大致的热管理方案评估。它的优点是计算速度快，能够在短时间内提供温度分布情况，但缺点是无法考虑电学性能对自热效应的影响。热学仿真中使用的常用软件包括 COMSOL 和 ANSYS，这些工具能够高效地模拟复杂的热传导过程，并提供精确的温度场分布结果。

电热仿真考虑器件中真实的电热耦合情况，对器件的电学性能以及发热进行仿真，可以获得较为精确的温度分布。电热仿真通过建立电学和热学耦合的模型，能够反映温度对电学性能的影响，并根据各种物理模型的准确度确定仿真的精确度。在不同的器件和尺寸下，可能需要使用不同的物理模型来进行仿真，以确保结果的准确性。经典的 TCAD 软件，如 Sentaurus TCAD、Silvaco Atlas 等，广泛用于电热仿真。这些商业软件能够提供全面的电学和热学模拟功能，支持各种半导体器件的仿真。此外，还有一些开源软件，如 DEVSIM 和 CHARON，也可以用于电热仿真，提供了灵活的建模和仿真环境，适合研究和开发使用。

电热力仿真进一步对器件内的应力场进行了仿真，考虑了热应力的影响。热应力是由温度梯度引起的机械应力，会对器件的结构和性能产生影响。通过电热力仿真，可以分析温度变化对器件应力分布和材料性能的影响，进而优化器件结构，减小热应力的影响。由于电热力仿真需要同时求解热、力、电三个场的耦合方程，计算量较大，因此通常在精细化设计阶段或研究热应力对器件可靠性的影响时使用。为了实现这一复杂仿真，通常需要结合多种仿真软件的使用，以提供全面的仿真结果。

在实际应用中，仿真结果的准确性至关重要。因此，往往需要通过实验数据来验证仿真模型。实验验证不仅可以提高仿真结果的可信度，还能帮助修正和优化仿真模型，以获得更精确的结果。例如，通过热成像技术可以测量芯片表面的温度分布，从而验证热学仿真和电热仿真的结果[20]。尽管现有的仿真方法已经能够较为准确地模拟芯片自热效应，但仍存在一些挑战和局限性。随着芯片设计的不断进步，多尺度仿真技术和机器学习方法正在成为研究热点。多尺度仿真能够在不同尺度上同时进行仿真，从而更全面地理解热效应。而机器学习方法则可以通过大数据分析和模式识别，提高仿真效率和结果精度。

2.2.2.2　电热仿真简介

为了加深对器件内自热效应仿真的理解，下面简单介绍一下电热仿真所使用的基本方程以及需要考虑的模型。电热仿真的基本控制方程为基本半导体方程组，其主要由麦克斯韦方程组推导后获得。其包括一个泊松方程、两个载流子的连续方程、漂移扩散模型，以及求解器件内温度场的导热微分方程：

$$\nabla \cdot (\varepsilon \cdot \nabla \phi) = -q \cdot (p - n + N_D - N_A) - q_{PE} - \rho_{trap}$$

$$\frac{1}{q} \nabla \cdot \boldsymbol{J_n} - \frac{\partial n}{\partial t} = R$$

$$\frac{1}{q} \nabla \cdot \boldsymbol{J_p} + \frac{\partial p}{\partial t} = -R \qquad (2.2\text{-}1)$$

$$\boldsymbol{J_n} = q \cdot n \cdot \mu_n \cdot \boldsymbol{E} + q \cdot D_n \cdot \nabla n$$

$$\boldsymbol{J_p} = q \cdot p \cdot \mu_p \cdot \boldsymbol{E} - q \cdot D_p \cdot \nabla p$$

$$\nabla \cdot (\kappa \cdot \nabla T) = -H$$

式中，ε 为介电常数；ϕ 为静电势；q 为基本元电荷；N_D 与 N_A 分别为半导体内的供体与受体浓度；q_{PE} 为净极化电荷；ρ_{trap} 为陷阱导致的体电荷密度；$\boldsymbol{J_n}$ 与 $\boldsymbol{J_p}$ 分别为由电子和空穴导致的电流密度；n 与 p 分别为载流子电子和空穴的浓度；t 为时间；R 为电子和空穴的净复合速率；μ_n 与 μ_p 分别为电子和空穴的迁移率；$\boldsymbol{E}$ 为电场强度；D_n 与 D_p

由爱因斯坦关系式确定；κ 为材料的热导率；T 为晶格温度；H 为器件内产热的数学模型。

通过求解上述方程组，就能够获得器件的电学和热学性能。然而，方程组的大多数参数都不是简单的常数。除了与材料性质相关外，电场强度、掺杂浓度和晶格温度等因素也会对不同参数产生重要影响。因此，为了获得与实际器件更加贴合的结果，需要选取合适的物理模型。这些模型包括迁移率模型、速度饱和模型、载流子复合模型和热导率模型等[21]。迁移率模型用于描述载流子在半导体中的迁移行为，其受电场强度和掺杂浓度的影响。速度饱和模型则考虑了在高电场下载流子速度趋于饱和的现象。载流子复合模型描述了电子和空穴的复合过程，对影响器件的电学性能至关重要，而热导率模型则用于模拟材料的热传导特性，这对于准确预测器件的温度分布至关重要。

此外，值得注意的是，器件尺度早已经进入微纳米量级，经典的傅里叶导热定律并不能完全描述微尺度的传热过程。在微纳米尺度下，热传导呈现出显著的非局域性效应，因此，一些耦合方法正在持续开发中，以更准确地模拟这些效应。例如，通过使用蒙特卡洛方法或求解声子的玻尔兹曼输运方程，可以更详细地描述器件内的热输运过程[22]。这些方法能够捕捉到热输运中的非局域性和非平衡效应，从而提供更精确的温度分布预测。通过这些先进的仿真方法和模型，可以更好地理解和预测器件在实际工作条件下的行为，帮助优化设计，提高性能和可靠性。

2.2.2.3 产热模型简介

世界上第一个晶体管在 1947 年由贝尔实验室制作出来，而基于漂移扩散模型的器件仿真方法在 1964 年由 Gummel 提出。然而，早期的器件仿真并不考虑器件内的发热问题。随着器件尺寸的减小和集成度的提高，温度成为影响器件性能的重要参数。为了准确求解器件内部的温度分布和获取热学性能，器件产热的建模至关重要。最早的产热模型由 Gaur 和 Navon 在 1976 年提出[23]，他们将产热建模为电流密度和电场强度的点积：

$$H = (J_n + J_p) E \tag{2.2-2}$$

该模型的物理意义十分明显，即电场驱动载流子运动所做的功，而载流子在器件中运动时，主要的能量损失来自与晶格的碰撞过程。这些散射过程损耗的能量被认为是器件内部的产热。由于其简单的表达式和直观的物理意义，该模型直到现在仍然被广泛使用。为了更精确地描述器件内的发热过程，Wachutka 在 1990 年基于唯象不可逆热力学严格推导了器件内产热的数学表达式[24]：

$$H = \left[\frac{|J_n|^2}{q\mu_n n} + \frac{|J_p|^2}{q\mu_p p} \right] + qR \left[\phi_p - \phi_n + T_L (P_p - P_n) \right] - T_L (J_n \nabla P_n + J_p \nabla P_p)$$

$$\tag{2.2-3}$$

式中，T_L 为晶格温度；ϕ_n 和 ϕ_p 为电子和空穴的准费米能级；P_n 和 P_p 为电子和空穴的绝对热电功率。

式（2.2-3）右边的第一项是焦耳热，第二项是载流子的重组和生成过程产生的净热量，第三项是由帕尔贴和焦耳-汤姆逊效应产生的热量。焦耳热和重组-生成热基本囊括了器件内的主要产热，一般只考虑前两项就可以获得良好的结果。但在更小尺度的器件仿真中，最好确保产热模型的完整性，以获取更为准确的自热效应。此外，在一些微观方法中，如电子蒙特卡罗模拟，无法使用宏观的产热表达式。在这种情况下，可以从物理意义出发，统计载流子和晶格的散射过程中能量损失，以获得更准确的产热分布。这种方法能够更精确地描述器件内的局部温度变化和热传递过程，特别是在纳米尺度器件中显得尤为重要。

2.2.3 自热效应对芯片性能的影响

器件的自热效应使得晶格温度升高，同时由于发热的不均匀性，容易导致局域热点的形成。导电区域的沟道内产热更强，温度上升更明显。高温会加强电子和晶格的碰撞过程，使得器件内产热进一步增大，同时载流子的迁移率由于散射事件的增加，对器件性能会造成明显降低。在非平衡过程中，光学声子的积累导致的局域温度会更高，自热效应对器件性能的影响会更强。随着进一步的载流子散射，更多的热量会产生，最终可能导致电流崩塌。电流崩塌是一种现象，指的是在高温和高电流密度下，电流突然大幅度下降，导致器件失效。这种现象在高功率和高频率的应用中尤为明显，特别是对于GaN HEMTs 等高电子迁移率晶体管。另一方面，局域高温热点会加速材料的失效，使得器件可靠性降低，使用寿命大幅缩短。器件的失效时间可以由阿伦尼乌斯定律描述，其指出器件平均失效时间与器件的温度成指数关系。通过实验测量并拟合关系式，可以获得器件的失效时间曲线。图 2.2-2 展示了实验测量并拟合获得的 GaN HEMTs 的寿命曲线[25]。

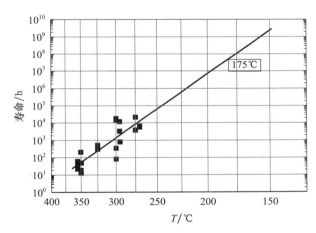

图 2.2-2　拟合阿伦尼乌斯定律获得的 HEMTs 寿命曲线

从图 2.2-2 可以看到，沟道温度每上升 25℃，器件寿命就会降低一个数量级。例如，在 175℃时，器件寿命可以达到 10^8 h。因此，通过有效的热管理方法降低自热效应的影响，降低沟道温度，对于提高器件性能和可靠性具有重要意义。

2.2.4 典型器件的自热效应

2.2.4.1 SOI-MOS 器件
绝缘体上硅金属氧化物半导体场效应晶体管（SOI-MOS）通过使用埋氧层隔绝硅

沟道层和衬底硅，能够有效抵制闩锁效应，并对抗短栅效应带来的影响，具有优异的电学性能，在各种工程领域都有广泛应用。随着栅极尺寸的降低，SOI-FinFET 也获得了广泛的研究。因此，理解 SOI-MOS 中的自热效应具有重要意义。

图 2.2-3 给出了一个 SOI-MOS 器件的示意图。SOI-MOS 结构是一个三明治结构，主要由硅沟道层、埋氧层和衬底硅组成，结构中，三个电极宽度为 100nm，沟道层厚度只有 40nm。此外，仿真设置中衬底只有 10nm，但实际器件衬底往往很厚，在微米量级。这是因为硅的热导率较高，在底部设置的等温边界，能够有效地映射到埋氧层底部，仿真较小的衬底并不会影响对器件电热性能的预测。值得注意的是，在只考虑衬底散热时，由于埋氧层的二氧化硅热导率较低，因此器件的自热效应会有较强的影响。为了加强散热，实际应用中会从器件上方加强散热。例如，可以采用高导热材料和优化的热管理设计，以减少自热效应对器件性能的负面影响[26]。

图 2.2-4 给出了仿真计算获得的器件内部焦耳热分布图。结果表明，焦耳热主要集中在栅极下方的导电沟道和靠近漏极的右侧 PN 结界面处。这些区域的发热量超过了 10^{11} W/cm^3。具体来说，焦耳热与电流密度成正比，因此导电沟道是 SOI-MOS 中的主要热源。电流通过沟道时，载流子在外加电场作用下加速运动，与晶格发生散射碰撞，产生大量热量。这一过程在沟道区域尤为显著，导致局部温度急剧上升。在 PN 结界面处，由于较大的载流子浓度差，较强的扩散电流也会导致明显的热量产生。这里的电子和空穴复合过程释放能量，进一步增加了热量的积累。

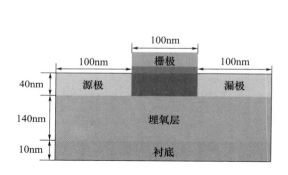

图 2.2-3　SOI-MOS 结构示意图

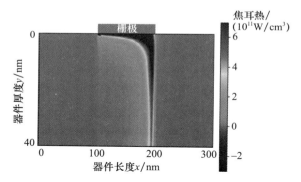

图 2.2-4　焦耳热分布图

为了更好地说明沟道内的焦耳热分布，图 2.2-5 展示了 SOI-MOS 栅极下方 1nm 处的焦耳热和温度分布情况。可以看到，焦耳热在栅极下方的区域均有分布，在正栅极电压的吸引下形成了高载流子浓度的沟道层，电流引起了显著的热效应。虚线显示，沟道中的主要产热区域较为广泛且均匀，峰值产热密度达到约 1.3×10^{12} W/cm^3，峰值位置位于 $x = 200$nm。栅极下方靠近漏极的区域是器件中的常见热点。由于栅极下方电势的剧烈变化，该区域存在的高电场会增加载流子与晶格的散射过程，而不会进一步加速已经处于速度饱和状态的电子。强电场下散射加剧是产热增加的主要原因。在源极和漏极下方的区域，由于漂移电流较少，热量产生相对较小，基本可以忽略。仿真结果还显示，热量集中区域的温度最高，仅考虑焦耳热时，器件内的最高温度可达 437.5K。在 SOI 器件中，埋氧层的低热导率形成了一个有效的隔热层，限制了沟道向衬底的热传导，从而使得整个硅体层的温度分布较为均匀，温度梯度较小。这种设计特点在 SOI-MOS 器件中尤为重要，需要特别关注局部热量的积聚问题，以确保器件的稳定性和性能。

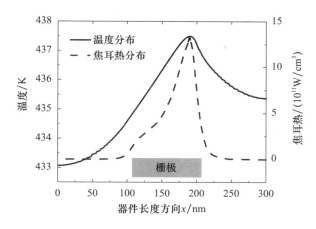

图 2.2-5　SOI-MOS 栅极下方 1nm 处焦耳热分布和温度分布

除了焦耳热外，器件在稳态工况下的产热还包括复合热和帕尔贴-汤姆逊热（PT 热）。由于 MOSFET 属于多数载流子器件，复合热的影响可以忽略。对于 PT 热，Wachutka 将其描述为载流子流经具有空间变化的热电功率区域时，晶格与载流子之间的能量交换。与焦耳热相比，PT 热可以理解为载流子运动过程中温度变化导致的散射事件的修正。

图 2.2-6 展示了沟道层中的二维 PT 热分布。PT 热主要在导电沟道和 PN 结的界面产生，其符号由电流流动方向和温度梯度的方向决定。例如，在栅极下方的沟道中，当电流从高温区域的漏极流向低温区域的源极时，会产生负的 PT 热。结果显示，PT 热的量级约为 10^{11} W/cm³，这与焦耳热的量级相当。然而，PT 热的主要发热区域较小，并且其在器件中同时包括加热和冷却两种效应。这两种机制对器件温度的影响相互抵消，因此，PT 热对器件电学性能的影响是有限的。但其仍然会造成器件内部温度整体的上升，在关注热性能和器件可靠性时，不应该被忽略。此外，在小尺度器件和高温度梯度的器件内，PT 热的影响可能会更加显著。

2.2.4.2　HEMTs 器件

高电子迁移率晶体管（High Electron Mobility Transistors，HEMTs）由于其高电子迁移率、低功耗等优良性能，被广泛应用于射频（RF）和微波电路中的低噪声放大器和高频功率放大器。HEMTs 属于异质结器件，由于 GaN 和 AlGaN 的强自发和压电极化效应，在异质结界面形成二维电子气（2DEG）。二维电子气很薄，通常在几个纳米的量级，由于调制掺杂以及量子效应，二维电子气中的迁移率很高，使得 HEMTs 在无线通信、雷达和无线电视等领域具有重要应用。然而，由于 HEMTs 的多层结构和高电流密度，它们在高频和高功率操作下会产生显著的自热效应。

HEMTs 是一个多层薄膜结构，图 2.2-7 展示了一个简化后的 HEMTs 结构示意图。除电极外，HEMTs 的主体是由 AlGaN 势垒层和 GaN 沟道层形成的异质结结构。

由于极化效应，二维电子气（2DEG）形成于异质结界面处，主要集中在界面下方的 GaN 沟道层内。HEMTs 的产热主要集中在导电沟道附近，并且具有偏置依赖性，如图 2.2-8 所示[27]。在较低的偏压下，二维电子气中的电子尚未达到速度饱和状态，沟道内的电场分布较为均匀，此时产热较小且分布更均匀，整个沟道内的产热量处于相同的量级，如图 2.2-8(a)所示。当施加较高的栅极电压时，器件进入饱和状态，栅极下方会出现剧烈的电势变化，形成高电场区域，导致局部热点的产生。此时虽然沟道内其他区域也会有热量产生，但其产热量远小于热点区域，如图 2.2-8(b)所示。由于 HEMTs 器件的产热具有偏置依赖性，在实际应用中，需要根据其工作状态选择不同的热管理方法，以确保其性能和可靠性。

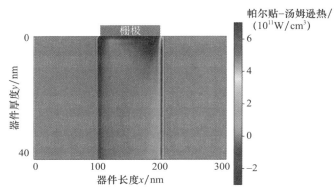

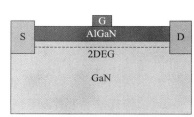

图 2.2-6　帕尔贴-汤姆逊热分布　　　　图 2.2-7　HEMTs 器件结构示意图

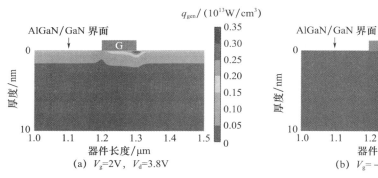

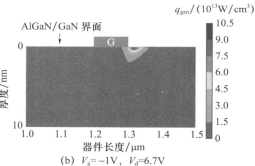

(a) $V_g=2V$，$V_d=3.8V$　　　　　　(b) $V_g=-1V$，$V_d=6.7V$

图 2.2-8　不同偏置下 HEMTs 产热分布

除了可靠性和寿命外，HEMTs 器件的电学性能也会受到自热效应的影响。图 2.2-9 展示了 HEMTs 在不同栅压下的输出特性曲线，其中虚线表示未考虑自热效应的计算结果，实线表示考虑自热效应后的结果。可以看到，考虑自热效应后，HEMTs 器件的漏极输出电流明显降低。随着栅压的升高，自热效应对器件性能的影响更加显著。这是因为栅压增大带来了载流子浓度的增加，使电流密度增强，从而导致产热更加显著。此外，在相同栅压下，高漏极电压下的器件性能变化更大。这是因为，即使在相近的电流密度下，高漏极电压导致的强电场会使载流子的漂移速度达到饱和，进而加剧了载流子与晶格的散射。由于强电场引发的自热效应，温度上升更为显著，从而导致器件性能下降。

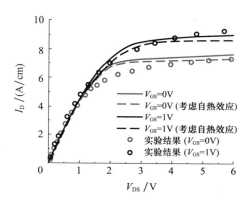

图 2.2-9　不同栅压下的输出特性曲线

2.3　芯片近结热管理

2.3.1　典型散热方式和芯片近结热管理

前文已经提到，芯片功率密度的逐渐提升以及集成度的提高显著加剧了散热问题的严峻性，积热会降低芯片的性能并显著缩短其使用寿命。通过有效的热管理方案将热量从芯片内部散出以降低其运行时温度，对于发挥芯片的实际性能并提高可靠性具有重要价值。

典型的芯片热管理方案主要是在芯片设计制造完成后，在封装结构外部设置散热器以强化散热、降低芯片温度[28]。典型的外部散热方式包括风冷、热管、浸没式液冷、微通道冷却、射流冲击冷却和喷雾冷却等。在过去的几十年里，这些热管理技术已经取得了显著的进展。例如，单相冷却方法的传热系数（HTC）范围可以达到 $10^3 \sim 4 \times 10^4 \, W/(m^2 \cdot K)$，而两相换热的 HTC 可达约 $10^5 \, W/(m^2 \cdot K)$[29]。当器件产热功率密度较小时，传统的芯片热管理方案简单而有效，散热器易于安装且无须改动器件本身的设计。然而，对于热流密度逐渐增加的电子器件散热冷却，传统热设计方法和典型散热方式越来越无法处理日益严峻的散热问题。这主要是因为随着芯片技术的发展，器件外部热阻占总热阻的比例已经较小，影响器件传热过程的关键因素主要集中到了芯片内部。

图 2.3-1 展示了某金刚基衬底氮化镓（GaN）器件沿最高温度位置处的垂直温度分布[30]。其中外部封装的热阻占比小于 20%，主导器件传热的核心为热量从晶体管区域产生及传导至基底过程的内部热阻。此时，进一步强化外部散热所能起到的作用有限，因其只能降低器件外部热阻，无法降低内部热阻。而通过近结热管理直接更改器件本身的设计来降低器件的内部热阻，将热解决方案尽可能地实施在热点附近，预期将成为解决电子器件热瓶颈的关键手段。随着电子器件的小型化以及功率密度逐渐提高，近结热管理的重要意义将持续增加。

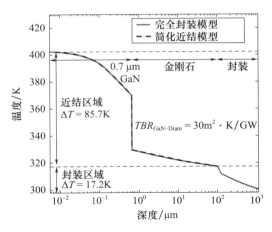

图 2.3-1　金刚石基衬底氮化镓（GaN）器件沿最高温度位置处垂直温度分布[30]

在电子器件内部开展可靠的近结热管理的前提是明确器件内部的热输运机制，并准确地预测器件在各种设计参数和工作条件下的热阻及结温。图 2.3-2 展示了 GaN 高电子迁移率晶体管（HEMTs）的典型结构[31]，其由多个微纳米薄膜构成，主要包括衬底层、GaN 缓冲层和 AlGaN 势垒层。在 AlGaN 势垒层下方还可能存在无掺杂的 AlN 或 AlGaN 间隔层，以降低电子散射的影响。GaN 外延层和衬底之间也常会引入 AlGaN 或 AlN 等成核层，以减小异质外延过程中晶格不匹配的影响。这些外延层的厚度一般位于

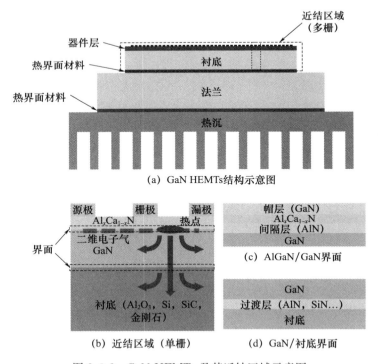

图 2.3-2　GaN HEMTs 及其近结区域示意图
注：虚线表示二维电子气体（2DEG），椭圆表示热源，箭头表示热流[30]。

几十纳米到上百微米之间，与半导体中主要的热载流子——声子的平均自由程（MFP）相当。频繁的声子-边界散射作用会使得器件内部的热传导不再是由傅里叶定律所描述的扩散过程。此时，温度和热流分布与傅里叶热传导定律的预测明显不同，在界面边界处将发生温度跳跃和热流滑动现象。声子的边界和界面散射可以降低结构的等效热导率，这使得尺寸效应在器件的热输运和热设计中至关重要。此外，在电子器件中，应力和电场等因素也会对各层的热导率产生显著影响。

除了由纳米结构中声子-边界散射所引起的经典尺寸效应之外，电子器件中的产热和传热过程又表现出额外的特性。在 GaN HEMTs 中，热量主要是由二维电子气（Two-Dimensional Electron Gas，2DEG）区域中的电子-声子相互作用产生的，该区域的宽度主要取决于器件的偏置电压以及源极和漏极的间距，范围从上百纳米到十几微米不等。热源区域的尺寸明显小于器件的整体长度和宽度，当热量从一个小的热源区域扩散到更大的区域时，将产生显著的扩展热阻，在电子器件的传热过程中占据了主导地位。此外，热源尺寸与声子的 MFP 相当，这也会导致声子的非局域输运，一般也被称为准弹道输运。热产生、热扩展、声子弹道输运之间的相互耦合共同决定了近结热输运过程，对器件的温度分布、电学性能以及可靠性有着显著影响。

本节旨在介绍电子器件近结热管理过程中的底层关键性基础问题，尤其重点介绍相关的声子热输运机制。2.3.2 节介绍弹道扩散导热过程中的主要非傅里叶现象，包括边界温度跳跃和边界热流滑移；2.3.3 节主要介绍器件中多层纳米薄膜结构的等效热导率模型研究，给出了基于声子玻尔兹曼方程推导的多约束纳米结构等效热导率模型，并介绍了应力和电场对于材料热导率的影响；2.3.4 节重点介绍了电子器件中的非傅里叶声子热扩展过程。

2.3.2　微纳米结构中的弹道扩散导热

在典型半导体材料中，热量传递主要通过晶格振动，晶格振动可以由二次量子化转化为声子产生、消灭与传播的过程。在宏观尺度下，声子的平均 MFP 远小于系统的尺度，如图 2.3-3 所示，声子从热端出发将会在介质内经历充分的随机散射，热量传递是以扩散输运的方式进行的。

（a）扩散输运　　　　　　　　　　（b）弹道输运

图 2.3-3　两种输运机制下声子的传播方式示意图

此时，导热符合经典的傅里叶导热定律：

$$q = -\kappa \nabla T \qquad (2.3\text{-}1)$$

式中，q 为热流；T 为温度；κ 为材料的本征热导率。

对于宏观体系，热导率是一个物性参数，不受结构的尺寸和几何形状的影响。然而在微纳米尺度下，结构特征尺寸与声子平均自由程相当，如图 2.3-3(b)所示，一部分声子将不经历内部散射而直接从一个边界到达其他边界，该热量传递过程被称作弹道输运，此时傅里叶导热定律不再适用，热量将会以弹道输运为主导的弹道-扩散（Ballistic-Diffusive）方式传递。在纳米结构中的弹道扩散导热将会导致两种主要的非傅里叶导热现象：第一，弹道导热过程中局域热平衡假设不再适用，声子与边界由于碰撞次数相对减小而不能达到温度平衡，这将导致边界出现温度跳跃的现象［如图2.3-4（a）所示］，当边界存在声子性质的不匹配时，由界面热阻引起的温度跳跃将与由弹道输运引起的温度跳跃耦合，使问题变得更加复杂。第二，纳米结构面体比的增大也使得声子边界散射的影响变得更为显著，声子扩散边界散射会改变声子的输运方向，导致热流密度在边界/界面附近区域减小，产生边界热流滑移的现象［如图2.3-4（b）所示］。

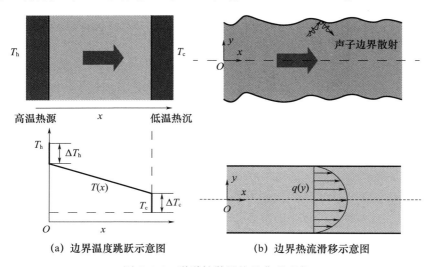

(a) 边界温度跳跃示意图　　　(b) 边界热流滑移示意图

图 2.3-4　弹道扩散导热的典型现象

纳米结构中的弹道热传导可以用玻尔兹曼输运方程（BTE）来描述。声子 BTE 基于粒子动力学，忽略了波动效应，能够模拟从纳米到百微米的系统，因此是模拟实际电子器件中非傅里叶导热可行的解决方案。BTE 描述了声子分布函数 $f(x, \boldsymbol{k}, t)$ 的演化，f 是空间坐标 x、波矢 $\boldsymbol{k}$ 以及时间 t 的函数。声子 BTE 的一般形式为：

$$\frac{\partial f}{\partial t} + \boldsymbol{v} \cdot \nabla f = \left(\frac{\partial f}{\partial t}\right)_{\mathrm{s}} + s_{\mathrm{f}} \tag{2.3-2}$$

式中，$\boldsymbol{v}$ 为声子的群速度；$\left(\frac{\partial f}{\partial t}\right)_{\mathrm{s}}$ 为散射项；s_{f} 为源项。

通常，散射项可以通过弛豫时间近似来简化：

$$\left(\frac{\partial f}{\partial t}\right)_{\mathrm{s}} = \frac{f_0 - f}{\tau} \tag{2.3-3}$$

式中，f_0 为平衡分布；τ 为弛豫时间。

此外，努森数（Kn）定义为 MFP 与特征长度之比，通常用于标记弹道效应的强度。Kn 值越高，表示系统中的弹道效应越强，比如边界温度跳跃和边界热流滑移的程度。有关弹道-扩散导热的理论模型，可以参考相应的文献[31]。

2.3.3　纳米结构的等效热导率

对于纳米结构，根据傅里叶导热定律也可以通过温差及热流定义其等效热导率。然而，由于上节所介绍的边界温度跳跃及热流滑移等非傅里叶导热现象，等效热导率具有强烈的尺寸效应。其不再是材料的本征属性，而依赖于纳米结构的尺寸、几何形状，甚至加热条件，这与块体材料的情况有很大不同。在电子器件中，由于薄膜大部分是由外延生长制备，晶格不匹配导致的应力也会使得热导率发生显著改变。此外，当器件工作时，器件层内部会存在电场分布，电场也会对材料的声子属性产生影响进而改变其热导率。

实际的纳米结构中声子输运过程通常会受到多个几何约束的共同影响，此时等效热导率也将与多个尺寸同时相关。如图 2.3-5 所示为一个典型的悬空多约束纳米结构，温差作用于 x 方向（结构两端分别与具有声子黑体边界的恒温热沉接触），声子在侧面边界发生散射；轴向的长度 L_x 与侧面几何约束的特征尺寸都

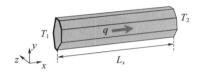

图 2.3-5　多约束纳米
结构示意图[16]

与声子平均自由程相当，因此等效热导率将同时依赖多个特征尺寸。直接求解玻尔兹曼方程难以得到解析的等效热导率模型。由于该多约束纳米结构中并未涉及界面声子性质不匹配，可以使用热阻叠加与分解的方法来导出等效热导率模型[16]。

图 2.3-5 所示纳米结构的总热阻 R_t 可以表示为：

$$R_t = \frac{L_x}{S\kappa_{eff}} = R_0 + R_x + R_1 \tag{2.3-4}$$

式中，S 为截面积；R_0 为本征热阻；R_x 为 x 方向约束导致的热阻；R_1 为侧面约束导致的热阻。

R_0 可以用体材料热导率计算，而 R_x 和 R_1 则可以使用热阻分解的方法得到。首先，单独考虑 x 方向约束的影响，不考虑侧面约束的影响，因此纳米结构的热阻就等于本征热阻与 x 方向约束的热阻之和。此时，所示的多约束结构退化为声子黑体边界的薄膜法向导热，相应的等效热导率和热阻为：

$$R_{cr} = R_0 + R_{ba} = R_0 + \frac{4}{3} \frac{L_x}{S\kappa_0} Kn_x \tag{2.3-5}$$

式中，$Kn_x = l_0/L_x$ 为沿温度梯度方向长度定义的声子努森数；l_0 为声子的平均自由程。

只考虑侧面约束的影响，纳米结构热阻是本征热阻与侧面约束导致的热阻之和。此时，多约束纳米结构退化为一个面向导热问题。该问题对应的声子玻尔兹曼方程的解为：

$$\Delta f = l_0 \mu \frac{\partial f_0}{\partial T} \frac{\partial T}{\partial x} \left[\frac{(1-P) \exp\left(-\frac{|\boldsymbol{r}-\boldsymbol{r}_B|}{l_0\sqrt{1-\mu^2}}\right)}{1-P\exp\left(-\frac{|\boldsymbol{r}-\boldsymbol{r}_B|}{l_0\sqrt{1-\mu^2}}\right)} - 1 \right] \tag{2.3-6}$$

式中，矢量 $\boldsymbol{r}_B$ 表示截面边界上的点；$|\boldsymbol{r}-\boldsymbol{r}_B|$ 表示截面内一点到截面边界的距离。

基于声子玻尔兹曼输运理论，相应的面向等效热导率及面向热阻可以进行导出，最终得到总热阻及综合等效热导率的表达式[16]：

$$\frac{\kappa_{\text{eff}}}{\kappa_0} = \frac{1}{\frac{4}{3}Kn_x + G(l_0)} \tag{2.3-7}$$

式中，G 为结构形状函数，与具体的截面形状有关。

比如，对于二维的纳米薄膜，G 退化为：

$$G_{\text{film}}^{-1} = 1 - \frac{3}{2}Kn_y \int_0^1 \left[1 - \exp\left(-\frac{1}{Kn_y\sqrt{1-\mu^2}}\right)\right]\mu^3\,\mathrm{d}\mu \tag{2.3-8}$$

对于圆形截面纳米线，G 退化为：

$$G_{\text{cir}}^{-1} = 1 - \frac{12}{\pi}\int_0^{1/2} r\mathrm{d}r \int_0^{2\pi}\mathrm{d}\varphi \int_0^1 \mu^2\,\mathrm{d}\mu\exp\left\{-\frac{\sin\left[\varphi - \arcsin(2r\sin\varphi)\right]}{2\sin\varphi Kn_D\sqrt{1-\mu^2}}\right\} \tag{2.3-9}$$

对于方形截面纳米线，G 退化为：

$$G_{\text{sq}}^{-1} = 1 - \frac{3}{\pi}\int_0^1 \mathrm{d}y\int_0^1 \mathrm{d}z\int_0^1 \mu^2\,\mathrm{d}\mu\left\{\int_{\varphi_1}^{\varphi_2}\exp\left(-\frac{1-y}{Kn_L\sin\varphi\sqrt{1-\mu^2}}\right)\mathrm{d}\varphi + \int_{\varphi_2}^{\varphi_3}\exp\left(-\frac{z}{Kn_L\cos\varphi\sqrt{1-\mu^2}}\right)\mathrm{d}\varphi\right\} \tag{2.3-10}$$

图 2.3-6 分别展示了模型预测的有限长圆形纳米线等效热导率和有限长方形纳米线等效热导率随结构特征尺寸的变化，与基于声子蒙特卡罗（MC）得到的模拟值吻合良好。

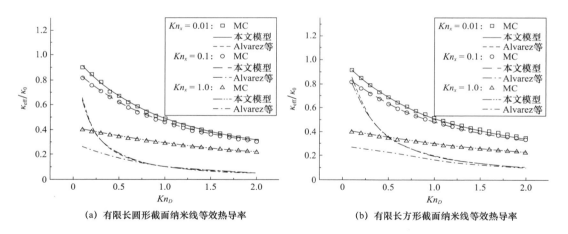

(a) 有限长圆形截面纳米线等效热导率　　　　　(b) 有限长方形截面纳米线等效热导率

图 2.3-6　模型预测与声子 MC 模拟对比

接下来简要介绍外场对结构热导率的影响。外场包括应力场和电场，是影响电子器件中半导体热传输的典型因素，也是调控 GaN 等半导体中声子热传输的常用方法。可以结合第一性原理计算和声子玻尔兹曼输运理论定量研究应力场和电场的影响[32-33]。如图 2.3-7（a）所示，在拉伸应变状态下，晶格热导率降低，而在压缩应变状态下增加。具体而言，在 $+5\%$ 拉伸应变状态下，室温下的平均热导率降低了 63%，而在 -5% 压缩应变状态下增加了 53%。这主要归因于声子弛豫时间的变化。在自由状态下，晶格热导率的各向异性较弱，但在应变状态下变得更大。在拉伸应变状态下，垂直平面的晶格热导率大于平面的热导率，而在压缩应变状态下则相反。

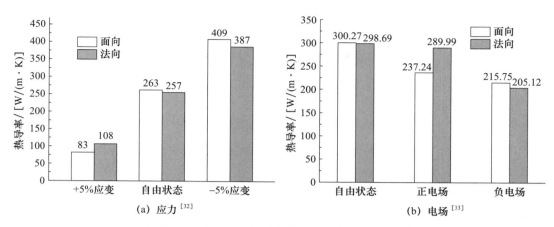

图 2.3-7　应力和电场对氮化镓 GaN 热导率的影响

对于电场的影响，如图 2.3-7（b）所示，在负电场状态下，平面内和平面外的热导率均显著降低。此外，在有限电场下，各向异性增加，而在零电场下，热导率几乎保持各向同性。这里将沿极轴方向的热导率视为法向热导率，而垂直于极轴方向的热导率视为面向热导率。基于定量分析可以确认弛豫时间的变化是电场下晶格热导率变化的主要原因，这种变化源于原子间相互作用非谐性的增加。在自由状态下，最大的声子平均 MFP 约为 $10\mu m$。然而与有限电场下晶格热导率的变化相对应，最大声子平均自由程的变化并不显著。在法向条件下，最大声子自由程几乎保持不变，而在面内条件下，最大声子自由程略有增加。由于电场不会显著移动或减少低频声子分支，因此在电场下，最大截止频率几乎保持不变。

2.3.4　弹道-扩散机制下的扩展热阻

在电子器件传热过程中，总会遇到扩展热阻的问题。扩展热阻是当热量通过具有不同横截面积的热源和热汇之间时产生的热阻。例如，如图 2.3-2 所示的 GaN HEMTs 中，在二维电子气层电子与声子作用产生极窄的线热源，当热量从该极窄的热源区传递到基底的过程中会产生显著的扩展热阻，其作用远大于一维法向热阻。研究者对扩展热阻进行了深入研究，目前绝大多数现有的模型和模拟都是基于经典的傅里叶导热定律。作为例子，针对如图 2.3-8 所示的器件层热扩展输运的情况，基于傅里叶定律的总热阻模型为：

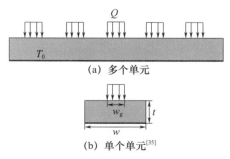

(a)　多个单元

(b)　单个单元[35]

图 2.3-8　器件层热扩展输运示意图

$$\frac{R_{\mathrm{t}}}{R_{\mathrm{1D0}}} = 1 + \left(\frac{w}{w_{\mathrm{g}}}\right)^2 \left(\frac{w}{t}\right) \sum_{n=1}^{\infty} \frac{8 \sin^2\left(\frac{w_{\mathrm{g}} n\pi}{2w}\right) \cdot \cos^2\left(\frac{n\pi}{2}\right)}{(n\pi)^3 \coth\left(\frac{tn\pi}{w}\right)} \qquad (2.3\text{-}11)$$

式中，R_{1D0} 为一维法向热阻。

在实际器件中，声子的平均自由程经常与器件层的厚度以及热源宽度相当，这将会导致显著的弹道效应，从而影响扩展热阻。采用声子蒙特卡罗模拟对如图 2.3-8（b）所示结构进行研究，图 2.3-9 给出了分别使用蒙特卡罗和有限元计算的量纲—温度分布。量纲—温度 θ_{hs} 定义为：

$$\theta_{\mathrm{hs}} = \frac{\Delta T}{Q_{\mathrm{hs}} R_{\mathrm{1D0}}} \qquad (2.3\text{-}12)$$

式中，Q_{hs} 为热点的加热功率。

有限元方法计算的量纲—温度分布表明热扩展效应将导致量纲—温度峰值的显著增加。例如，如图 2.3-9(a)所示，当 $w/t=40$ 和 $w_{\mathrm{g}}/w=0.01$ 时，温度峰值将会达到一维法向导热情况下温度峰值的约 25 倍。此外，如蒙特卡罗模拟结果所示［图 2.3-9(b)］，弹道效应会改变量纲—温度分布，进一步增加量纲—温度的峰值。弹道输运导致内部声子散射的缺乏，因此蒙特卡罗模拟预测高温区域会变得更长更窄。例如，当由薄膜厚度及热源宽度定义的努森数分为 $Kn_t=2$ 和 $Kn_w=5$ 时，蒙特卡罗模拟预测的量纲—温度峰值将达到约 140。因此，由于在弹道扩散区量纲—温度分布的变化，结构的总热阻与傅里叶定律预测相比会显著增加。

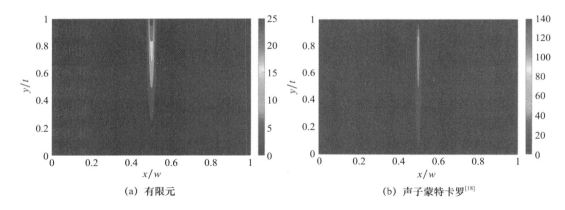

(a) 有限元   (b) 声子蒙特卡罗[18]

图 2.3-9 量纲—温度分布

结合玻尔兹曼方程和拟合模拟结果可以得到一个考虑热扩展效应和弹道效应的热阻预测模型[32]：

$$\frac{R}{R_{\mathrm{1D0}}} = \frac{R_{\mathrm{F}}}{R_{\mathrm{1D0}}} \left(1 + \frac{2}{3} Kn_t\right) r_w \qquad (2.3\text{-}13)$$

式中，$r_w = 1 + A_w Kn_w$，A_w 为拟合参数，可以通过模拟或者实验得到。

2.4　芯片热管理材料

从晶体管产热-芯片内传热-环境中散热的全链条热路径来看，热管理材料广泛应用在芯片内部和外部，如异质结、基板、焊球、底部填充胶、导热塑封胶、热界面材料、金属框架、导热膜、热沉等，开发高性能热管理材料是解决芯片超高热流密度散热问题的关键[34]。近年来，一方面，高热流密度散热需求催生了对高性能热管理材料的要求；另一方面，新型导热填料的层出不穷，如石墨烯、氮化硼、碳纳米管、碳化硅、金刚石、液态金属等，为新型热管理材料的发展提供了机遇[35]。芯片热管理材料研究已经成为传热学、材料学、化学、物理学等多学科交叉的国际前沿热点。

热管理材料研究热点包括新型填料的发现和设计、复合材料的制备方法、导热机理、材料热物性的测试技术等。热管理材料通常由高导热填料和基质组成，除了传统的高导热填料，如氧化铝、银纳米颗粒、氮化硼、石墨烯、金刚石等，近年来，研究人员通过人工智能技术对材料进行高通量筛选，发现了更多种类的高导热填料；另一方面，在复合材料制备方面，通过采用构建高导热填料的导热通路、不同填料尺寸的梯级匹配等方法，实现了复合材料热导率的大幅提升。在导热方面，研究人员通过采用分子动力学模拟、第一性计算、蒙特卡罗模拟等手段，对电子、声子等热载流子的界面热输运特性进行分析和调控，进而减小填料和基质之间的界面热阻；在热物性测试技术方面，除了传统宏观热测试方法，如稳态热流法、稳态平板法、热线法、瞬态平板法、激光闪射法和差式扫描量热法之外，研究人员重点研究微纳尺度热物性测试方法，如 3ω 谐波法、时域热反射测量法和拉曼光谱法。

2.4.1　热界面材料

热界面材料（Thermal Interface Material，TIM）是用于填充固体与固体之间界面间隙的导热功能材料，是解决电子器件、新能源、高能激光等领域热管理问题不可或缺的重要基础材料。热界面材料在集成电路封装中通常分为两类，应用于芯片和盖板（lid）之间的 TIM 一般被称为 TIM1，而位于盖板和热沉散热器之间的 TIM 被称为 TIM2。按照产品形态不同，可以将热界面材料分为导热硅脂、导热凝胶、导热垫片、相变材料、金属焊料以及导热胶等。按照材料种类不同，可以将热界面材料分为聚合物基热界面材料和金属基热界面材料。聚合物基热界面材料是以聚合物为基质，然后添加高导热填料，其热导率一般小于 $10W/(m \cdot K)$，研究人员主要从导热填料、基质、导热通路、界面热阻四个方面进行研究。金属基热界面材料是以金属为主体，其热导率通常比聚合物基热界面材料的热导率高一个数量级。室温液态金属热界面是一种新型的热界面材料，但液态金属表面张力大，流动性好，且与很多结构材料并不浸润，这极大地阻碍了其作为热界面材料的使用，经过长期摸索，研究人员发现，适当的氧化可以极大地改善液态金属的黏附性能，其热导率为 $10\sim40W/(m \cdot K)$。

我国高端热界面材料依赖从日本、韩国、欧美等发达国家进口，国产化电子材料占比非常低，大大阻碍了我国的电子信息产业发展和限制终端企业的创新活力。2018 年开始，中美贸易摩擦升级导致的"中兴芯片制裁"事件和"华为制裁"事件，充分说明：发展国产化热界面材料对于避免芯片核心技术和集成电路产业受制于人具有重要的现实意义。面对激烈的竞争，我国在国家层面也充分重视。科技部从 2008 年部署、2009 年开始启动 02 重大专项（极大规模集成电路成套工艺与装备），2014 年启动集成电路大基金，经过近十年的支持，我国集成电路产业取得了长足的发展，封测产业跻身全球前三。但作为物质基础的高端电子封装材料，仍然基本依赖进口。热界面材料在电子等行业应用广泛，国家也出台了相关扶持政策促进国内热界面材料产业的发展。例如，2016 年科技部启动"战略性先进电子材料"专项，布局了"高功率密度电子器件热管理材料与应用"，其中研究方向之一为"用于高功率密度热管理的高性能热界面材料"。2022 年"纳米前沿"重点专项，布局了"纳米尺度的声子热输运"，其中研究方向之一为"开发高性能热界面材料"。

目前，我国在传统的聚合物基热界面材料方向处于跟跑阶段。自 20 世纪 90 年代以来，以美国为代表的发达国家大学和科研机构（如麻省理工学院、佐治亚理工学院等）、美国军方（DAPA 项目）和骨干企业（Intel、IBM 等）都投入巨大力量持续进行热界面材料的科学探索和技术研发。这带来了美国和日本的企业，如 Laird（莱尔德）、Chomerics（固美丽）、Bergquist（贝格斯，汉高收购）、Fujipoly（富士高分子工业株式会社）、SEKISUI（积水化学工业株式会社）、DowCorning（道康宁-陶氏）、ShinEtsu（信越化学工业株式会社）和 Honeywell（霍尼韦尔）等占据了全球热界面材料 90% 以上的高端市场。我国在聚合物基热界面材料研究方面起步较晚，而得益于国内电子行业国产化替代的迫切需求，近年来国内的中石科技、飞荣达、深圳德邦的热界面材料逐渐进入了华为、小米等手机行业的供应链。在一些新兴热界面材料方向，我国在科学研究和行业应用上走在了世界前列，如液态金属热界面材料，我国的云南中宣液态金属科技有限公司在世界上首先实现液态金属导热膏的大规模商用化，已用于索尼 PS5 游戏机、联想笔记本等。

2.4.2　热智能材料

热智能材料是一种能够实时响应外界环境变化，进而自主调节热导率的材料。其热导率（k）能够根据外部刺激做出响应，在高/低状态之间切换，或连续改变热导率的大小。衡量热智能材料最关键的指标，是其响应前后热导率的最大变化幅度（r）：$r = k_{on} / k_{off}$。近年来，已有不少研究者研发了不同的材料，通过不同的操纵机制实现了对材料热导率的可逆调节，包括纳米颗粒悬浮液、相变材料、原子插层、软物质材料和铁电材料等。

纳米颗粒悬浮液可以通过电场、磁场或剪切流等外场来调节热导率，具有响应速度快、能耗低、可逆性和连续可调热导率等优点，是一类研究较多的热智能材料。清华大学曹炳阳团队利用纳米颗粒悬浮液作为热智能材料，制作了热阻可随外加电场而实时变化的热智能器件，验证了该热智能器件在实际工况中的工作性能，证明其可在发热功率和环境温度变化的情况下降低约 5℃ 的设备温度，节约 10% 的散热能耗，且调控具有可逆性的特征。此外，该热智能器件可以适应实际工况中复杂的变热流情况，具有智能调控的潜力，有良好的应用前景。当环境温度达到临界阈值时，相变材料的微观结构发生变化，会导致热导率的突变，如果环境温度恢复到原始水平，相变材料将再次返回其原始状态，这使其成为良好的热智能材料。固态相变材料，包括金属-绝缘体相变材料、磁结构相变材料和相变存储材料，由于转换前后均为固相，材料性质稳定，所以具有广泛的应用前景。在电场下自发极化的铁电材料是一种优异的热智能材料，铁电材料由许多具有不同极化取向的畴组成，无外场时，大量的畴区具有不同的极化方向；施加电场后，这些畴将极化并沿着电场方向排列，畴壁密度降低，畴壁引起的声子散射降低，材料的热导率提高。

2.4.3　固液相变材料

固液相变材料（Phase Change Material，PCM），是指在一定的温度或温度范围内发生固液相转变的一类材料，在相变过程中，相变材料与周围环境交换大量热量，同时其温度几乎保持不变。相变材料可以在稳定的温度下实现大容量的热能储存，具有储能密度大、传热㶲损失小的特点，在电子器件温控方面具有明显的优势。按照化学成分的不同，可将相变材料分为三大类：有机相变材料、无机相变材料和金属类相变材料，其中无机相变材料在芯片领域应用很少，本章不作介绍。表 2.4-1 列举了典型的芯片用相变材料的热物性。有机相变材料是一类中低温相变材料，可细分为石蜡和非石蜡两大类。石蜡是指直链烷烃混合物，一般没有确切的熔点，其熔点范围随着混合物组分和比例的变化而变化。非石蜡类相变材料主要包括酯、脂肪酸、醇和甘醇等。石蜡类相变材料相变潜热值一般在 $200\sim300\text{kJ/kg}$，而非石蜡类一般在 $100\sim200\text{kJ/kg}$，热导率一般在 0.2W/(m·K) 左右。金属相变材料的热导率比有机相变材料高出两个数量级。高的热导率意味着良好的传热性能和高的储热效率，正因如此，金属相变材料在近年来备受关注。在室温附近的金属也称为低熔点金属或液态金属，以镓及其合金以及铋基合金为主，镓及其合金的熔点在 30℃ 以下，无毒铋基合金的熔点一般在 60℃ 以上。

表 2.4-1　典型芯片用相变材料的热物性

类别	名称	熔点 T_m/℃	潜热 H/(kJ/kg)	密度 r/(kg/m³)	热导率 k/[W/(m·K)]
有机类	十八烷	29	244	814（s）/724（l）	0.36（s）/0.15（l）
	二十一烷	41	294.9	773（l）	0.145（l）
	二十三烷	48.4	302.5	777.6（l）	0.124（l）
	二十四烷	51.5	207.7	773.6（l）	0.137（l）
	十八烯酸	13	75.5	871（l）	0.103（l）
	羊蜡酸	32	153	1004（s）/878（l）	0.153（l）
	十二烷酸	44	178	1007（s）/965（l）	0.147（l）
	十六烷酸	64	185	989（s）/850（l）	0.162（l）
	十八酸	69	202	965（s）/848（l）	0.172（l）
金属类	Ga	29.78	80.16	5904（s）/6095（l）	33.49（s）/33.68（l）
	$Bi_{44.7}Pb_{22.6}In_{19.1}Sn_{8.3}Cd_{5.3}$	47	36.8	9160	15
	$Bi_{49}In_{21}Pb_{18}Sn_{12}$	58.2	23.4	9307（s）	7.143（s）/10.1（l）
	$Bi_{31.6}In_{48.8}Sn_{19.6}$	60.2	27.9	8043	19.2（s）/14.5（l）
	$Bi_{50}Pb_{26.7}Sn_{13.3}Cd_{10}$	70	39.8	9580	18

2.4.4　导热膜材料

与传统的导热材料相比，导热膜材料具有优良的柔韧性和超高的面内热导率，具有广泛应用前景。根据材料组成成分不同，导热膜材料可分为纯聚合物膜、全碳膜和聚合物基复合材料膜。纯聚合物膜具有足够的力学性能和可加工性，并且拥有强大的抗电和抗腐蚀能力，但是受限于低导热系数 $[0.02\sim0.2W/(m\cdot K)]$。全碳膜具有较高的热导率，但表现出脆性和刚性特征。由于石墨烯低原子质量、简单的晶体结构、低非谐性和强键合性的特点，石墨烯的本征热导率可达到 $5300W/(m\cdot K)$，已成为构建超高热导率薄膜的研究热点。综合纯聚合物膜和全碳膜的特点，在全碳膜中引入聚合物可以提高碳膜的柔韧性，同时确保较高的热导率。我国在导热膜材料领域研究进展迅速，从基础理论到材料制备均开展了大量工作，在国际导热膜领域中基本处于并跑地位，涌现出一批具有代表性的优秀科研团队，如中国科学院金属研究所成会明院士团队、北京大学刘忠范院士团队、清华大学康飞宇教授团队、浙江大学高超教授团队、上海大学张勇教授团队、北京航空航天大学朱英教授团队等。

2.4.5　盖板材料

在芯片封装方面，工作温度过高和热膨胀系数失配会导致组件之间产生热应力，进而引发翘曲问题。在倒装芯片封装中，盖板通过热界面材料与基板上的芯片相粘结，其热、力学性能对于芯片封装的可靠性具有重要影响。盖板材料的热导率与芯片内的最高温度以及温度分布直接相关，从而会影响芯片的可靠性，盖板材料的弹性常数、热膨胀系数与芯片内部半导体材料的相容性则会影响器件在工作时产生的热应力大小，而盖板材料的密度则与芯片封装的轻量化有关。随着芯片特征尺寸不断减小、晶体管数目不断增加，传统芯片封装采用的铜盖板已经难以满足高功率密度芯片的热管理需求，为提升芯片封装盖板的散热与均热性能，需要开发和使用新型盖板材料。铝-碳化硅（Al-SiC）金属基复合材料，作为代表性的第三代电子封装材料，与以单质金属材料为代表的第一代电子封装材料和以合金材料为代表的第二代电子封装材料相比，具有高热导率、可调热膨胀系数、低密度、低成本等优势，在芯片盖板领域受到广泛关注。铝-碳化硅是发展较为成熟的高热导率金属基复合材料，在电子封装领域还常被用作热沉、功率电子器件基底、均热板与电子器件外壳。面向芯片热管理，现有研究主要关注新型金属基复合材料的制备开发与导热性能提升。

铝-碳化硅复合材料已经在热管理领域得到了大量实际应用，在开发导热性能更优的金属基复合材料方面，金刚石具有自然界最高的热导率，是理想的高热导率填充材料，综合考虑热学、力学性能的调控潜力以及材料制备成本，铝-金刚石和铜-金刚石金属基复合材料研究价值较高，是目前学术界和产业界较为关注的两类材料。金属基复合材料的制备方法主要包括粉末冶金法、喷射沉积法、搅拌铸造法、压力铸造法和气压浸渍法等，针对铝-金刚石复合材料，通过优化制备过程中的压力、温度以及反应时间等，采用气压浸渍法，目前能够实现超过 $700W/(m\cdot K)$ 的热导率，对于铜-金刚石复合材料，目前能够实现的最大热导率约为 $930W/(m\cdot K)$。

2.4.6　半导体异质结材料

半导体异质结材料是半导体材料与导热衬底之间形成的异质界面结构。随着电子器件功率密度的提升和尺寸的减小，散热能力已经成为了限制器件实际性能的主要瓶颈，特别是在宽禁带和超宽禁带半导体材料中。宽禁带和超宽禁带半导体材料包括：GaN（3.4eV）、SiC（3.26eV）、β-Ga_2O_3（4.8eV）和 AlN（6.23eV）等。电子器件工作时会在栅极附近产生纳米级大小的局部热点，大多数近结热管理策略的目的都是通过将热量扩散到下侧的衬底来降低峰值温度。因此，采用高热导率的衬底材料、增强器件与衬底之间的界面热导是降低热点温度的主要途径。例如，GaN/金刚石的界面热导率约为 $50MW/(m^2 \cdot K)$，相当于 $4\mu m$ 厚的 GaN 或 $44\mu m$ 厚的金刚石的热阻。采用高导热衬底可以直接提升器件的散热能力，从而提升器件实际性能。例如，Si 基 GaN 的直流功率密度为 4.5W/mm，具有更高热导率的 SiC 基 GaN 的直流功率密度可以达到 15W/mm，而金刚石基 GaN 的直流功率密度可达 56W/mm。

在过去的几十年里，人们开发了许多先进技术来制造高质量的宽禁带和超宽禁带异质结构。这些技术包括分子束外延（MBE）、原子层沉积（ALD）、物理气相沉积（PVD）、化学气相沉积（CVD）、金属有机物化学气相沉积（MOCVD）、等离子键合、亲水键合、疏水键合、表面活化键合（SAB）等。以上方法可以分为两大种类：生长方法和键合方法。其中生长方法是在衬底上外延或沉积生长半导体材料，而键合方法是将两种已经制备好的材料结合在一起。MBE 和 ALD 方法能获得高质量界面，然而它们是通过逐层沉积原子实现的，速度慢且价格昂贵。CVD 方法价格更低，目前广泛用于获得高质量的 GaN 晶圆，但是它的精度更低，需要高温生长条件，界面结合情况更加复杂。生长方法面临的普遍问题是对衬底的选择性高，晶格不匹配度大的半导体异质结材料往往难以实现生长。此外，从生长过程中的高温退火到常温时，容易因为热膨胀系数的不同导致晶圆的弯曲和开裂。因此，尽管金刚石具有自然界最高的热导率，但它极高的硬度和晶格不匹配度导致使用金刚石作为衬底材料十分困难。键合方法在近期被视为实现半导体异质界面的另一途径。SAB 方法在室温超高真空条件下实现直接固态共价键合，它首先在样品表面沉积一定厚度的过渡层，通过氩离子束轰击样品表面诱导表面活化，产生表面悬空键，然后通过机械压力将两个表面压在一起。但是键合法的界面质量较差，容易出现气泡等现象，界面的过渡层需要高温退火才能转化为晶体。

2.5　接触热阻

在芯片散热的路径上，存在不同器件构成的接触界面。由于加工精度的原因，宏观上平整的表面分布着众多的微凸体，导致两表面不能完美接触，产生接触热阻。常用的减小接触热阻的方式是填充热界面材料（Thermal Interface Material，TIM），挤出间隙中的空气。如图 2.5-1 所示，在盖子和散热器之间常常填充导热硅脂类的 TIM 以减小接触热阻。然而 TIM 本身并不能完全润湿壁面，导致 TIM 和壁面之间还存在接触热阻。总的接触热阻 R 可以写作：

$$R = R_{c1} + R_{c2} + \frac{BLT}{\kappa_{TIM}} \tag{2.5-1}$$

式中，R_{c1} 和 R_{c2} 分别为 TIM 和固体 1、TIM 和固体 2 之间的接触热阻；BLT 为 TIM 的厚度（Bond Line Thickness，BLT）；κ_{TIM} 为 TIM 的热导率。

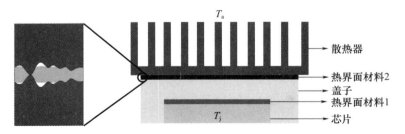

图 2.5-1　典型芯片散热及接触传热示意图

2.5.1　固固接触热阻

固固接触传热广泛存在于航空航天、能源动力、电子器件散热领域，对卫星热控、航天器热管理、芯片散热、动力机械的设计等至关重要。在固固接触传热过程中，通常存在导热、热对流和辐射三种传热模式。在通常的应用中，表面粗糙度在微米量级，未进入纳米尺度。在常温下，辐射和对流换热传递的热量远小于导热，因此导热在固固接触传热中占主导地位。

对于宏观上平整但微观上粗糙的表面，实际的接触只发生在很小的区域，如图 2.5-2 所示。因为空气的热导率远小于金属材料的热导率，当热流通过接触界面时，热流线会产生收缩和扭曲。即使在很大的压力（约 10MPa）下，两固体间真实的接触面积仍然远小于名义接触面积，产生固固接触热阻[36]。影响固固接触热阻的因素众多，包括接触面上的压力、表面的形貌、材料的热导率以及材料的杨氏模量、泊松比、硬度等力学性质。

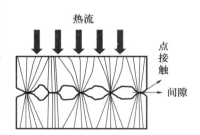

图 2.5-2　典型固固接触传热示意图

对于金属间接触导热的情形，研究者根据变形的模式提出了很多的理论模型预测金属间的接触热导 h，如表 2.5-1 所示。当接触面发生弹性变形时，量纲—接触热导 $h\sigma/(\kappa m)$ 正比于量纲—压力 $\sqrt{2}P/(E'm)$，其中 σ 为表面粗糙度，κ 为两材料热导率的调和平均值，m 为表面坡度，P 为压力，E' 为等效弹性模量。当接触面发生塑性变形时，量纲—接触热导 $h\sigma/(\kappa m)$ 正比于量纲—压力 P/H，其中 H 为材料的硬度。

表 2.5-1　金属间接触热导的理论模型[37]

研究者	表达式	注释
Greenwood，Willianson（1966）[38]	$\dfrac{h\sigma}{\kappa m}=C\left[\sqrt{2}\,P/(E'm)\right]^{0.95}$	1. 接触面弹性变形 2. 宏观上的平整表面
	$\dfrac{h\sigma}{\kappa m}=C\,(P/H)^{0.98}$	1. 接触面塑性变形 2. 宏观上的平整表面
Cooper，Mikic，Yovanovich（1969）[39]	$\dfrac{h\sigma}{\kappa m}=1.45\,(P/H)^{0.985}$	1. 接触面塑性变形 2. 宏观上的平整表面

续表

研究者	表达式	注释
Onions, Archard（1973）[40]	$\dfrac{h\sigma}{\kappa m}=C\left[\sqrt{2}P/(E'm)\right]^{0.97}$	1. 接触面弹性变形 2. 宏观上的平整表面
Mikic（1974）[41]	$\dfrac{h\sigma}{\kappa m}=1.55\left[\sqrt{2}P/(E'm)\right]^{0.94}$	1. 接触面弹性变形 2. 宏观上的平整表面
	$\dfrac{h\sigma}{\kappa m}=1.13\left(P/H\right)^{0.94}$	1. 接触面塑性变形 2. 宏观上的平整表面
Bush 等（1975）[42]	$\dfrac{h\sigma}{\kappa m}=0.79\left[\sqrt{2}P/(E'm)\right]^{0.98}$	1. 接触面弹性变形 2. 宏观上的平整表面
Yovanovich（1981）[43]	$\dfrac{h\sigma}{\kappa m}=1.25\left(P/H\right)^{0.95}$	1. 接触面塑性变形 2. 宏观上的平整表面

2.5.2　固液接触热阻

当在两固体间隙填充导热硅脂类的 TIM 之后，由于在 TIM 和固体之间还存在小的间隙，在 TIM 和固体之间会存在固液接触热阻，如图 2.5-3 所示。导热硅脂多是以硅油为基体，掺入了高导热填料，这类 TIM 表现出非牛顿流体的性质。影响固液接触热阻的因素众多，包括：固体的热学性质、表面形貌、压力、TIM 的热学和流变学性质。现有的预测固液接触热阻的方法主要包括数值计算和理论模型。

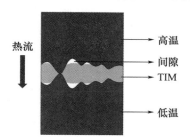

图 2.5-3　典型固液接触传热示意图

Prasher[44]假设固体表面的微凸体是等锥体，考虑了液体材料在固体表面的润湿，建立了表面化学模型，如式（2.5-2）所示：

$$R_c=\frac{\kappa_1+\kappa_2}{2\kappa_1\kappa_2}\left(\frac{A_{\text{nominal}}}{A_{\text{real}}}\right)\sigma \tag{2.5-2}$$

式中，κ_1 和 κ_2 分别为固体和 TIM 的热导率；σ 为固体的表面粗糙度；A_{nominal} 和 A_{real} 分别为 TIM 和固体的名义接触面积和真实接触面积。

Hamasaiid 等人[45]假设固体表面的微凸体是高斯分布的，结合热流管（Heat Flux Tube）假设，但是没有考虑 TIM 的润湿，建立了另一个预测模型，如式（2.5-3）所示：

$$R_c=\frac{\left\{1-\left\{\exp\left[-Y^2/(2\sigma^2)\right]-\sqrt{\frac{\pi}{2}}\frac{Y}{\sigma}\text{erfc}\left(\frac{Y}{\sqrt{2}\sigma}\right)\right\}\right\}^{1.5}}{\frac{8\kappa_c}{1.5\pi^2 R_{\text{sm}}}\text{erfc}\left(\frac{Y}{\sqrt{2}\sigma}\right)\left\{\exp\left[-Y^2/(2\sigma^2)\right]-\sqrt{\frac{\pi}{2}}\frac{Y}{\sigma}\text{erfc}\left(\frac{Y}{\sqrt{2}\sigma}\right)\right\}} \tag{2.5-3}$$

式中，Y 为残留气体的平均厚度；R_{sm} 为微凸体峰之间的距离；κ_c 为两材料热导率的调和平均值；其余参数的定义与前面相同。

2.5.3 热界面材料的厚度（BLT）

如图 2.5-4 所示，当使用 TIM 填充固体间隙时，除了需要考虑 TIM-固接触热阻外，还需要考虑 TIM 本身的导热热阻 R_{TIM}，可以写作：

$$R_{TIM} = \frac{BLT}{\kappa_{TIM}} \qquad (2.5\text{-}4)$$

因此增加 TIM 的热导率 κ_{TIM}，或者减小 TIM 的厚度，都可以降低热阻。掺入更多的高导热填料（如金属或陶瓷材料）是提高 TIM 热导率的一种方式，但是会使相同压力下的 BLT 增大，导致 TIM 的导热热阻存在一个临界值[46]。

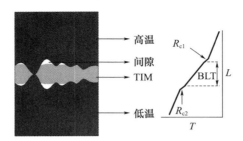

图 2.5-4　热界面材料的分布及厚度示意图

由于 TIM 的厚度很小，实验上多使用非接触式测量方式进行测量，如激光测距仪（Laser Extensometer），它的分辨率可以达到 $1\ \mu m$[46]。Prasher[46]针对导热硅脂类的 TIM 提出了一个预测 TIM 厚度的 S-B（Scaling-Bulk）模型，可以写作：

$$BLT = \frac{2}{3}r\left[c\left(\frac{d}{BLT}\right)^{4.3} + 1\right]\left(\frac{\tau_y}{P}\right) \qquad (2.5\text{-}5)$$

式中，r 为基底的半径；τ_y 为屈服应力；$c = 13708$；d 为填料的平均粒径。

Prasher[46]针对不同类型的流体，总结了达到稳态时的 BLT，如表 2.5-2 所示。

表 2.5-2　不同类型流体的本构方程和稳态时的 BLT[46]

类别	黏度的本构方程	稳态 BLT	注释
牛顿流体	$\eta =$ 常数	BLT$=0$	η 为黏度
幂律流体	$\eta_p = K\dot{\gamma}^{n-1}$	BLT$=0$	K 为一致性指标，n 为幂律指数，$\dot{\gamma}$ 为应变率，p 为幂律的缩写
Bingham 流体	$\eta_{BI} = \dfrac{\tau_y}{\dot{\gamma}} +$ 常数	BLT$=$ 常数	τ_y 为屈服应力，BI 为 Bingham 的缩写
Herschel-Bulkely 流体	$\eta_{H\text{-}B} = \dfrac{\tau_y}{\dot{\gamma}} + K\dot{\gamma}^{n-1}$	BLT$=$ 常数	H-B 为 Herschel-Bulkely 的缩写

2.6 芯片散热方式

随着芯片技术的发展，冷却技术也在迅速进步，以满足不断增长的散热需求。

芯片散热方式主要包括被动散热和主动散热两种。被动散热主要依赖于在芯片上安装散热片，利用空气和散热片的温差通过自然流动带走散热片上的热量，这种方式具有成本较低、结构简单、可靠性高等优点。然而，这种技术受限于其较差的冷却能力，一般适用于低功耗芯片的情况。主动散热则包括使用散热风扇强制对流、热电制冷、泵驱动液冷散热等，通过这些方式可以更有效地将芯片产生的热量散发出去，能够实现高传热率和低温差的长距离传热。根据冷却工质分类，商用中常见的散热方式分为风冷散热、热电制冷、液冷散热三种。刘一兵对常用的 CPU 芯片散热方式进行了综述，介绍了几种散热技术的原理及研究进展情况[47]。图 2.6-1 总结了芯片散热方式的发展过程。

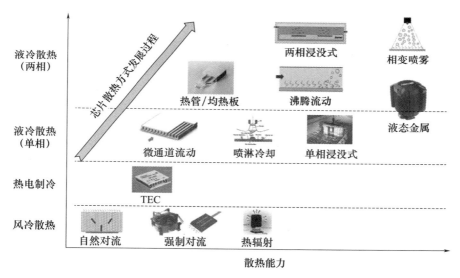

图 2.6-1 常见的芯片散热方式

2.6.1 风冷散热

自然对流是在没有外部动力的情况下，利用空气自然流动进行散热，空气在散热器翅片间形成自然对流，带走翅片上的热量。为更快地把热量散发出去，散热片通常采用导热系数高的金、铜、铝等材料，为降低成本，一般选择铝质材料。这种散热方式适用于小型电子设备和低热量密度芯片的场景，其优点是结构简单、成本低廉、无噪声。然而，自然对流散热的散热效率受环境温度和空气流动速度影响较大，需要考虑散热器翅片高度、厚度、间距的优化设计，或采用"烟囱效应"肋片结构[48]，以达到强化散热和减轻散热器自身质量的目的。

强制对流通常利用风扇或泵驱动空气，进行强迫对流散热。在商用翅片散热器中，通常会在散热器的一侧或两侧安装风扇，通过风扇的强制吹风增加空气流动速度，提高散热效率，这种散热方式适用于较高热量密度的场景，但缺点是结构复杂、成本较高、容易产生噪声和振动。美国弗洛尔系统公司制造的微泵风冷散热是在芯片内部放置振动膜片代替扇叶，这些微小膜片以超音波频率振动，产生强大的气流，气流被转化成高速脉动的喷射流，这些脉动的气流会以高效的方式从散热器底部排出热量[49]。这种微泵风冷散热方式提供的空气压力比传统风扇大，但产生的噪声却更小。

热辐射散热是指通过热辐射的方式将热量传递给周围环境。翅片散热器的翅片在高温下会发出热辐射，将热量传递给周围的空气和物体。虽然辐射散热在翅片散热器中的贡献相对较小，但在高温环境、真空环境等特定条件下散热成为主要的散热方式。例如，利用具有发射率高达 0.98 的多级分支结构的石墨烯[50]，沉积在散热器的翅片表面，作为热辐射增强层，促进热量从散热器快速辐射到周围空气中，实现冷却效率的提升。辐射散热的优点是不需要介质传递热量，适用于特殊环境；缺点是散热效率较低，受环境温度和辐射特性的影响。

2.6.2　热电制冷

热电制冷又称半导体制冷，是利用物理现象中的帕尔贴效应，靠电子（空穴）在运动中直接传递热量来实现的[51]。其工作原理由 P 型和 N 型半导体材料组成热电对，通电后产生热效应，一面为冷端（吸热），另一面为热端（放热），冷端紧贴芯片表面吸收热量传到热端将热量散走。这种制冷方式的优点是结构紧凑，质量轻，可靠，无振动，制冷工质无机械部件、无振动、寿命长，制冷量和制冷速度可通过改变电流大小来调节。

2.6.3　液冷散热

液冷散热是通过液体的流动性或相变潜热将热量散发出去。由于液体工质，例如水的比热容较大，散热效果比风冷式更好。常见的液冷散热方式根据是否产生相变分为单相和两相散热，根据结构形式分为非接触式和接触式散热。相比风冷，液冷增加了腐蚀、漏液、堵塞等风险，需要综合考虑工质选型、压强控制、密封设计等因素。微通道流动散热是常见的间接液冷换热，以冷板式液冷技术为主。该散热方式在很薄金属、硅片或其他合适的基片上，用光刻、蚀刻及精确切削等方法，加工成截面尺寸仅有几十到上百微米的微通道，冷却介质在这些通道中流过并与基体进行换热。作为单相散热，其冷却工质在整个换热过程中始终保持液态，不会发生相变反应。冷却工质直接影响散热器的性能，应具有高效、良好的热性能和稳定的化学性能，黏度低，无腐蚀性，还需要在操作条件下不易挥发且具有很好的环保性。图 2.6-2 列举了常见的微通道冷却工质[52]。

直接液冷是指将发热部件与冷却工质直接接触的冷却方式，包括喷淋式和浸没式液冷技术。喷淋式冷却借助特制的喷头将冷却工质精准喷洒至发热器件或与之相连接的固体导热材料上，并与之进行热交换，吸热后的冷却工质将通过泵驱动进行制冷循环。浸没式液冷是指将芯片和其他发热器件直接浸泡在绝缘、化学惰性的冷却工质（如，电子氟化液、合成油）中，通过循环的冷却工质将电子元器件产生的热量带走。根据冷却液在循环散热过程中是否发生相变，分为单相浸没式和两相浸没式液冷。

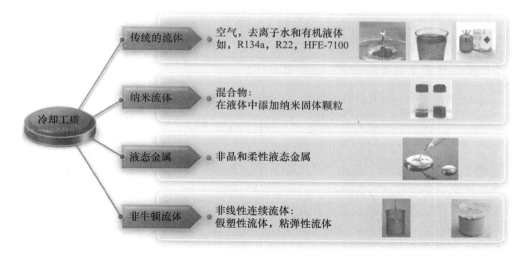

图 2.6-2　微通道流动常见冷却工质

　　热管散热是一种高效的两相散热技术，能够实现高传热率和低温差的长距离传热。热管利用工质的气液相变吸热放热的性质，将发热器件的热量迅速传递到散热翅片，具有极高的导热性、优良的等温性、热流密度可变性、热流方向可逆性、恒温性、环境的适应性等优良特点，可以满足高热流密度的芯片散热。典型的热管由管壳、吸液芯和端盖组成，吸液芯采用毛细微孔材料，利用毛细吸力回流液体，管内液体在吸热段吸热蒸发、冷却段冷凝回流，循环带走热量。均热板作为热管散热技术的升级，其成本更高。所以热管和 VC 均热板"混搭"的解决方案逐渐被市场认可。

　　两相沸腾流动是一种较为理想的气液两相散热技术，具有散热效率高、均温性好等独特优势，在 $100\mathrm{W/cm^2}$ 量级高热流密度功耗元器件冷却散热领域具有广阔的应用前景。沸腾流动散热技术利用的是流体在流动-沸腾-冷凝过程中的热效应，是解决单相流动系统进出口温差较大问题的方法之一。两相沸腾流动换热利用工质的潜热，工质的温度变化较小。相比单相流动，在工质流量较小的情况下也可以达到更高的传热系数。相比单相浸没式散热，两相浸没式散热的冷却工质通常具有较低的沸点。芯片及其他发热器件完全浸没在低沸点冷却工质（一般为低沸点电子氟化液）的密闭腔体中，氟化液吸收芯片的热量后温度升高至沸腾，由液态变为气态，蒸汽从液体中升起逃逸至腔体上方。气相区的蒸汽与低温水冷凝器接触后冷凝成液体落回腔内液体中再次循环，而冷凝器中被加热的冷却水则通过循环冷却水系统完成排热。两相喷雾冷却是解决高热流密度芯片散热需求的先进散热技术之一。液态冷却液从加压的喷嘴喷出后与空气作用快速雾化成小液滴，随后运动到热源表面通过核沸腾换热带走热源表面的热量。液滴与空气的强迫对流换热、液膜受热蒸发、换热表面核沸腾是两相喷雾冷却换热机理的主要组成部分，而影响这三个方面的换热效果主要在于液滴雾化特性、冷却液特性和换热表面特征。

　　近年来，液态金属或低熔点金属作为一类新型多功能热管理材料，正受到广泛关注。它们可以作为高性能对流冷却剂、相变材料和热界面材料使用。与其他冷却液相比，液态金属具有更高的热导率。因此，可用作电子芯片和设备的冷却剂。例如，镓的热导率大约是水的 60 倍，是空气的 1000 倍，也可以在微通道中使用。未来的新型液态金属，特别是熔点为 30～60℃的金属，需要对其热物理性能进一步提高，包括更高的热导率、更高的熔化潜热和更高的比热容。文献[53]综述了液态金属在芯片冷却和热管理中的应用，介绍了其发展历史、基本概念和涉及的主要基础知识和一些具有挑战性的问题。

2.7　小　结

随着芯片制造技术和工艺水平的不断发展，芯片尺度越来越小，功耗越来越大，使得芯片工作时，热流密度急剧增大，开发针对芯片的高效热管理技术，是提高芯片可靠性、保障芯片性能稳定、延长芯片使用寿命的关键。本章分别介绍了芯片自热效应、芯片近结热管理、芯片热管理材料和芯片散热方式。首先，对于芯片自热效应，电子和晶格散射过程产生的能量转移，导致芯片温度升高，进而影响其性能和可靠性。自热效应会导致局部热点、迁移率下降和电流崩塌等问题，特别是在高功率密度下，这种影响更为明显。最常见的热点出现在栅极下方靠近漏极的沟道内，而 HEMTs 器件的产热具有偏置依赖性。理解自热效应对器件热管理具有重要意义。其次，对于芯片近结热管理，随着器件功率密度的逐渐提高，其内部热阻已经大于外部热阻，成为决定散热的主导因素，近结热管理将成为解决电子器件散热问题的有效方案。本章通过纳米结构内弹道导热、等效热导率模型以及非傅里叶热扩展，介绍了电子器件近结热管理过程中基本的声子热输运机制。准确地认识和预测近结声子热输运行为，对于可靠的器件热仿真和热设计至关重要。再次，芯片热管理材料是对芯片内热量的产生、传导和排散进行调控的功能材料。近年来，随着芯片晶体管尺寸的不断微缩和封装密度的不断提高，芯片的热流密度已超过 $1000 W/cm^2$，对高性能热管理材料提出了迫切需求，当前芯片热管理材料研究成为了传热学、材料学、化学、物理学等多学科交叉的国际前沿热点。本章分别介绍了几种典型的热管理材料，包括热界面材料、热智能材料、固液相变材料、导热膜、盖板材料和异质结材料。最后，对于芯片散热方式，本章分别介绍了常见的几种散热方式：风冷散热、热电制冷、液冷散热。阐述了传统散热方式的基本原理及应用，对近几年液冷散热发展过程中的浸没式液冷、液态金属等冷却方式作了介绍，总结了芯片散热方式和冷却工质的发展过程。总体上，芯片热管理技术从产热、传热和散热全链条出发，是保证芯片技术快速发展的前提。

参考文献

[1]　DU L，HU W B. An overview of heat transfer enhancement methods in microchannel heat sinks [J]. Chem Eng Sci，2023，280：119081.

[2]　裴晓敏. 基于 TRIZ 理论的便携式计算机散热系统创新设计 [J]. 科技创业，2016，23：150-152.

[3]　曹炳阳. 纳米结构的非傅里叶导热 [M]. 北京：中国科学技术出版社，2023.

[4]　程建瑞. 半导体的行业挑战与摩尔定律 [J]. 电子工业专用设备，2014，229：23-60.

[5]　CHEN W Y，SHI X L，ZOU J，et al. Thermoelectric coolers for on-chip thermal management：

materials, design, and optimization [J]. Mat Sci Eng R, 2022, 151: 100700.

[6]　程哲. 第三代半导体材料及器件中的热科学和工程问题 [J]. 物理学报, 2021, 70 (23): 236502.

[7]　王再跃, 刘向农, 叶振兴, 等. 密闭式小型计算设备散热优化设计 [J]. 制冷技术, 2022, 42 (4): 67-73.

[8]　SOHEL MURSHED S M, NIETO DE CASTRO C A. A critical review of traditional and emerging techniques and fluids for electronics cooling [J]. Renew Sust Energ Rev, 2017, 78: 821-833.

[9]　HUA Y C, SHEN Y, TANG Z L, et al. Near-junction thermal managements of electronics [M] //ABRAHAM J P, GORMAN J M, MINKOWYCZ W J. Advances in Heat Transfer. Elsevier, 2023.

[10]　LAKSHMINARAYANAN V, SRIRAAM N. The effect of temperature on the reliability of electronic components [C] //2014 IEEE International Conference on Electronics, Computing and Communication Technologies (CONECCT). IEEE, 2014: 1-6.

[11]　ZHANG Z H, WANG X H, YAN Y Y. A review of the state-of-the-art in electronic cooling [J]. e-Prime—Adv Electr Eng Electron, 2021, 1: 100009.

[12]　CHO J, LI Z, ASHEGHI M, et al. Near-junction thermal management: thermal conduction in gallium nitride composite substrates [J]. Annual Rev Heat Transfer, 2015, 18: 7-45.

[13]　WACHUTKA G K. Rigorous thermodynamic treatment of heat generation and conduction in semiconductor device modeling [J]. IEEE Trans Comput-Aided Des Integr Circuits Syst, 1990, 9 (11): 1141-1149.

[14]　TANG Z L, SHEN Y, LI H L, et al. Topology optimization for near-junction thermal spreading of electronics in ballistic-diffusive regime [J]. iScience, 2023, 26: 107179.

[15]　KIM T, SONG C, PARK S I, et al. Modeling and analyzing near-junction thermal transport in high-heat-flux GaN devices heterogeneously integrated with diamond [J]. Int Commun Heat Mass, 2023, 143: 106682.

[16]　HUA Y C, CAO B Y. Ballistic-diffusive heat conduction in multiply-constrained nanostructures [J]. Int J Therm Sci, 2016, 101: 126-132.

[17]　何鹏, 耿慧远. 先进热管理材料研究进展 [J]. 材料工程, 2018, 46 (4): 1-11.

[18]　HUA Y C, LI H L, CAO B Y. Thermal spreading resistance in ballistic-diffusive regime for GaN HEMTs [J]. IEEE Trans Electron Devices, 2019, 66 (8): 3296-3301.

[19]　POP E, SINHA S, GOODSON K E. Heat generation and transport in nanometer-scale transistors [J]. Proc IEEE, 2006, 94 (8): 1587-1601.

[20]　SARUA A, JI H F, KUBALL M, et al. Integrated micro-Raman/infrared thermography probe for monitoring of self-heating in AlGaN/GaN transistor structures [J]. IEEE Trans Electron Devices, 2006, 53 (10): 2438-2447.

[21]　YUAN J S, LIOU J J. Semiconductor device physics and simulation [M]. Springer Science & Business Media, 2013.

[22]　HAO Q, ZHAO H, XIAO Y. A hybrid simulation technique for electrothermal studies of two-dimensional GaN-on-SiC high electron mobility transistors [J]. J Appl Phys, 2017, 121 (20): 204501.

[23]　GAUR S P, NAVON D H. Two-dimensional carrier flow in a transistor structure under nonisothermal conditions [J]. IEEE Trans Electron Devices, 1976, 23 (1): 50-57.

[24]　WACHUTKA G K. Rigorous thermodynamic treatment of heat generation and conduction in semiconductor device modeling [J]. IEEE Trans Comput-Aided Des Integr Circuits Syst，1990，9 (11)：1141-1149.

[25]　LOSSY R，BLANCK H，WÜRFL J. Reliability studies on GaN HEMTs with sputtered Iridium gate module [J]. Microelectron Reliab，2012，52 (9/10)：2144-2148.

[26]　骆清怡，王长宏. 数据中心多尺度热管理策略综述 [J]. 制冷技术，2021，41 (3)：1-11.

[27]　SHEN Y，CHEN X S，HUA Y C，et al. Bias dependence of non-Fourier heat spreading in GaN HEMTs [J]. IEEE Trans Electron Devices，2023，70 (2).

[28]　伊丽娜，郑文龙，王博杰，等. 新型 CPU 散热器内空气流动与换热特性的数值研究 [J]. 制冷技术，2015，35 (1)：36-40.

[29]　KHEIRABADI A C，GROULX D. Cooling of server electronics：a design review of existing technology [J]. Appl Therm Eng，2016，105：622-638.

[30]　KIM T，SONG C，PARK S I，et al. Modeling and analyzing near-junction thermal transport in high-heat-flux GaN devices heterogeneously integrated with diamond [J]. Int Commun Heat Mass，2023，143：106682.

[31]　TANG D S，CAO B Y. Phonon thermal transport and its tunability in GaN for near-junction thermal management of electronics：a review [J]. Int J Heat Mass Tran，2023，200：123497.

[32]　TANG D S，QIN G Z，HU M，et al. Thermal transport properties of GaN with biaxial strain and electron-phonon coupling [J]. J Appl Phys，2020，127 (3)：035102.

[33]　TANG D S，CAO B Y. Phonon thermal transport properties of GaN with symmetry-breaking and lattice deformation induced by the electric field [J]. Int J Heat Mass Tran，2021，179：121659.

[34]　宣益民. 中国学科发展战略：电子设备热管理 [M]. 北京：科学出版社，2022.

[35]　仝兴存. 电子封装热管理先进材料 [M]. 安民，吕卫文，吴懿平，译. 北京：国防工业出版社，2016.

[36]　COOPER M G，MIKIC B B，YOVANOVICH M M. Thermal contact conductance [J]. Int J Heat Mass Tran，1969，12 (3)：279-300.

[37]　丁昌. 真空环境下玻璃钢界面接触传热特性研究 [D]. 上海：上海交通大学，2014.

[38]　GREENWOOD J A，WILLIAMSON J B P. Contact of nominally flat surfaces [C] //Proc Royal Society London，1966，A295：300-319.

[39]　COOPER M G，MIKIC B B，Yovanovich M M. Thermal contact conductance [J]. Int J Heat Mass Tran，1969，12：279-300.

[40]　ONIONS R A，ARCHARD J F. The contact of surfaces having a random structure [J]. J Phys，D：Appl Phys，1973，(6)：289-304.

[41]　MIKIC B B. Thermal contact conductance：theoretical considerations [J]. Int J Heat Mass Tran，1974，17：205-214.

[42]　BUSH A W，GIBSON R D，Thomas T R. The elastic contact of a rough surface [J]. Wear，1975，35：87-111.

[43]　YOVANOVICH M M. Thermal contact correlations [C] //Palo Alto，California：AIAA，Thermophysics Conference，16th，1981.

[44]　PRASHER R S. Surface chemistry and characteristics based model for the thermal contact resistance of fluidic interstitial thermal interface materials [J]. J Heat Tran，2001，123 (5)：969-975.

［45］　HAMASAIID A，DARGUSCH M S，LOULOU T，et al.　A predictive model for the thermal contact resistance at liquid-solid interfaces：Analytical developments and validation ［J］.　Int J Therm Sci，2011，50（8）：1445-1459.

［46］　PRASHER R S，SHIPLEY J，PRSTIC S，et al.　Thermal resistance of particle laden polymeric thermal interface materials ［J］.　J Heat Tran，2003，125（6）：1170-1177.

［47］　刘一兵 . 计算机 CPU 芯片散热技术 ［J］. 低温与超导，2008，36（6）：78-82.

［48］　赵万东，陈昌宜，于博 . 工业照明用发光二极管灯自然对流散热结构设计 ［J］. 制冷技术，2022，42（4）：74-79.

［49］　Beyond fans：AirJet's radical CPU cooling chips can double laptop performance ［EB/OL］. https：//www. pcworld. com/article/1388332/new-airjet-chips-can-double-a-laptops-performance. html.

［50］　ZHANG S，DU W，CHEN W J，et al. Self-adaptive passive temperature management for silicon chips based on near-field thermal radiation ［J］. J Appl Phys，2022，132：223104.

［51］　扶新，高潮，贺俊杰，等 . 基于半导体制冷器的 CPU 散热研究 ［J］. 制冷技术，2009，37（3）：48-50.

［52］　YU Z Q，LI M T，CAO B Y. A comprehensive review on microchannel heat sinks for electronics cooling ［J］. Int J Extrem Manuf，2024，6：022005.

［53］　YANG X H，LIU J. Advances in liquid metal science and technology in chip cooling and thermal management ［M］//SPARROW E M，ABRAHAM J P，GORMAN J M Advances in Heat Transfer. Elsevier，2018.

第3章　数据中心液冷形式

3.1　引　言

由第一章及第二章的介绍可知，随着云计算、人工智能等技术的发展推进，芯片功率密度逐渐提升，服务器集成度不断提高，传统数据中心已无法满足高算力需求，新形势下，承载 AI 算力的智算中心成为了信息时代的新引擎，目前，全国有超过 30 个城市在建或筹建智算中心[1]。数据中心机柜密度已从原有的 2～5kW 增长至 10～20kW，承载智能算力的机柜还可能达到更高的功率密度，高功率密度的机柜能够容纳更多的服务器和计算设备，提升数据处理和存储能力，同时也带来了更高的能耗和散热需求，传统数据中心的风冷散热系统已逐渐难以满足不断攀升的散热需求，液冷技术因其更高的散热能力，受到业内越来越多的关注，此外，与风冷系统相比，液冷系统的冷源温度较高，这使得其回收到的余热品位更高，更有利于与余热回收系统结合进行区域供暖或其他工业用途。综上可知，数据中心液冷技术已逐渐成为高功率密度数据中心绿色低碳发展的关键力量[2]。本章将从以下几个方面对数据中心液冷系统的基本情况进行简要介绍：液冷系统的基本形式、液冷系统的温差分配、液冷系统一次侧管路、液冷系统的种类及对比。

3.2　液冷系统的基本形式

3.2.1　液冷系统的主要结构

液冷系统由热源至热汇主要可分为服务器内热源、液冷机柜、二次侧输配系统、冷量分配单元（CDU）、一次侧输配系统、冷源系统、室外热汇几个部分，如图 3.2-1 所示。液冷系统根据散热技术的差异，可分为多个种类，不同类型液冷系统之间的差异主要存在于二次侧回路（CDU 至机柜）中，各类液冷系统一次侧回路（CDU 至冷源）的形式较为相似。

服务器内的功率器件是液冷系统的起始点，也是产生热量的主要源头。在数据中心中，服务器由于高密度的运算和处理工作，产生大量的热量。随着计算需求的不断增加，服务器的功率密度逐渐提升，这使得传统风冷系统的散热能力无法满足需求。因此，液冷系统作为高效散热解决方案，能够直接将热量从服务器传导到冷却液中，确保设备稳定运行并防止过热。

液冷机柜是服务器热源与液冷系统之间的关键连接部分。不同液冷系统的液冷机柜形式有所差异，有的液冷机柜内部配备了冷板或冷却管道，有的液冷机柜与冷却服务器的冷却液接触。在液冷机柜内部,服务器产生的热量最终传导到二次侧输配系统的冷却液中,通过冷却液带走热量并流向系统的下一环节。液冷机柜的设计通常考虑到设备的密度和散热需求,确保系统具有足够的冷却能力。

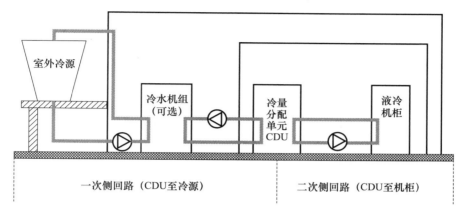

图 3.2-1　液冷系统的主要结构

二次侧输配系统主要负责将冷却液从液冷机柜输送到冷量分配单元(CDU)。该系统通常包括高效的泵、管道和阀门装置,用以控制冷却液的流量和流速。二次侧系统的主要任务是保持冷却液在系统内的循环流动,确保冷却液能够从热源(即服务器)处带走热量,并将热液输送至冷量分配单元。该系统的设计要考虑到流量、温度控制和系统稳定性。

冷量分配单元(CDU)是液冷系统中的关键组件,负责在系统中分配冷却液并控制冷却液的温度。CDU 分别通过二次侧回路连接液冷机柜,通过一次侧回路连接冷源系统,同时将二次侧冷媒(冷却液)吸收的热量传递给一次侧冷媒,将被冷却后的冷却液分配到多个机柜,并通过温控系统调节冷却液的温度,以确保各个机柜的散热需求得到满足。CDU 还配备了传感器和监控装置,用于实时监测冷却液的温度、流量和压力等关键参数,以保证系统在最佳工作状态下运行。

一次侧输配系统负责将吸收热量后的一次侧冷媒从冷量分配单元(CDU)输送至冷源系统。这个系统通常由大型泵、管道、阀门和其他控制设备组成,确保一次侧冷媒能够顺畅流动至冷源系统。根据室外热汇及室内热源的品位不同,一次侧输配系统的形式也有所差异,假设室内离开 CDU 的一次侧冷媒温度一定,对于室外热汇温度较低的情况,一次侧输配系统可以仅包括单一系统(如冷却水系统),直接通过若干个换热流程实现与冷源的热源交换;对于室外热汇温度较高的情况,无法直接将热量传递给室外热汇,此时,一次侧输配系统可以包括多个系统(如冷水系统和冷却水系统两个系统,通过冷水机组的压缩制冷过程实现一次侧冷媒的冷却)。

冷源系统是液冷系统中的外部冷却部分,通常由冷却塔、冷水机组或热泵组成。冷源系统的作用是将一次侧冷媒中的热量释放到室外热汇,通常通过水或空气的热交换将热量排放到大气中。根据室外热汇及室内热源的品位不同,冷源系统的形式也有所差异,对于室外热汇温度较低的情况,冷源系统可能仅包括室外散热模块(如干冷器);对于室外热汇温度较高的情况,冷源系统可能包括制冷机组与室外散热模块两个部分

（如冷水机组＋冷却塔）。冷源系统能够根据冷却需求的不同，将一次侧冷媒降低到不同温度。

室外热汇是液冷系统中的最终热量释放部分，通常位于数据中心的外部。在冷源系统中，换热器负责将热量从一次侧输配系统转移到外部环境。热汇的主要任务是将液冷系统中带走的热量最终释放到外部环境中。室外热汇可根据外部环境的差异分为室外大气、低温湖水、低温海水等。

3.2.2　液冷系统与风冷系统的差异

传统风冷系统依靠风扇将空气通过散热器吹送到设备中，利用空气的热容来带走热量。然而，随着数据中心功率密度的逐步提升，风冷系统的散热效率已逐渐无法满足高密度计算设备对冷却的要求，特别是在承载人工智能、大数据等应用的智算中心中。液冷系统则通过液体冷却介质（如水或专用冷却液）直接与热源接触，将热量带走，并通过外部热交换装置释放热量。相比空气，液体的热导率更高，能够在更短时间内带走更多的热量，因此液冷系统适合于高功率密度和高计算需求的环境。

液冷系统的优势不仅体现在更高的散热效率，还体现在其能够承载更高温度的冷源，适合与余热回收系统结合使用。风冷系统的冷源温度较低，通常只能带走较低温度的热量，无法高效进行余热回收。而液冷系统由于冷却液温度较高，可以在回收过程中提供较高温位的热能，便于将其用于区域供暖或其他工业用途，进一步提升数据中心的能源利用效率。

如表 3.2-1 所示，在空间利用方面，液冷系统由于无须大量的风扇和空调设备，但需要安装泵与冷源分配单元，占用的空间相对较小，能够提高数据中心的空间利用率。液冷技术还具有较低的噪声水平，这对于改善数据中心的工作环境具有重要意义。尽管液冷系统在高密度计算环境中具有诸多优势，但其成本、安装和维护复杂性较高，尤其是在现有数据中心基础设施的改造过程中，可能需要较大投入。总的来说，液冷系统作为风冷系统的替代或补充，在未来数据中心的能源效率提升、环境友好性及运营成本降低方面具有重要的潜力。

表 3.2-1　数据中心风冷系统与液冷系统对比

特性	风冷系统	液冷系统
散热效率	较低，依赖空气的热容和流动来带走热量	较高，液体热导率远高于空气，能更高效地传导热量
适用环境	适用于低功率密度的传统数据中心	适用于高功率密度、高计算需求的智能计算中心
冷源温度	低，通常不能高效回收余热	高，适合与余热回收系统结合使用，提供更高温位的热量
空间利用	需要安装风扇和空气处理设备	需要安装泵与冷源分配单元 CDU
噪声水平	较高，风扇运行产生噪声	较低，液冷系统工作时噪声较小
维护复杂性	较低，系统较为简单，维护较为容易	较高，需要定期更换冷却液，管路维护复杂
初期投入成本	相对较低，设备成本和安装费用较低	较高，安装和维护成本较高

3.3　液冷系统的温差分配

液冷相比于风冷更具优势，能够有效驱散高热密度服务器热量，降低系统 PUE，更符合当前绿色数据中心的发展趋势。液体的比热容与热导率要大于空气，采取液冷散热技术，可以降低换热环节需要的换热温差及液体吸热过程中的温升，供水温度可提升至 35℃，不需要额外采用压缩机来制冷，可全年采用自然冷源，这样使得数据中心基础设施制冷系统的运行能耗降低 30%～40%[3]。

液冷散热与风冷散热的原理本质是相同的。液冷散热技术相比较风冷技术的区别是液冷利用循环液将 CPU 的热量从水冷块中搬运到散热器上，代替了风冷中的均质金属或者热管，如图 3.3-1 所示，最终热量通过直接排入空气或深层湖水或者借助冷却塔排入室外空气。液体的比热容比较大，可以吸收大量热量而保持温度不发生明显变化，水冷系统中的 CPU 的温度能够得到较好的控制。

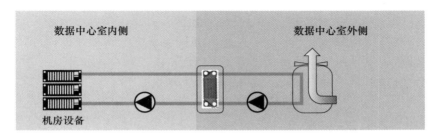

图 3.3-1　数据中心液冷散热模型

水冷块作为吸热模块，将芯片热量传递给循环液，考虑水冷块的导热热阻，水冷块的材料应该尽量选择导热性能好的金属材料，比如纯铜或铝合金。水冷块内部水道改直流道为回转旋涡道，增加传热面积，强化对流传热。此外，影响液冷散热过程的热阻可以从流体的特性出发进行分析，无论是层流还是湍流，流体流经固体表面时，会在固体表面形成速度边界层，同时除速度边界层外，还会形成一层具有温度梯度的温度边界层。在温度边界层内部，速度梯度较大，流速较低，热传导代替热对流成为主要的传热方式，传热速度低。提高流体流动时的雷诺数 Re 可以减小边界层厚度，增大对流换热系数，减小传热热阻。可以加大流体流动速度，使得底层层流厚度变薄，导热增强，当流体流速增加时，流体内部的对流换热也会增强，但是流体流速增加需要消耗更多的水泵功耗；对流热阻的大小取决于对流散热面积和对流换热系数两部分，对流换热面积增大，可以加强对流换热。

数据中心机房热环境营造过程包含的主要环节如图 3.3-2 所示，该过程实质上是在一定的驱动温差下，将热量从室内搬运到室外的过程。若机房内热源（服务器芯片）的工作温度为 T_{chip}，选取的室外热汇温度为 T_0，则此时相应的排热过程驱动热量 Q 传递的总温差 $\triangle T = T_{chip} - T_0$，此温差 $\triangle T$ 表征了热量排除过程全部可用的传热驱动力。

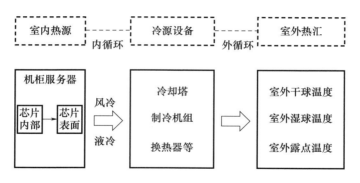

图 3.3-2　数据机房热环境营造过程的主要环节

　　在从冷源设备到室外热汇的换热过程（机房外循环）中，根据选取的室外热汇方式不同，选择的制冷系统排除热量的方式会有所不同，T_0 也会有不同的取值。若使用干冷器直接排除热量，T_0 代表室外空气干球温度，图 3.3-3 为液冷＋干冷器的形式下，从服务器到室外热汇（露点温度）的典型排热过程在 T-Q 图的表征，在该过程中，包含以下热量采集、传递环节：服务器芯片→机柜冷却液→板式换热器（简称"板换"）→冷水→室外热汇；若采用冷却塔直接蒸发冷却方式排除热量，T_0 代表室外空气湿球温度，如图 3.3-4 所示；若使用间接蒸发冷却方式来排除热量，T_0 代表室外空气露点温度，其换热形式与 T-Q 图表征分别如图 3.3-5 和图 3.3-6 所示。

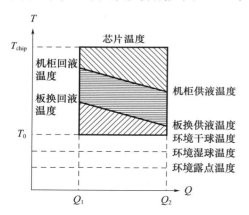

图 3.3-3　液冷＋干冷器的 T-Q 图表征

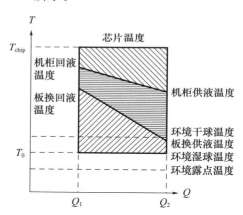

图 3.3-4　液冷＋冷却塔的 T-Q 图表征

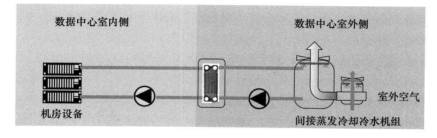

图 3.3-5　液冷＋间接蒸发冷却塔的形式示意图

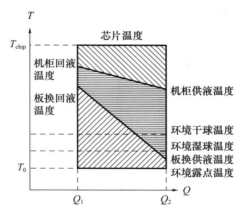

图 3.3-6　液冷＋间接蒸发冷却塔的 T-Q 图表征

传统的数据中心采用集中式送回风方式对数据中心进行冷却，由于气流组织混乱及热源分布不均匀等多种原因，机房内常常会出现冷热气流掺混，导致机房传热恶化。为了弥补这部分传热能力的损失，往往需要较低的冷源温度，从而造成了数据中心冷却系统能耗过高[4]。传统风冷数据中心的 T-Q 图表征如图 3.3-7 所示。

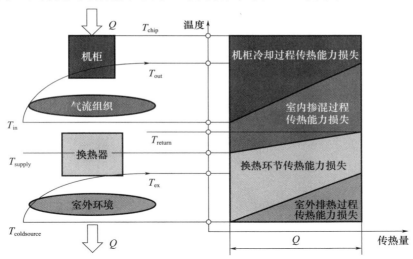

图 3.3-7　传统风冷数据中心的 T-Q 图表征

3.4　液冷系统一次侧管路

3.4.1　单一液冷系统的一次侧管路

液冷系统一次侧系统主要担负室外冷源和室内 CDU 之间负荷输配，是液冷循环系统的重要组成部分。在液冷系统中，一次侧管路系统主要是指室外冷源至 CDU 换热单元之间的管路，主要包含输送管道、循环水泵、水处理设备、阀门、仪表附件等，如室外冷源采用开式系统，为了满足一次侧水质要求，还应设置定压补水排气设备、板式换热器等设备。对于不同类型的液冷系统而言，一次侧管路差异较小，故在本节对液冷系统一次侧管路进行统一介绍。根据不同建设等级要求，管路需采用双供双回布置或环路布置，关键设备需配置不间断电源系统。

一次侧管路系统使用的循环介质通常为水，管道材质及连接方式应按照经济、适用的原则进行选用，并应符合《工业金属管道设计规范》（GB 50316）相关规定和要求。对于公称直径小于或等于 100mm 的管道，通常采用热镀锌钢管；公称直径大于 100mm 并小于或等于 300mm 的管道，通常采用无缝钢管；公称直径大于 300mm 的管道，通常采用螺旋焊接钢管[5]。

管道连接可分为螺纹连接、法兰连接和焊接连接三种方式。对于公称管径小于或等于 100mm 的热镀锌钢管，连接方式采用丝接的方式，对于套丝时破坏的镀锌层表面及外露螺纹部分应做防腐处理；公称直径大于 100mm 的管道，常采用法兰连接和焊接连接，可根据工程需要选择适当的连接方式，由于法兰连接是一种可拆卸的连接方式，管道与设备的连接通常采用法兰连接的方式，便于设备的拆卸和检修。如管道采用的是镀锌处理工艺，管道与法兰的连接处应进行二次镀锌处理。

一次侧水系统水质处理措施应根据补充水水质和循环水水质及换热设备的结构形式、材质、工况条件、污垢热阻值、腐蚀速率、被换热介质性质并结合水处理药剂配方等因素综合确定[6]，并应符合《工业循环冷却水处理设计规范》（GB/T 50050）和《采暖空调系统水质》（GB/T 29044）的规定。水循环系统应设置水质监测设备，实时监测药剂、生物量、浊度、腐蚀率、pH 值、电导率等指标，并根据水质情况自动加注相应浓度和剂量的药剂。在控制水质的条件下，在加工工艺上可以采用除锈刷漆、管道镀锌、酸洗预膜等方式减缓管路的腐蚀。

对于寒冷、严寒地区以及有防冻要求的地区，一次侧管路系统需设置防冻措施防止管路或设备出现冻裂的风险。循环水泵、换热器、水处理等设备应设置在有围护结构的设施内，并按规范要求设置为确保设备和系统正常运行的不低于 5℃ 的值班供暖设施，同时可根据工程需要适当提高供暖值班温度。对于管路、阀门等暴露在围护结构之外的设施，通常采用设施电伴热的方式防止管路系统出现冻裂的风险。对于循环介质，通常采用添加乙二醇溶液的方式，降低循环介质的冰点，乙二醇添加需根据室外气象参数进行计算，需要注意的是乙二醇溶液在运行过程中易生成酸性物质，对金属有腐蚀作用，还需添加适当的缓蚀剂降低管路腐蚀的风险。

根据《数据中心设计规范》（GB 50174），数据中心建设等级分为 A、B、C 三个等级，其中 A 级数据中心供回水管网应采用双供双回或环形布置，避免单点故障，B 级数据中心宜采用单一路径，C 级数据中心未对管路形式做具体要求。

双供双回管路是指采用两个独立供给和独立回路的系统（如图 3.4-1 所示），管道系统按一主一备冗余设计，平时两路同时使用，当其中一路发生故障或维修时，关闭相应阀门，另一路仍可满足系统正常运行。

环形布置管路是指管道的开始和结束处相接，形成一个或多个闭合的环形，设备均并联在该环路系统中，设备间设置隔离阀，当其单点故障或维修时，通过阀门的操作将故障进行隔离，保障系统的不间断运行。环形管路系统中，当设备采用 N+1 冗余备份时，设备间的隔离阀需采用双隔离阀（如图 3.4-2 所示）；当设备采用 N+2 冗余备份时，设备间的隔离阀可采用单隔离阀（如图 3.4-3 所示）。

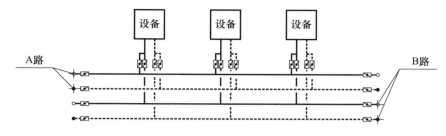

图 3.4-1　双供双回管路示意图

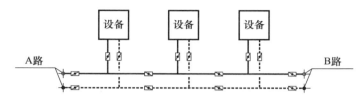

图 3.4-2　环形布置管路示意（N+1）

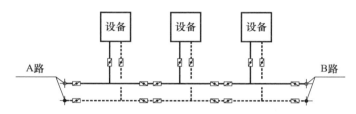

图 3.4-3　环形布置管路示意（N+2）

一次侧管路系统主要控制对应循环水泵的运行，为 CDU 提供所需的供水温度和供水流量。一次侧管路循环水泵的转速或频率在满足 CDU 二次侧出口温度控制的条件下，循环水泵的转速或频率由冷却塔出口水温控制，温度低于某一温度值（工程设计确定）时，循环水泵降频（需满足 CDU 最小水流量要求）至 30Hz 时，冷却塔风机开始减频，风机都降至最低频率时，停一台风机，将冷却塔出水温度设定值降至某一温度值（工程设计确定），温差旁通阀开启。冷却塔出水温度设定值增至某一温度值（工程设计确定），冷却塔风机开始加频，加至 50Hz 后冷却水泵增频运行。

建设等级为 A 级的数据中心，为满足 IT 设备的不间断运行，制冷系统应设置不间断供冷措施，一次侧系统循环水泵及控制系统设置不间断电源系统，采用一路市电一路不间断电源系统进行供电，设备进线侧设置双电源切换设备，不间断电源保障时间不低于 IT 设备不间断电源保障时间。

3.4.2　风冷液冷联合系统的一次侧管路

风冷液冷联合系统主要采用冷板式液冷技术，冷板式液冷是采用服务器芯片等高发热元件的热量通过冷板间接传递给液体进行散热，低发热元件仍通过风冷散热的一种方式[7]，从而冷板式液冷机房同时存在液冷系统和传统风冷空调系统。根据服务器等 ICT 设备对冷板式液冷温度要求的不同，在实际工程中配置了不同的系统。

由于《数据中心设计规范》（GB 50174）要求机房空调送风温度需低于27℃，且冷水供水温度需低于空调送风温度3.5℃，因此风冷空调系统供水温度通常不会高于23.5℃，实际工程中，风冷系统冷水供回水温度一般不高于20℃，如图3.4-4所示。冷板式液冷通过冷板间接与芯片等元件接触，减少了换热热阻，液冷系统一次供水温度一般可达到30℃以上，不同的供水温度，水侧自然冷却系统冷水机组（简称"冷机"）的运行效率与系统自然冷却节能潜力差异性较大，且风液融合系统风冷负荷一般只占总负荷的20%～30%，如图3.4-5所示，为发挥冷板式液冷冷源高温供水节能潜力，部分风冷液冷联合项目同时建设两套水侧自然冷却系统。

该系统由于冷板式液冷冷源系统也设置冷机，在室外极端高温天气也可以有效控制一次侧供液温度，从而针对不同气候地区适应性较好。同时由于液冷冷源系统设置冷机、冷却水系统和冷水系统，系统较为复杂，组件较多，造价较高。

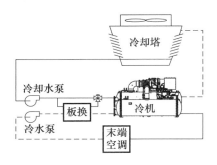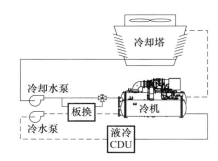

图 3.4-4　风冷部分冷源系统　　　　　图 3.4-5　液冷部分冷源系统

在大多数传统风冷数据中心进行部分机房改冷板式液冷的项目中，由于冷板式液冷负荷较小，且在既有数据中心中新建一套冷板式液冷冷源，空间、建筑荷载等因素限制较大，如图3.4-6所示，项目针对传统风冷机房改风冷液冷联合系统情况，直接利用原有风冷系统冷源。风冷液冷联合系统采用单自然冷却系统，由于受末端空调系统冷水供水温度限制，系统节能潜力受到限制，节能潜力降低。

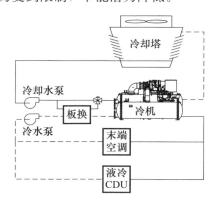

图 3.4-6　风冷液冷联合系统单自然冷却系统

为满足液冷系统在线可维护要求，各系统中的冷却塔、循环水泵、末端空调、液冷CDU应设置N＋1备份，且冷却液循环供回水管路应设置成双环路系统或整个冷却系统设置成N＋1备份模式。

对于风冷液冷联合系统，为提高系统的整体运行效率，应尽可能提升风冷冷源部分供液温度和液冷冷源供液温度，从而整体提升系统冷机的运行效率和系统利用室外自然冷源的节能潜力，对于设置了冷机的系统，应利用好自然冷却工况和部分自然冷却工况，减少冷机的开启时间和强度，提升室外冷源利用率。其次应保证各系统的水力平衡，保证循环冷却液在设计温差下运行，避免出现大流量小温差运行，造成循环泵能耗增加。最后应有效利用冗余设备与系统，优化控制逻辑，使整个系统在高效负载率区间运行，降低整个系统运行功率。

3.5　液冷系统的种类及对比

3.5.1　液冷系统的种类

如图 3.5-1 所示，液冷系统根据冷却液与热源接触形式的差异，可分为间接液冷与直接液冷，间接液冷通过冷板与服务器进行换热，直接液冷则直接通过冷却液与服务器进行换热。间接液冷主要为冷板式液冷，根据冷板内冷却液的状态可分为单相冷板式液冷与相变冷板式液冷；直接液冷则可分为单相浸没式液冷、相变浸没式液冷与喷淋式液冷。各类液冷形式二次侧回路的差异较大，具体冷却原理将在后续章节中进行详细介绍（第四章冷板式液冷，第五章单相浸没式液冷，第六章相变浸没式液冷，第七章喷淋式液冷），本节主要对各类液冷系统进行简介与对比分析。

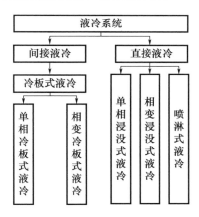

图 3.5-1　液冷系统的分类

3.5.1.1　间接液冷

间接液冷是一种将热源与冷却液相分离的散热过程。为了实现这种冷却方式，传统的风冷散热器需更换为蒸发器或其他液冷散热器。近年来的研究主要集中于微通道散热器及其性能提升，因为其在传热增强方面比传统液冷方式更具优势[8]。

典型的间接液冷数据中心通常通过冷却液分配单元将精确控制的冷却液从外部冷却源输送至与电子设备相连的内部封闭冷却回路。依据冷却机制，冷却液会被输送至机架、服务器及芯片中。处理器作为主要热源，冷却液一般优先冷却处理器，而其余信息与通信技术组件则通常通过空气冷却。尽管已有少数商业化解决方案支持对更多服务器组件的液冷，但这仍处于发展阶段。

1）单相冷板式液冷技术

单相冷板式液冷是一种通过循环冷却液进行显热传递的过程，冷却液在此过程中不会发生相变。在现有的冷媒和电介质流体中，水因其优越的热物理特性和较高的沸点成为最具实用性的冷却液。然而，受液体泄漏风险的影响，水的使用在数据中心行业中的优先级和需求相对较低。近年来，这一限制通过引入集成离心泵和冷板的单一封装系统得以缓解。这种方法能够串联多个处理器的液冷，并确保服务器的高可靠性。近年来，单相冷却已在服务器级别实现，代表性的应用包括 IBM、CoolIT Systems 和 Asetek 等公司。图 3.5-2 为单相冷板式液冷设备示意图。

2）相变冷板式液冷技术

相变冷板式液冷是一种伴随液-气相变的潜热传递过程。在此过程中，冷却液通过相变带走热量。该过程可以使用低沸点的电介质流体和制冷剂作为冷却介质。与单相冷却相比，两相冷却的优势在于加热表面上的温度梯度更小，并且具有更高的传热速率，这主要得益于冷却液的汽化潜热和两相流中等温成核过程的存在。图 3.5-3 为相变冷板式液冷设备示意图。

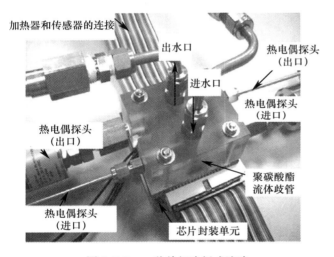

图 3.5-2　一种单相冷板式液冷
设备的示意图[8]

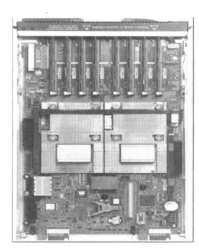

图 3.5-3　一种相变冷板式液冷
设备的示意图[8]

目前的研究重点在于为芯片设计高效的多孔介质和微通道散热器。尽管这种方法在传热效率上具有显著优势，但其主要缺点在于流动不稳定性，可能引发流向逆转、温度和压力波动等热流动问题，最终可能导致加热表面过热和烧毁。因此，两相冷却方法在数据中心行业中的应用相对较少。但是，Ebullient 公司最近开发了一种喷射式冷板技术，该技术可以在最终热排放温度达到 55℃时消散 500W 的热量，显示出在某些应用场景中的潜力。

3.5.1.2　直接液冷

直接液冷不同于间接液冷，冷却液直接与电子组件接触，且电介质流体提供电绝缘。这种方法的主要优点之一是适应性强，无须在服务器内部使用密封外壳和管道来引导和维持液体流动。此外，由于电介质流体可以有效地直接冷却其他服务器组件，不需要采用混合的空气-液体冷却方式来散热。涉及相变现象的直接液冷方法还能在热源表面保持均匀的温度分布，这得益于相变过程中潜热的传递。

尽管冷却介质与热源表面的直接接触和相变现象能够降低热阻，但电介质流体的热物理特性显著低于水，因此其作为传热技术的效果通常不如传统的间接液冷方案。由于直接液冷方法在常压下运行且不涉及密封外壳，因此通常只需较少维护的热插拔操作。然而，为防止流体损失并去除系统中的空气和湿气，仍需进行进一步的维护。而在密封的直接液冷系统中，这一问题不那么突出，但该类系统在进行电子设备的热插拔时需要额外的服务和维护，服务器外壳需要先排空再重新填充冷却液后方可重新投入使用。Iceotope 公司在该领域具有先驱地位，提出了多种冷却解决方案。

1）单相浸没式液冷技术

数据中心单相浸没式液冷技术是一种创新的冷却方案，通过将电子设备（如服务器、存储设备等）完全浸没在非导电冷却液中，利用冷却液的热容来高效带走设备产生的热量。这种技术与传统的风冷或液冷系统不同，它不依赖空气流动或液体循环来散热，而是通过冷却液直接与设备表面接触，吸收热量并在系统内循环或通过外部冷却系统释放热量。

单相浸没式液冷技术具有显著的散热优势。首先，由于冷却液的热导率远高于空气，冷却效果更为显著，能够满足高密度计算设备的散热需求。其次，浸没冷却技术避免了风冷系统中风扇和空调带来的噪声和空间占用，提升了数据中心的空间利用率并减少了噪声污染。此外，冷却液通常采用非导电、环保的液体，如矿物油或专用的冷却液，不仅保证了设备的安全性，还具有较低的维护成本。

在能效方面，单相浸没式液冷技术通过大幅降低设备的温度，显著减少了空调和其他冷却设备的负荷，从而降低了数据中心的能耗。这使得该技术特别适合于高密度、低碳排放的绿色数据中心应用。尽管初期投入较高，但随着冷却效率的提升和能耗的降低，长期来看，单相浸没式液冷技术可以为数据中心提供可持续的节能方案，并在未来的高效计算需求中发挥重要作用。

2）相变浸没式液冷技术

在数据中心的直接液冷系统中，池沸腾是一种被动的全液相冷却方法，电子设备板完全浸没在电介质浴中。这一方法也称为"两相被动浸没冷却"。当热源表面温度超过电解质的饱和温度时，便会在冷却液中引发成核沸腾，利用潜热传递、重力驱动的两相对流和气泡引发的流动混合来进行冷却。在典型的池沸腾过程中，热源表面形成的气泡上升至冷却液的上方气相区域，通过水冷换热器冷凝回流。图 3.5-4 为两相浸没式液冷示意图。

池沸腾冷却系统的主要优点包括无须服务器级的管道系统、流体连接器及密封外壳，使其成为适应性强、低维护的热插拔解决方案。此外，这种方法的被动散热特性无须在芯片级使用泵，提高了系统的可靠性，性能与热管冷却类似，且在常压下运行。

随着数据中心对沉浸式冷却方案的需求增长，池沸腾逐渐成为空气冷却的主要替代技术，Green Revolution Cooling 与 LiquidCool Solutions 等公司已研发并实施多种池沸腾冷却方案，通过电解质冷却液流动而非成核沸腾来实现传热。

3）喷淋式液冷技术

喷淋式液冷方法通过在液体冷却剂与热源表面接触前，将冷却剂雾化或分散成小液滴，主要通过喷嘴孔径产生的压差来实现。喷淋冷却过程中的传热机制较为复杂，仍在深入研究中。研究人员提出了多种传热过程，如薄膜蒸发、单相对流和二次核化，以解释喷淋冷却过程中观察到的传热增强机制。喷淋冷却的传热过程如图 3.5-5 所示。

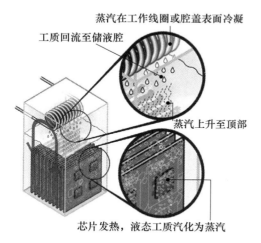

图 3.5-4　两相浸没式液冷示意图[8]　　　　图 3.5-5　喷淋冷却的传热过程[9]

喷淋冷却既可以直接应用于所有服务器组件的有效冷却，也可以间接应用于冷却组件。在 Yan 等人[10]提出的一种特定的直接喷淋冷却方法中，通过倾斜的气体辅助喷嘴实现覆盖整个服务器板区域的多点喷淋。然而，该方法的主要缺点在于高维护性的热插拔操作需求，因为服务器被密封在含有两相冷却流的蒸汽腔内。而在间接喷淋冷却中，传热过程发生在专用的冷板中。SprayCoolT 开发了多种用于军事应用的方法，其中喷淋冷却的冷板模块取代了服务器中的空气冷却装置。他们的方法可以通过简易断开液体连接器实现快速热插拔。然而，由于其解决方案类似于间接液体冷却，因此在适应性方面存在相同的局限性。

3.5.2　各类液冷系统的对比

各类液冷系统之间的换热原理和系统形式各不相同，导致其冷却效果、能效以及温度管理的差异。例如，单相冷板式液冷通过冷板与设备直接接触，温度控制相对稳定；而相变冷板式液冷通过液体的相变来吸热，能够承载更高的热负荷，并使冷却液温度较高，适合高功率密度环境。在浸没式液冷系统中，冷却液直接包围设备，提供更均匀的热量分布，其冷源温度通常较低，相变浸没式液冷则能提供更高的冷源温度。

从能源利用的角度来看，液冷系统的一次侧冷媒温度直接影响到冷源的选择。较高的冷媒温度使得冷源能够选择温度较高的环境进行冷却，例如利用自然冷源或低温冷却塔；而较低的冷媒温度则需要低温的冷源进行冷却。此外，各个节点的温度差异也决定了回收余热的品位——较高的温度品位使得回收热能可以用于区域供暖、工业加热等，进一步提高能源利用效率。表 3.5-1 统计了现有技术能够实现的各类液冷系统的主要节点的温度分布，从表中可得，各类液冷方式对应的芯片运行温度大多处于 50～70℃的范围，二次侧冷却液出口温度集中在 45～50℃附近，这意味着液冷系统可以从二次侧提取到 45～50℃的余热，用于后续的余热利用环节，一次侧介质的进口温度集中在33～38℃，相较风冷系统提高了 15℃左右，这意味着使用液冷系统在更多的地区可以实现自然冷却，从而降低冷却系统的总体能耗。

表 3.5-1　数据中心各类液冷系统关键节点温度对比（参考值）

	芯片温度/℃	二次侧冷却液进口温度/℃	二次侧冷却液进口状态	二次侧冷却液出口温度/℃	二次侧冷却液出口状态	一次侧冷媒进口温度/℃	一次侧冷媒出口温度/℃
单相冷板式液冷	65	40	液态	50	液态	35	45
两相冷板式液冷	65	50	液态	50	气液两相	35	45
单相浸没式液冷	65～70	40	液态常压	45	液体常压	38	33
两相浸没式液冷	50～70	38	液态常压	50	气态常压	33	30
喷淋式液冷	60～70	20～55	液态	20～55	液态	35	45

3.6　小　结

本章首先从液冷系统的基本形式出发，介绍了与风冷系统不同的液冷系统的各个组成部分。总体而言，液冷系统可分为一次侧回路系统与二次侧回路系统两大部分。不同类型的液冷系统在一次侧回路（从 CDU 到室外冷源）的形式较为相似，主要的差异体现在二次侧回路（从 CDU 到机柜）的设计上。接着，本章从温差分配的角度分析了液冷系统在换热能力上优于风冷系统的原因，并对一次侧回路的管路系统进行了基本介绍。最后，简要介绍了液冷系统的分类以及各类液冷系统的基本特征，并从不同关键节点的温度变化角度对不同类型的液冷系统进行了对比分析。至此，本章已详细阐述了液冷系统的基本形式、液冷系统的分类、液冷系统一次侧管路结构及各类液冷系统的对比。关于各类液冷系统二次侧管路、机柜和冷源等内容，将在后续章节中进一步详细探讨。

参考文献

[1] 国家信息中心，浪潮信息.智能计算中心创新发展指南［R］，2023.
[2] 赵路平，谢洪明，徐明微，等.浸没液冷数据中心暖通设计若干思考和探讨［J］.洁净与空调技术，2023（3）：42-46
[3] 侯晓雯，杨培艳，刘天伟.液冷服务器在数据中心的研究与应用［J］.信息通信，2019（9）：48-51.DOI：10.3969/j.issn.1673-1131.2019.09.022.
[4] 田浩.高产热密度数据机房冷却技术研究［D］.北京：清华大学，2012.
[5] 邓维，刘方明，金海，等.云计算数据中心的新能源应用：研究现状与趋势［J］.计算机学报，2013，36（3）：17.
[6] 李国柱，崔美华，黄凯良，等.数据中心余热利用现状及在建筑供暖中的应用［J］.科学技术与工程，2022，22（26）：9.
[7] 发展改革委网信办工业和信息化部能源局.全国一体化大数据中心协同创新体系算力枢纽实施

方案［Z］，2021.

［8］ 中邮证券．液冷深度：产业和政策双轮驱动，数据中心液冷进入高景气发展阶段［R］，2024.

［9］ STRATTON H，NEWKIRK A. The current state of DCOI：lessons learned and opportunities for improvement［R］，2021.

［10］ CONGRESS. GOV. H. R. 8152 -American Data Privacy and Protection Act［EB/OL］．（2022-06-21）［2024-11-02］．https：//www. congress. gov/bill/117th-congress/house-bill/8152.

第4章 冷板式液冷

4.1 引 言

冷板式液冷技术是间接液冷技术中的一种典型解决方案。依据冷却液是否发生相变，可细分为单相冷板式与两相冷板式两种形式。在这两种形式中，单相冷板式液冷技术由于其技术成熟度较高，目前已成为液冷技术中的主导应用方式。该技术在冷却过程中，冷却液不发生相变，而是通过循环工质的温度变化来实现显热传递。两相冷板式液冷技术在冷却过程中则涉及冷却工质的液-气相变，其核心优势在于采用低沸点的电介质流体作为循环冷却液，通过利用冷却液的汽化潜热以及两相流中等温成核过程，能够在加热表面获得更小的温度梯度和更高的传热效率。

两种冷板式液冷技术利用封闭在循环管路中的冷却液体，均为通过冷板热传导实现热源就近冷却的非接触式冷却技术，所采用的冷板通常为铜或铝等导热性较好的金属构成的封闭腔体。当前冷板式液冷系统中针对不同发热特性的元器件常采取差异化散热策略：对于CPU、GPU等高热流密度芯片，普遍采用冷板式液冷技术进行精准散热，将大功率芯片产生的集中热量高效导出。而对于内存、电源模块等发热功率较低的辅助元器件，则保留传统风冷散热方式。这种混合散热架构在散热性能、经济性之间两相权衡，既发挥了液冷技术的高效散热特性，又通过保留部分风冷系统降低了改造投资。此外，整个数据中心的配电、围护结构、照明等冷负荷仍通过风冷系统进行散热，该部分的冷却方式仍与传统方式一致。

冷板式液冷技术通过在热源侧设置冷板实现就近冷却，为了满足服务器内部冷却液的严格控制条件，并便于就近冷却管网的流量分配和压力控制的实现，其系统架构划分为一次侧换热和二次侧换热两个部分。二次侧部分的关键组件包括冷板装置、液冷机柜（包含分集水器Manifold、流体连接器等）、换热单元（包含换热组件、二次侧循环泵、过滤器、补水装置等），以及管路及循环系统和冷却液，这些组件架构共同实现流体输送、压力控制、介质均流、冷量分配、热量交换和控制等功能。冷板式液冷方式不仅实现了高效的就近冷却，而且其散热热阻远小于风冷散热热阻，从而有助于提升循环温度，实现全年自然冷却的液冷冷源系统设计。与传统风冷技术相比，单相冷板式液冷技术在不影响现有风冷服务器系统形态的前提下，展现出高度集成、高效散热、降低噪声和振动、技术成熟度高等优势。

4.2 单相冷板式液冷

4.2.1 系统整体技术要求

作为一种非接触式的间接冷却方法，单相冷板式液冷采用冷板装置覆盖在服务器发热元件 CPU/GPU 等高热流密度元件上，服务器上留有水路接口用于冷却液进出冷板装置，分集水器（Manifold）安装在液冷机柜上，冷板装置内的流体介质进行换热，将服务器内主要散热元器件产生的热量带出，该部分的散热量约占服务器总散热量的50%～80%。冷板式液冷中流出服务器冷却液则通过分集水器实现冷却液汇聚和分配。在换热单元内，二次侧冷却液经由一次侧冷源的循环介质进行持续性降温处理，并以水泵为主要动力装置返回服务器内部实现往复循环冷却；相比于传统的行间冷却空调，减少了室内侧风机模块等主要能耗。单相冷板式液冷系统架构如图 4.2-1 和图 4.2-2所示。

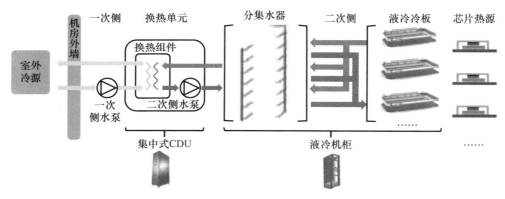

图 4.2-1　单相冷板式液冷系统整体架构（集中式 CDU 架构）

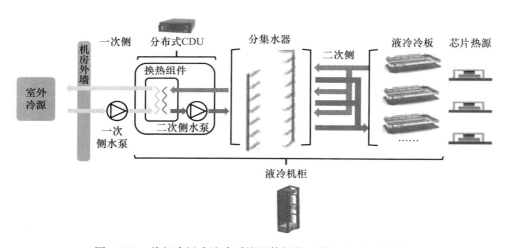

图 4.2-2　单相冷板式液冷系统整体架构（分布式 CDU 架构）

单相冷板式液冷系统整体架构包括一次侧部分与二次侧部分，通常一次侧部分指室外冷源到换热单元 CDU 部分的管路，包含室外冷源、一次侧循环水泵、管路以及相关配套设施；二次侧部分指换热单元 CDU 部分至液冷服务器之间的管路，包含换热单元 CDU（包含换热组件、二次侧循环泵、过滤器、补水装置等）、液冷机柜（包含分集水器、流体连接器等）、冷板装置、管路以及相关配套设置。冷板式液冷系统运行时，一次侧端来自室外冷源的低温冷却水进入到 CDU 中换热变为高温冷却水，后回到室外冷源进行换热又重新变为低温冷却水；二次侧端来自换热单元 CDU 的低温冷却液进入到服务器中与发热元件换热变为高温冷却液，后回到 CDU 中换热重新变为低温冷却液。

由于芯片的最高工作温度 $T_{\text{case\_msx}}$ 可达 85℃，伴随着就近冷却方式显著降低散热热阻，在保证芯片正常工作的前提下，二次侧和一次侧循环温度相比于传统风冷冷源的循环温度存在提升空间。因此对于冷板式液冷系统冷源而言，不同的冷源温度需求存在不同的冷源方案选择。

当 CDU 需要的冷源温度为 2~17℃时，外部自然冷源不能满足供水温度要求，需在一次侧设置冷水机组；当 CDU 部分需要供水温度为 2~32℃时，可采用冷水机组补冷的方式，来自外部冷源的供水一部分进入到冷水机组中，冷水机组中提供的冷水与外部冷源提供的另一部分供水混合后进入 CDU 中进行换热；当 CDU 部分需要的供水温度为 2~45℃时，一般不设置冷水机组，来自外部冷源的供水可直接进入 CDU 中。（注：采用开式塔时，来自开式塔的供水进入 CDU 前一般先通过板式换热器进行换热，保证进入 CDU 的水质。）

当 CDU 部分所需供水温度在 45℃以上时，可以考虑采用余热回收装置，在外部冷源进出口处设置余热回收装置，高温冷却水进入余热回收装置换热后再进入外部冷源。余热装置回水与外部冷源回水混合[1]。

4.2.2　系统二次侧方案

如图 4.2-3 所示，二次侧可根据项目规模、机架启用进度、机柜适配性等因素，选择使用分布式 CDU 架构或集中式 CDU 架构。采用集中式 CDU 架构时，系统由集中式 CDU 柜、循环管路、阀门、分集水器、流体连接器、液冷机柜、冷却液、检测系统、漏液检测系统组成；采用分布式 CDU 架构时，系统由机柜式分布 CDU、分集水器、流体连接器、液冷机柜主体、冷却液、检测系统、漏液检测系统组成。

如图 4.2-3(a) 所示，集中式 CDU 一般入列放置，连接多个液冷机柜。在数据中心应用时需要冗余设计，通常根据需求采用 N+1 或 N+2 冗余，以应对 CDU 设备故障问题。同时根据需求可在设备内部设置双泵以应对循环泵出现故障问题。采用集中式 CDU 形式时，在数据中心机房中需要设置二次侧环网，集中式 CDU 供冷却液至环网中，环网分配给各个液冷机柜。

如图 4.2-3(b) 所示，分布式 CDU 一般入柜放置，放置在液冷机柜中，为该液冷机柜中的设备散热。通常在内部设置双循环泵冗余。此外还可双柜间的分布式 CDU 互为冗余设置。采用分布式 CDU 形式时，无须在数据中心机房中设置环网，CDU 供回水路直接与液冷机柜上分集水器连接。

CDU 冗余设计时，各 CDU 接入管道时通常采用歧管设计使每台 CDU 供回水压差均匀，CDU 所输出的供水管在进入 IT 设备之前通过歧管提前混水，避免当某台 CDU 失效时部分 IT 设备的供水出现显著降低，IT 设备的回水管先通过歧管提前汇合再分配给每台 CDU，以避免当某台 CDU 失效时，出现 CDU 压降差异。

在液冷系统中，对于二次侧的润湿材料，应当避免同时使用两种具有显著电位差异的金属材料，以防止电化学腐蚀现象的发生。电化学腐蚀是一种常见的腐蚀形式，当在

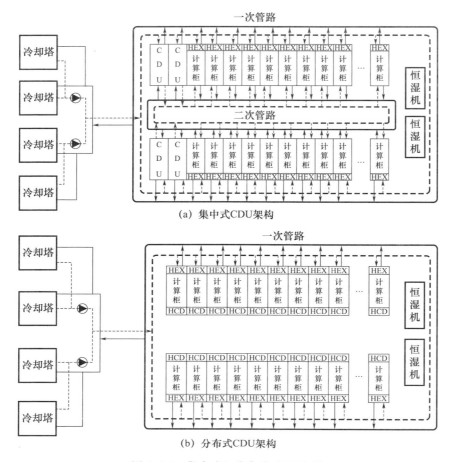

图 4.2-3　集中式和分布式 CDU 架构

两种不同电位的金属接触时，电位较低的金属会被加速腐蚀。这种腐蚀过程是由于金属之间的电位差引起的，其中一种金属作为阳极，另一种作为阴极，从而形成了局部电池效应。如果在某些具体应用场景中，因为设计或功能需要使用两种显著电位差异的金属材料，则必须采取适当的措施来解决电化学腐蚀的问题[2]。

4.2.3　冷板式液冷核心组件

1）冷板

冷板式液冷技术中冷却的板片与服务器 CPU/GPU（高热流密度元件）通过直接接触将服务器的主要热量带走（冷板内有热管和液体散热两种形式），其余部件（低热流密度元件）热量可通过风冷形式带走，这种由液冷和气冷结合的散热技术也被称为液气双通道散热技术。该技术相对于传统的机架式风冷服务器，资源利用率得到显著提升，机架可容纳的装机功率可提升至 30kW 以上。液冷通道是"液/气双通道散热系统"的核心，其实现了将 CPU 等高热流密度发热元件的发热量高效排向环境，冷板散热器通常有直接液冷型散热器和水冷型热管散热器两种。

众多研究学者关注散热器结构优化的研究，主要包括微通道结构、内部微翅肋结构等。相关学者基于场协同原理，设计出多种强化肋片传热冷板，如图 4.2-4(a)所示，研究结果表明，相比矩形肋（微通道）冷板，菱形肋冷板由于更符合场协同原理，换热强化和均温性更好，传热面积相同时，菱形肋强化传热冷板总温差约为矩形肋冷板的83％。也有相关学者对比了常规蛇形通道冷板通道与内嵌矩形微小型肋片群冷板流道，如图 4.2-4(b)所示，研究结果表明，内嵌矩形微小型肋片群冷板流道的散热能力达到常规蛇形通道冷板的 4 倍以上。还有研究学者采用三维固液耦合模型和简化的共轭梯度法对双层微通道散热器进行性能优化，如图 4.2-4(c)所示，研究结果表明，以通道数、通道宽度、底部通道高度和底部冷却剂入口速度为搜索变量，可获得最优的散热性能，此外，对双层微通道散热器进行多目标优化设计，优化后散热器底板温度及散热器热阻均有所降低。

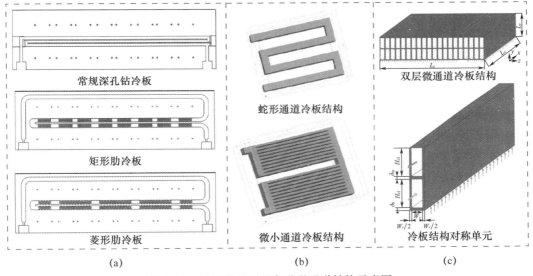

图 4.2-4　冷板散热器的各种微通道结构示意图

对于内部微翅肋结构优化，相关学者提出一种微型方翅冷板散热器，如图 4.2-5(a)所示，通过改变翅片孔隙率和翅片位置角，对散热器性能进行研究，并对其几何形状进行优化。研究结果表明，肋片孔隙率和位置角对微型方形肋片散热器的散热性能和流动性能都有重要影响，最佳孔隙率为 0.75，最佳热性能定位角为 30°。此外，发现优化后的方翅散热片的热性能优于常规柱翅散热片，方翅散热片在高能量密度电子器件的热管理方面有很大的潜力。也有研究学者对常规翅片式冷板散热器结构进行优化，对比了 4种散热片间距分别为 0.2、0.5、1.0、1.5mm 的散热片，如图 4.2-5(b)所示。研究结果表明，通过减小散热片间距和增加散热片循环水的容积流量，可以有效降低散热片的基础温度和热阻。对于平板散热片，最大热阻为 0.216k/W，而使用 0.2mm 翅片间距的散热片时，最大热阻降至 0.03k/W，通过改变翅片的间距能有效增强散热器的散热效果，但是需要付出更多的泵功。还有研究学者提出采用形状为圆形、水翼形、方形和椭圆形的针形翅片，如图 4.2-5(c)所示，通过实验研究了横流面积和翅片形状对射流冲击微型翅片的单相传热系数的影响。

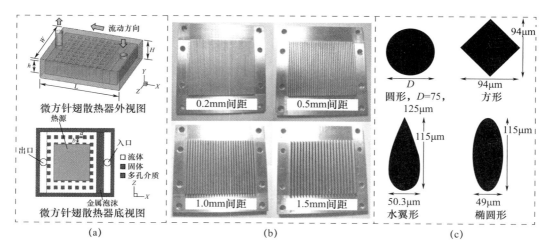

图 4.2-5　不同散热器结构示意图

为了最大化减小冷却液在服务器内部泄漏的风险，后期新型冷板式液冷技术又提出采用新一代水冷型热管散热器，置于服务器热管内只有极少量的绝缘流体，其传热循环时长可达到 50ms 以内。由水冷板、热管及固定板三部分构成，排热过程自然运行、无须驱动能源。其中，热管是确保整个水冷型热管散热器高效导热、低热阻的关键核心元件，水冷板的换热率决定着该散热器的散热效果。热管充分利用相变原理，主要由管壁、吸液芯、工质（工作液体）和蒸汽通道组成。在其密闭的腔体内灌入一定量的工质，并进行抽真空工艺，使其腔体内的压力在 3～10Pa。热管工作时，蒸发段的液体工质受热汽化，在蒸汽压差的驱动下高速向冷凝段流动，遇冷放出热量同时凝结成液体，完成相变过程，液体工质在吸液芯的毛细力的作用下流回蒸发段，重复循环。

吸液芯结构作为热管的核心部件，其工质蒸汽与冷凝液的流动阻力决定热管的传热性能，吸液芯结构和毛细力确保热管内部冷凝液的回流，但是，当蒸汽和冷凝液的流动压力损失超过最大毛细力时，流动循环将停止。当前最常见的热管吸液芯结构有沟槽式、烧结式、丝网式几种，如图 4.2-6 所示。需要根据具体使用情况，对传热性能、可靠性、制造工艺等差异进行对比，找出不同工艺参数下最优的吸液芯结构。水冷型热管散热器的设计优劣取决于两点：一是选取合适的热管并采取恰当的弯折结构，使得高热流密度元件热量可被传导至水冷板；二是水冷板内部采用良好的流道结构，使得水流与金属之间高效换热，并且整体的压力损失较小。

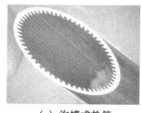　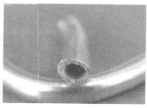　

（a）沟槽式热管　　　　（b）烧结式热管　　　　（c）丝网式热管

图 4.2-6　水冷型热管散热器的不同吸液芯结构图

　　液冷冷板加工一般采用铲齿机加焊接的形式，冷板主要由冷板基板、冷板盖板、进出液口等构成，设计方案时，首先根据安装需求确定结构尺寸，完成产品外形尺寸设计，并注意避免干涉、方便安装取卸等；同时充分考虑使用时的便利性，需要时应设计把手，以便使用时提取和放置冷板组件；管路布置时设置固定点，冷板贴合面要预留导热垫或导热硅脂厚度余量。结构尺寸确定后，进行冷板内部流道设计，结合工艺能力合理设计翅片厚度、间距、高度，焊接尺寸设计要符合相应的要求。流道结构设计完成后进行热仿真分析，校核流道结构设计是否能够满足耐压、散热、流阻要求；最后进行包装结构设计，包装方式要满足运输要求，能够防磕碰，防止产品在包装内翻转。

　　在材料方面，液冷冷板材料常用铜、铝合金材料，常用牌号有 TU2、T2、3A21等。材料选择主要考虑焊接性能、材料的强度和耐腐蚀性能。

　　2）分集水器（Manifold）

　　分集水器是实现冷却液分配和汇聚，连接到各个服务器的部件，通常为竖直设置，有分水器和集水器两个管道，分别用于供冷却液以及收集回液。分集水器上安装有流体连接器，用于连接分集水器与冷板水路。当前分为盲插及手插两种形式。盲插形式下分集水器竖直安装在液冷机柜后侧，其上安装的流体连接器与服务器上流体连接器位置相对应，在服务器安装至液冷机柜中时即可完成水路的连接。手插形式下分集水器竖直安装在液冷机柜后侧，有两种安装方式，一种是分水器与集水器分别安装在液冷机柜两侧，且其上流体连接器方向垂直于服务器上流体连接器方向，通过软管手动将分集水器与服务器水路相连接；另一种形式下分水器与集水器均安装在液冷机柜同一侧，安装方向与第一种安装方式一致，通过软管手动将分集水器与服务器水路相连接。分集水器（Manifold）的检测标准如表 4.2-1 所示。

表 4.2-1　分集水器检测标准

项目	内容
外观	分水器外观无明显划伤、锈蚀、裂纹、毛刺等缺陷； 标识内容正确、字迹清晰完整； 分集水器内部采用内窥镜检查，要求： a）产品内部干燥无液体残留； b）产品内部禁止出现金属屑等多余物； c）产品内、外壁不允许有拉丝金属屑； d）产品不允许锈蚀
尺寸	采用检测工具，如卡尺、米尺等工具检测尺寸是否满足
平面度	采用检测工具，如卡尺、米尺等工具检测平面度是否满足
焊缝检查	检查焊缝表面是否光滑，起收弧接头处是否圆滑过渡，鱼鳞纹是否均匀一致，无焊瘤，焊缝不允许存在裂纹、气孔、缩孔、未熔合、连续咬边、弧坑裂纹等缺陷。 内部焊缝采用内窥镜检测，所有焊缝需保证焊透，如焊接螺母柱与不锈钢管焊接、不锈钢管端头堵盖焊接、法兰盘与不锈钢管焊接等要求焊透的密封位置，需保证单面焊双面成型

续表

项目	内容
氦质谱测试	a) 试验前产品所有接口及管道进出口位置安装流体连接器或用堵头封堵，测试环境避免通风； b) 将产品内充入氦气(2.5 ± 0.1)bar，保持5min； c) 采用气枪缓慢逐个检查卡盘密封处、管道焊口、连接器插头密封处、自动排气阀密封处，检查是否泄漏，扫查时吸枪嘴距离被检测表面的距离应小于3mm，扫查速率不大于1cm/s； d) 合格判据：试验时，泄漏率不大于7×10^{-7}Pa·m³/s； e) 测试完成后采用工装将管道内氦气排至外部通风环境
工作压力及保压测试	a) 试验前检查试压设备上使用的压力表，应能正常使用，压力表应在检定的有效期内，压力表精度$\leqslant2.5\%$，产品所有接口及管道进出口位置已安装好对应零件或已用堵头封堵住，无开放接口，堵头按照标准力矩安装，不可过度拧紧，检查试压设备与产品已经对接好； b) 产品进出液管分别缓慢充入(6 ± 0.2)bar氦气，保压24h； c) 合格判据：试验过程中保压24h，压力变化小于0.2bar
分配均匀性测试	a) 分水器各分液口连接软管后进行分液均匀性测试； b) 将分水器所有分液口的进回水分别短接，并接入调节阀用于模拟负载的流阻，将其中一个分液支路的回路中串联一个流量计，用于该支路流量的测量，需确保串联流量计后该支路整体流阻与其他支路一致； c) 在分水器主管接入液体，通入纯水逐个支路进行流量测量； d) 合格判据：支路的最大和最小流量值之差不超过最小值的10%
自动排气阀功能测试	a) 自动排气阀安装到测试工装上，必须垂直安装，测试时必须保证其内部浮筒处于垂直状态，以免影响排气； b) 测试时介质纯水，升压至4bar，自动排气阀旋帽拧紧后反方向旋松（1～1.5圈）进行自动排气阀功能测试； c) 测试过程中，要求排气阀可实现自动排气，有排气声响，无水流出
洁净度检测	a) 分水器出货前需做好内部清洁，并做好内部洁净度的测试； b) 采用纯水作为测试媒介，测试前测量去纯水的pH值和电导率（pH值应在6.0～8.0，电导率不大于5.0μs/cm）；采用纯水循环冲洗分集水器10min，然后测量纯水的pH值和电导率； c) 要求冲洗分集水器组件后的液体pH值在6～8，电导率$\leqslant10\mu$s/cm，且清洗后水中无可见杂质

不同插接形式主要影响规模部署后的运维环节的维护工作，对于手插接头而言，常常依赖于人工熟练操作，增加维护成本和时间，而盲插接头有浮动连接特性，具备高精度连接特性，可实现自动化运维保障，满足高精度连接需求，符合数据中心在未来发展趋势中过程中自动巡检、无人化运维需求。

3）换热单元

换热单元也称冷量分配单元，简称CDU，是液冷装置机房内部水路与室外冷源水路的交汇点，室外冷源提供的一次侧冷水与二次侧冷却液在CDU中进行热量交换。CDU提供二次侧液体动力、流量分配、物理隔离、温度、流量及压力控制、防凝露等功能。根据不同应用场景，可采用分为集中式CDU和分布式CDU两种形式。一般由温度、压力、流量传感器、板式换热器、二次侧循环水泵、阀门、补水泵、过滤器、膨胀罐、触控显示屏以及电控部分组成。其中板式换热器和二次侧循环泵是关键部件，板式换热器决定了二次侧工质向一次侧工质传热的效率；主循环泵则决定了二次侧工质的最大流量，间接影响了 CDU 对服务器的冷却能力。

在换热单元工作的过程中，室外冷源提供的冷水在板式换热器中换热，吸收来自二次侧高温冷却液的热量，在一次侧循环泵的作用下回到室外冷源，将热量散出，放出热量的二次侧冷却液在二次侧循环水泵的作用下进入到服务器中的冷板装置，与发热元件进行换热，吸热变为二次侧高温冷却液，后回到板式换热器中与一次侧冷水进行换热降温。最终实现以冷却液为媒介、室外环境大气作为散热终点的热传递方式，大幅度地节省了机房用电，降低了 PUE (Power Usage Effectiveness) 值，同时消除了传统风冷模式存在的热岛效应、增加单机架的功率容积，使有限的机房得到最大限度的利用。

换热单元 CDU 可综合分析系统运行状态，调节系统中总冷却介质的温度、流量、流速，实时调配负载均衡。一般条件下换热单元 CDU 一次侧进出液温度为 35℃/45℃，二次侧供回水温度为 40℃/50℃，并通过温湿度传感器对环境温湿度进行监控并判断当前露点温度，当二次侧冷却液温度接近露点温度时及时告警并依据实际情况确认是否需要对供液温度进行调节，通常控制供给服务器的冷却液温度高于露点温度 3℃以上。

换热单元 CDU 的排气阀装置设在 CDU 内系统管路最高处，可自动排气；同时设置定压补液装置用于平抑冷却液损耗、工质热胀冷缩、泵输出等引起的二次侧冷却环路压力波动。该装置包含定压罐、补液泵、储水箱、配套管路和阀门等，通过定压罐中的气体缓冲和补液模块的冷却工质补入，稳定二次侧冷却环路内部工作压力。通常定压罐的选取需要对二次侧流体系统容积进行计算，通常考虑管路、换热器、脱气罐、膨胀罐、分集水器和末端冷板等，进而选取缓冲容积一定的定压罐。CDU 内置定压自动补水装置。当 CDU 检测泵入口压力值低于设定值时，电动阀打开或电磁阀上电，补水泵启动开始补液，补至设定压力值停止。

集中式 CDU 需设置二次侧管路部署，系统检测维护比较简单，但出现故障影响范围大；分布式 CDU 无须在机房设置二次侧环网，适应不同机柜功率场景，易与机柜功耗匹配，可根据业务上架情况按需调用。两种形式均有各自应用空间。两种形式的对比如表 4.2-2 所示。

表 4.2-2　集中式 CDU 与分布式 CDU 对比

	集中式 CDU	分布式 CDU
布局	CDU 布置在机柜外，每列机柜布置两个 CDU，一主一备	CDU 布置在机柜内部，每个机柜对应一个 CDU
组成	液冷二次侧冷却环路主要由 CDU（内循环通道部分）、液冷 IT 设备、IT 设备柜内配流管路组件、二次冷却管网系统等组成	液冷二次侧冷却环路主要由 CDU（内循环通道部分）、液冷 IT 设备、IT 设备柜内配流管路组件系统等组成
系统管路连接	较多，需二次侧管路部署，需考虑二次侧流量分配	较少，免二次管路部署；支持不同阻力特性/功率等级机柜混配，无流量浪费
空间利用率	较低，占用机房空间	较高，集成于机柜内部

	集中式 CDU	分布式 CDU
可维护性	相对简单，出现故障可集中诊断和维护，但影响范围大；二次侧冷却液循环路径长，需关注冷却液洁净度	相对复杂，需多点诊断和维护，但故障影响范围局限在单个机柜内；冷却液仅在机柜侧循环，路径短，有利于保持洁净度
实用场景	对于大型、超大型数据中心，机柜总数多，应用集中式 CDU 可减少设备维护量，增加管路维护量。适用于业务需求明确的场景，机柜间无明显制冷量差异。	对中小型数据中心，机柜数量适中，应用分布式 CDU 也不会增加过多维护负担，同时具有高度集成、系统简洁等特点。可随业务需求分批上线，可适应不同机柜功率场景，易于与机柜功耗匹配
技术成熟度	较高，起步较早，应用相对较多	较高，起步较晚，正在创新应用

4）管路及循环系统

二次侧管路介于 CDU 和液冷服务器之间，其管路阀门设备及施工质量要求远高于一次管路，相应设计和制造工艺是影响液冷系统性能和可靠性的重要因素。二次侧管路具备洁净度要求高、管路复杂、水质要求高的特点。目前采用不锈钢预制管路，以保证水质纯净和系统耐腐蚀。预制化通过在工厂内完成大部分管路的制造和检测工作，可以减少现场施工的复杂性并提高工程质量。为满足管路的洁净度要求，在制造过程中需采用精细的工艺流程，包括焊接、脱脂、酸洗钝化、超声波清洗以及去离子水清洗等。管路工厂焊接环节需确保 100% 无漏点，无损探伤检测技术的应用进一步确保管路内部无任何缺陷。此外，管路的清洗过程要求去离子水清洗 pH 值在 6～8，电导率不大于 $10\mu S/cm$，水质中无可见杂质，所有支路管口内侧用无尘布擦拭或紫光灯监测检查无油污、无杂质。酸洗钝化后需用高压水枪进行冲洗，清理残留酸洗钝化液。运输过程需保证全程密封防尘、封闭全部管口、确保流转及储存过程中无二次污染。同时在管路吹扫及烘干过程中，使用经过三级过滤器的压缩空气，确保管路内部干燥无杂质。

工厂预制流程包括：现场二次工勘，阀门、管道、管件等超声波清洗，脱油脱脂，工厂焊接预制管路，管路预检，试压检测，酸洗钝化，蓝点试验，超声波清洗，去离子水清洗，工厂预组装管路，工厂管路打压检测，管路去离子水循环清洗，管路热烘干，探伤无损检测，塑封包装出库，管路运输至机房。作为交付方的供应商应具备相应的设计和技术能力、成熟的环网设计经验，包括应用 BIM 进行精细化设计，对产品特点、交付地的环境特点、客户特殊要求等有统一把控能力；同时还应拥有专业设备，以满足液冷二次侧管路的高标准要求，包括专业的焊接、表面处理和检测设备，实施全流程的质量管理体系，确保从原材料到成品的每个环节都可追溯，质量可控。

分布式 CDU 二次侧管路集成于设备内部，减少了机房的占用空间。集中式 CDU系统二次侧管道则通常位于架空地板下的管道区空间，其布置需要确保管路布局的合理、高效，即在满足冷量分配需求的同时充分利用管道区空间。机房内以两列机柜为一套集中式 CDU 系统，为满足系统的冗余要求，两列机柜间共布置 4 路 2 供 2 回主管，集中式 CDU 则按照 N+1 数量进行选配，每套 CDU 和液冷机柜进回水支管均与两套供回水主管相连，形成二次侧管网。

5）液冷机柜

机柜的设计考虑线缆管理的需求，其节点前窗至机柜前表面至少留有 100mm 的空间用于交换机接线；服务器节点或交换机的有效安装深度一般不超过 900mm；节点后窗至机柜后表面部分则需留有超过 150mm 的空间用于线缆管理。机柜内所有部件，除跨柜线缆外，不会突出于机柜范围。机柜底部设计有预留孔位，与机房的加固底座配合使用，以确保机柜与底座的精确固定。标准机柜具备一定的抗震性能和荷载能力，能够在《电信设备抗地震性能检测规范》（YD 5083）规定的 8 级烈度下保持结构完整性和连续运行能力；其静载荷要求不低于 1300kg。机柜门和侧板采用可拆卸结构，便于施工安装和维护，开启角度通常不小于 110°。机柜通常并排安装，并配有并柜连接件。

液冷机柜在设计上需细致考虑液冷服务器的冷却要求，包括分集水器的安装、水电管线布局以及可靠性配件的固定，这些因素的集成对于确保液冷服务器在高效散热的同时保持稳定运行至关重要。当前在实际施工、运行及应用中，不同品牌服务器与机柜之间的兼容性问题逐渐显现，这不仅增加了数据中心在升级或维护时的成本和时间，也对数据中心的扩展能力造成了影响，同时不利于行业的技术创新和竞争。因此，液冷机柜应致力于提高兼容性和灵活性，并采用解耦技术路线以适应不同品牌服务器的需求，简化数据中心的管理和维护流程，降低系统升级或维护时的额外开销，从而避免液冷产业的生态闭锁问题限制技术的创新和应用，构建健康的液冷产业生态。在该生态下，需求部门可根据具体的业务需求和预算，灵活选择最合适的液冷解决方案，推动行业内的技术创新和健康竞争，实现数据中心的长期可持续发展。

6）冷却液选择

冷却液作为热量交换的关键载体，应具备较高的载冷性能，即较高的体积热容以实现有效的热传递；同时，为了适应不同的环境温度，冷却液还应具有较低的凝固点和较高的沸点，这样的特性使得冷却液能够在高温和低温条件下均保持稳定，有利于系统在不同温度范围内的可靠运行。此外，由于冷却液在系统中使用长期循环工质，并且会与多种管路材料，包括金属和非金属材质直接接触，因此，确保冷却液与这些材料之间具有良好的兼容性也是系统设计中必须考虑的因素，这有助于延长系统的使用寿命并减少维护成本，同时也有助于降低系统设计时的压力和复杂性。

当前数据中心二次侧使用的冷却液类型是以乙二醇溶液、丙二醇溶液或去离子水为基础液，复配了缓蚀剂、杀菌剂、消泡剂等功能性添加剂的非低电导率的冷却液。其中华为、曙光以 25% 乙二醇溶液为主，浪潮、新华三以 25% 丙二醇为主。醇类溶液 25% 并非定值，但浓度不宜过高，否则会影响工质流动、散热性能；醇类浓度也不宜过低，否则无法起到防冻作用及抑制微生物的作用。

表 4.2-3　冷板式液冷主要冷却液性能对比

	25%乙二醇	25%丙二醇	去离子水	冷却液行标要求
沸点/℃	198	187	100	
凝固点/℃	−12.7	−10.2	0	
导热系数/[W/(m·K)]	0.51	0.49	0.63	
密度/(kg/m³)	1027	1014	992	

	25％乙二醇	25％丙二醇	去离子水	冷却液行标要求
运动黏度/(mm²/s)	1.1685	1.3708	0.6552	在最低使用温度下液体运动黏度小于 50mm²/s
散热性能对比	0.942A	0.962A	A	满足系统额定液体循环功率下除热要求
导电性	混合杂质后导电	混合杂质后导电	混合杂质后导电	初始液体电阻系数小于 300μS/cm
毒性	有一定毒性，乙二醇原液口服致死量 1.6g/kg	有一定毒性，丙二醇原液口服致死量 22g/kg	无	液体允许接触浓度大于 100×10^{-6}；使用液体要求无皮肤接触，无眼接触刺激，无细胞变异影响，对水生毒害无影响
腐蚀性	弱腐蚀性，需加缓蚀剂	弱腐蚀性，需加缓蚀剂	弱腐蚀性，需加缓蚀剂	
环保性	需加水稀释后排放到污水管道	需加水稀释后排放到污水管道	环保，直接排放	臭氧破坏潜能 ODP＝0
材料兼容性	通过添加剂（缓蚀和杀菌）有效抑制管路中材料腐蚀和细菌的滋长	通过添加剂（缓蚀和杀菌）有效抑制管路中材料腐蚀和细菌的滋长	通过维持工质运行环境超低的电导率来抑制管路材料中的腐蚀和微生物的滋长，同时也配有添加剂（缓蚀和杀菌）	
产业链及成本	与汽车防冻液共用产业链，大量应用，产业链成熟、成本低	多用于食品、饮料等有低毒性要求的产业链，应用范围小，成本高	去离子水制备工艺及产业链较成熟	

去离子水具有良好的传热性能、超低电导率、制备工艺成熟、无毒安全、成本低，但需注意对冷却液的维护。去离子水的冰点为 0℃，需考虑运输、储存、短时停机、业务量较少、服务器已安装未运行等情况下防冻问题。同时，使用去离子水对水质要求较高，需要对冷却液 pH 值等各项参数定期检测，后期运维成本较高。综上，可根据工质液体热性能，部署所在地的地理位置和气候等条件综合考虑选用冷却液。

4.2.4　数值模拟方法与应用

为了分析数据中心液体冷却系统的性能，数值模拟通过分析电子产品的散热问题，减少液冷 IT 设备、液冷系统的研发成本，提高研发速度，评估数据中心系统级的液体冷却方案。三维（3D）模型液冷数值模拟解决方案有很多研究[3-6]，多针对单个模型进行分析，但是当分析计算的规模增大，上升到多个设备、机房级规模的时候，冷却管路系统会变得异常复杂，3D 模拟几乎不能实现。液冷系统 3D 数值模拟的难度在于小的管径或者芯片尺寸与大的机房级计算域之间的矛盾，如果都用 3D 方式模拟，可能使计算无法进行，而一维（1D）模拟可以降低庞大的 3D 管路系统模拟的难度，1D 系统可以得到数据中心系统级、多个机房之间、多个液冷 IT 设备之间的流量分配计算，并且用几分钟的时间就可以完成计算。

针对 1D 液冷系统的模拟需求比较少，出现了 1D、3D 液冷系统数值模拟解决方案，从三个方向分析液冷系统，包括 IT 设备级液体冷却和机房（模块）级液体冷却。1D 和 3D 耦合模拟既可以查看设备空气侧的状态参数，比如芯片温度（1D 流体网络表示）、IT 设备进风温度、流线、空调换热器温度分布、空气流动过程等，也可以查看冷却介质冷却液侧的状态参数，比如液冷百分比、冷却介质冷却液流量、进出温度等。

1）冷板液冷服务器数值模拟研究进展

冷板服务器数值模拟研究的发展趋势呈现出多方面的特点。一方面，随着数据中心规模的不断扩大和计算密度的持续提升，对冷板服务器的散热要求越来越高，这将推动冷板服务器数值模拟技术不断创新和发展。例如，探索更加高效的液冷传热性能优化方法，如一种基于强化学习算法的液冷板性能优化方法，通过强化学习算法对液冷板设计参数进行优化设计，找到一种散热冷板可以满足在消耗尽量低的功率的同时具有较好的散热性能，如下说明冷板液冷服务器的数值模拟进程。

（1）早期研究阶段：早期对于冷板服务器的数值模拟研究主要集中在基础的传热模型建立上。研究人员通过对冷板和服务器芯片等组件的简化建模，利用传统的传热理论，如傅里叶定律等，初步探索了冷板散热的基本原理和效果。例如，通过建立一维或二维的热传导模型，分析冷板在稳态下的温度分布和热流传递情况，但这些模型相对较为简单，对实际复杂工况的模拟存在一定局限性。

（2）计算流体力学（CFD）的引入：随着计算技术的发展，CFD 方法逐渐被应用于冷板服务器的数值模拟中。CFD 能够更全面地考虑流体流动和传热的相互作用，模拟冷板内部冷却液的流动状态以及与芯片之间的对流换热过程。研究人员可以通过 CFD 软件精确地模拟不同结构的冷板、不同冷却液流量和流速等条件下的散热效果，为冷板的优化设计提供了更有力的工具。比如，通过 CFD 模拟发现优化冷板的流道结构和尺寸能够显著提高散热效率。

（3）多物理场耦合模拟：近年来，冷板服务器的数值模拟进一步发展到多物理场耦合的阶段。除了热传递和流体流动，还考虑了其他物理现象，如结构力学、电磁场等与散热过程的相互影响。例如，在高功率服务器中，芯片的发热会导致结构的热变形，进而影响冷板与芯片之间的接触热阻，通过多物理场耦合模拟可以更准确地预测这种复杂情况下的散热性能和系统可靠性，为高性能服务器的设计提供更全面的技术支持。

（4）微观尺度模拟：随着服务器芯片的集成度不断提高，微观尺度下的传热问题也受到了关注。一些研究开始采用微观尺度的数值模拟方法，如分子动力学模拟等，研究冷却液在微观通道内的流动和传热特性，以及纳米尺度下的界面热阻等问题。这些微观尺度的研究有助于深入理解冷板服务器散热的基本物理过程，为新型高效散热技术的开发提供理论基础。

（5）数值模拟相关成果主要包括：

《微小通道液冷板热控及压降特性数值模拟研究》：作者赵亮，由西南电子技术研究所等发表于2021年。该文献采用数值模拟方法，深入分析了微小通道液冷冷板中翅片高度、翅片间距、流速以及不同工质对冷板热控性能和压降特性的影响规律，为微小通道液冷板的优化设计提供了理论依据。

《一种新型结构的热管式散热冷板性能的数值模拟试验与分析》：作者姚寿广等，发表于江苏科技大学机械与动力工程学院。文中在试验研究基础上，对一种具有并联热管组结构的新型平板式热管散热冷板的内部运行机理进行了数值模拟，分析并预测了加热冷却条件对该平板式热管运行性能的影响，为新型平板式热管散热冷板的实际应用提供了有力支持。

《集成型升华驱动冷板热质传递特性研究》：作者袁满，来自华北水利水电大学。该研究对集成型升华驱动冷板的热质传递特性进行了全面深入的理论试验和数值模拟研究，建立了水升华器传热传质理论模型，并通过数值模拟分析了结构物性、边界特征等因素对其传热传质规律的影响，还与试验结果进行了对比验证，为新型ISDC水升华器的研发奠定了坚实基础。

《冷板液冷服务器设计白皮书》：由中国移动信息技术中心牵头编制，于2023年发布。白皮书从国家战略目标、液冷产品类别、液冷关键技术、液冷实践变革等多个维度对液冷进行了全面阐述，明确了冷板式液冷服务器的相关技术标准，对冷板服务器的设计和应用具有重要的指导意义。

《基于冷板式液冷的智能监控技术报告》：由普洛斯数据中心联合ODCC专家组及行业上下游16家单位共同编制，于2024年发布。该报告聚焦冷板式液冷的智能监控技术，虽未直接涉及数值模拟研究，但为冷板服务器的运维管理提供了重要参考，有助于进一步完善冷板服务器数值模拟中的实际工况。

《曙光冷板式液冷服务器在地球数值模拟装置原型机中的应用》：介绍了曙光冷板式液冷服务器在地球数值模拟装置原型机中的应用实践，为冷板服务器数值模拟的实际应用效果提供了参考案例，对研究人员理解冷板服务器在大规模科学计算中的性能表现和优化方向具有一定的帮助。

2）冷板液冷服务器数值模拟研究的应用场景

冷板服务器数值模拟在多个领域有着广泛的应用场景。在数据中心领域，随着信息技术的发展，数据存储、计算需求大幅提升，服务器单机柜功率密度越来越高，风冷的散热、能耗问题成为数据中心发展瓶颈。液冷再度受到青睐，其中冷板式液冷服务器通过装有液体的冷板导热，然后通过液体循环带走热量，可有效解决服务器散热问题。例如，中科曙光于2012年开始服务器液冷探索，2015年推出国内首款标准化量产的冷板式液冷服务器——TC4600E-LP，该服务器是风冷和液冷混合散热模式，液冷散热比可提高至90％以上。同年，中国科学院大气物理研究所的"地球数值模拟装置原型系统"率先使用冷板式液冷服务器，大大提高了散热效率。

在高功率电子元器件散热方面，液冷冷板也是重要的手段之一。液冷冷板在高功率电子元器件中应用广泛，其主要作用是通过液冷介质将元器件的热量转移走，以保证器件的正常工作。例如，在航空航天领域应用中，为维持电子设备正常工作，需使电子元件表面温度保持在一定范围内，采用基于相变蓄热材料的热控技术是一个很好的选择，可通过数值计算研究不同热导率和不同厚度的相变材料作为相变蓄热单元体的温升过程，为相变材料冷板提供设计参考。

在冷藏汽车领域，冷藏汽车冷板强化换热放冷过程数值模拟可以为提高冷藏汽车的冷却效果提供技术支持。通过数值模拟可以研究冷藏汽车冷板中流体的流动特性和传热特性，优化冷板结构和冷却系统，提高冷藏效果和能源利用效率。

典型冷板与芯片间的传热系数：

（1）风冷服务器。传热系数相对较低，一般在 $10\sim100W/(m^2 \cdot K)$。这是因为空气的导热系数较小，且在冷板表面形成的对流换热强度有限。例如，在一些普通的风冷服务器中，冷板与芯片间的传热系数大约在 $20\sim30W/(m^2 \cdot K)$，这种较低的传热系数限制了风冷散热方式在高功率密度服务器中的应用。

（2）液冷式冷板服务器。液冷式冷板的传热系数则相对较高，通常在 $500\sim5000W/(m^2 \cdot K)$ 之间。液体的导热系数比空气大得多，而且液体在冷板通道内的流动能够形成较强的对流换热，从而大大提高了传热效率。比如，在一些采用水冷冷板的服务器中，冷板与芯片间的传热系数可以达到 $1000\sim2000W/(m^2 \cdot K)$，能够有效地满足高功率芯片的散热需求。

3）冷板服务器数值模拟的价值

冷板服务器数值模拟具有重要的价值。首先，在设计阶段，通过数值模拟可以对冷板服务器的散热性能进行预测和评估，优化冷板结构和冷却系统设计，提高散热效率，降低服务器工作温度，保证服务器的稳定运行。例如，在液冷冷板的设计中，通过数值模拟可以研究不同流道结构、冷板材料和冷却液参数对散热性能的影响，从而选择最优的设计方案。

其次，数值模拟可以降低研发成本和时间。相比于传统的实验方法，数值模拟可以在计算机上快速进行，不需要制作实际的物理模型和进行大量的实验测试，节省了人力、物力和时间成本。例如，在新型电子散热热管冷板的性能试验研究与数值模拟中，通过数值模拟可以在设计阶段对热管冷板的性能进行评估，避免了多次制作物理模型和进行实验测试成本和时间的浪费。

此外，数值模拟还可以为冷板服务器的性能优化提供科学依据。通过对数值模拟结果的分析，可以了解冷板服务器内部的流动和传热特性，找出影响散热性能的关键因素，从而有针对性地进行优化设计。例如，通过分析液冷冷板的流场和温度场分布，可以优化冷却液的流速、流量和进出口位置等参数，提高传热效率。

综上所述，冷板服务器数值模拟在重要文献、应用场景、发展趋势、方法和价值等方面都具有重要的研究意义和实际应用价值。随着技术的不断进步和发展，冷板服务器数值模拟将在更多领域发挥更大的作用，为提高服务器性能、降低能耗和实现绿色可持续发展作出贡献。

4.3 两相冷板式液冷

如图 4.3-1 所示，两相冷板式液冷技术是指冷却工质在冷板式蒸发器内吸收热量后沸腾，液相冷却工质发生相变，转化为气液两相或完全的气相状态，流出冷板流向换热器（一般在 CDU 内部），冷却工质释放热量恢复为液相状态。

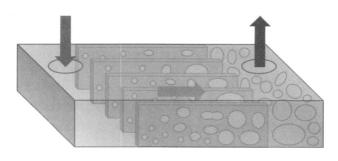

图 4.3-1　两相冷板式液冷示意图

　　两相冷板式液冷技术在冷板内部一般使用微通道流动沸腾换热技术。在流动沸腾换热过程中，液体在加热面上形成气泡，这些气泡吸收大量汽化潜热，脱离加热壁面，在主流方向随机上升、合并，在此过程中产生剧烈扰动，使沸腾换热强度远大于无相变的换热（单相换热）。一般可以通过流道结构的设计、流体接触面表面处理和使用纳米流体来强化这一换热过程。如图 4.3-2 所示，流动沸腾换热通常由两种换热机理主导：核态沸腾换热和对流沸腾换热。核态沸腾换热一般在过冷阶段和低干度阶段占据主导地位，对流沸腾换热机理一般在中高干度区域占据主导地位[7]。

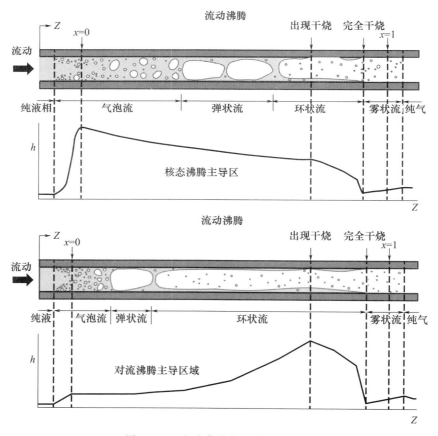

图 4.3-2　流动沸腾的两种换热机理

两相冷板式液冷技术有以下几个显著的特点：

（1）对流沸腾换热系数和热流密度强相关，一般而言，热流密度越大，换热系数越高。而单相换热在固定结构固定流量下，单相换热系数基本是恒定的，与热流密度没有关系。即在高热流密度解热场景下，如大于 $100\text{W}/\text{cm}^2$，两相冷板式液冷技术更具优势。

（2）冷却工质一般使用不导电液体，如 R1233ze、R1234yf、Novec7000 等，沸点在常温附近，易挥发，即便泄漏也不危害工作的服务器主板，系统工作压力较低。

两相冷板式液冷系统原理如图 4.3-3 所示。图 4.3-4 为两相冷板式液冷实物图。

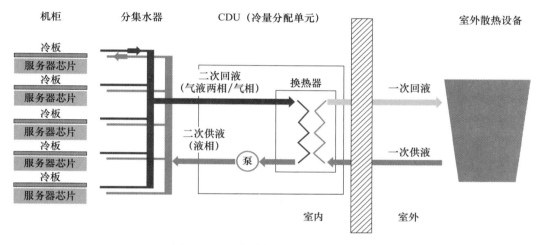

图 4.3-3　两相冷板式液冷系统原理图

图 4.3-4　两相冷板式液冷实物图

4.3.1　两相冷板设计

冷板材料应具有高热导率，如铝、铜或合金，以提高热传递效率。冷板的厚度和尺寸应基于所需的热容量和结构强度来确定，尤其需要考虑热膨胀问题，以避免因不同材料的热膨胀系数不同而引起的结构应力和变形。适当的表面处理，如阳极氧化或涂层，可以增强冷板的耐腐蚀性和耐磨性。

流动沸腾换热性能对流体通道的布局、结构和形状十分敏感。传统连续流道形式的微通道冷板，在高热流工况下，容易出现换热性能衰减的现象。因此，两相冷板设计需要特别考虑如何抑制返流和如何均流。流体进出口的位置设计对减少压力降和优化流动分布也十分重要，在设计时还需考虑流体力学，确保流体在冷板内部流动均匀，避免死角和流动不稳定[8]。

冷板与液冷系统的连接方式，包括螺纹连接或快速接头，必须确保密封性和可靠性。制造工艺的选择，如机加工、铸造或挤压，应满足设计要求并考虑成本效益。此外，设计应便于冷板的维护和清洁，以保持长期运行的效率。

4.3.2　两相冷却工质选用

在两相冷板式液冷技术里，冷却工质在冷板内吸热，发生气液相变过程，在温度不发生变化的情况下，通过相变换热来吸取热量。通常，两相液冷技术会优选沸点较低、绝缘性能优异、无毒不可燃的冷却工质。冷却工质和所有暴露在冷却工质中的材料（称为浸润材料）之间必须具有相容性，以降低在长期工作环境下腐蚀、加速老化、渗透等风险。现阶段氢氟烯烃类的 R1233zd 以及 R1234yf 被国外一些先进的两相冷板式液冷方案供应商选取使用，氢氟烃类的 R134a 也被国内一些厂家使用作为两相液冷冷却工质，但其较高的工作压力，对系统的气密性提出了严格的要求，一般的自锁接头和橡胶软管无法保证长期的可靠性。另外，需要考虑的一点是，国外对制冷剂限制趋紧，部分第三代制冷剂（氢氟烃）已被广泛禁用，或列入限制使用名录。图 4.3-5 为制冷剂发展路线图。

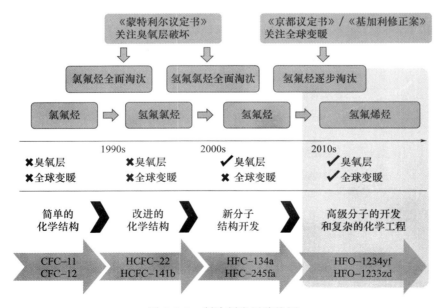

图 4.3-5　制冷剂发展路线图

4.3.3　两相冷板式液冷运维要求

两相冷板式液冷的维护可参考单相冷板式液冷。由于冷却工质的物化性能比较稳定，本身没有腐蚀性、导电性，且抑制微生物的滋生，不用定期排气，因此对冷却工质的在线检测频率和检测项要求较为简单，不用参考单相液冷。日常巡检并记录液冷系统几个关键运行参数，如工作压力、系统阻力、储液器液位等。建议在管路上布置视液镜，或浮球视液镜，方便观察管内流动状态。季度巡检增加环节有：

（1）管路气密性检查，一般使用卤素检漏仪，特殊情况可以使用荧光示踪剂；

（2）检查电动阀自动控制功能；

（3）检查备用泵启动检查，观察泵入口视液镜，是否为纯液相（没有气泡）；

（4）室外散热设备清洁。

4.4　辅助风冷系统

冷板式液冷技术满足高密度计算环境下的散热要求，并因其较高的技术成熟度逐渐成为数据中心主流冷却技术路线，能够带走 IT 设备近 $70\%\sim80\%$ 的热量，剩余 $20\%\sim30\%$ 的热量则需依赖辅助风冷设备处理。因此，液冷与风冷相结合的混合冷却成为一种有效的解决方案。然而，风冷与液冷所承担的具体发热量占比（风液比）影响着系统选型设计，因此确定合理的风液比有助于辅助风冷系统容量和形式的选定。

在冷板式液冷技术的应用中，为服务器内每个设备部件增设冷板虽是理想的全液冷方案，但对于硬盘、内存等发热量较小的部件而言，需要以合理的方式在冷却效果和成本投资之间寻找平衡。

根据对风液比的分析，冷板式液冷中的风液比与服务器架构和类型密切相关；对于仅含 CPU 的服务器，液冷占比为 $50\%\sim65\%$；对于包含 CPU 和内存的服务器，液冷占比为 $60\%\sim80\%$；而对于包含 CPU 和 GPU 的服务器，液冷占比则高达 $80\%\sim90\%$。

根据厂商的相关数据，目前均衡性液冷服务器主要在 CPU、磁盘阵列（Raid）卡等发热量较高的部件上应用冷板。以整机功耗 730W 为例，CPU 和 Raid 卡的功耗接近 430W，液冷占比为 60%；若考虑在内存部件上增设冷板，以 32 根 DDR4 内存条计算，内存功耗为 160W，液冷占比可提高至 80%，成本预计将增长 16%。进一步为硬盘配置冷板，液冷占比接近 100%。由于增加冷板的成本并非线性增长，并且实际建设涉及机型适配、设计、冷板等多项费用，具体成本增长数据有待进一步探讨。此外，增加冷板会提高节点质量，对机房建筑承重提出了更高的要求。

当前，辅助风冷系统主要的末端形式为房级空调、行级空调、柜级空调等。随着冷板技术的不断进步，未来有望逐步向全液冷方向演进，但在目前，仍需利用空气作为冷却介质，通过液冷和风冷系统协同工作的方式，满足不同机架密度混合的应用场景。

4.4.1　房级风冷辅助系统

房级风冷辅助系统是指在整个数据中心机房内安装精密空调，通过空气流动调节机房内的温度，带走服务器产生的热量。这种系统广泛用于各类型数据中心，提供全面的冷却系统解决方案,每年 365 天、每天 24 小时安全可靠地运行。房级风冷空调通常安装在机房内的适当位置,以确保冷空气能够均匀分布在整个机房,这样机房温度误差可控制在±1℃范围内,相对湿度可控制在±5%范围内。房级风冷空调系统有多种类型,分别适用于不同的制冷需求和环境条件。图 4.4-1 为房级空调外观示意图。

图 4.4-1　房级空调
外观示意图

1）直膨式房级空调辅助制冷

直膨式房级空调系统使用制冷剂直接蒸发带走热量,是一种高效、可靠的制冷方式。直膨式房级空调系统通过压缩机、蒸发器、冷凝器和节流装置等循环工作,制冷剂在蒸发器中蒸发,吸收空气中的热量,然后通过冷凝器将热量排出到外部环境,其中冷凝器侧可通过室外空气或者水为载体带走冷媒介质中热量。该系统具有高效的制冷能力,能够快速地带走数据中心内产生的热量,保持机房内温度的稳定。直膨式房级空调系统需要定期维护,包括制冷剂的检查和补充、室内过滤网和室外冷凝器的清洁、电气系统的检查等,确保系统运行高效、稳定。

2）氟泵驱动房级空调辅助制冷

氟泵驱动房级空调系统是一种利用氟泵将液态制冷剂输送到房级空调机组的冷却方式,它是将液泵驱动热管系统与蒸气压缩制冷系统结合,将氟泵组件串联至蒸气压缩制冷系统中,根据室外环境温度与室内负荷大小分别切换压缩机机械制冷模式、压泵混合模式和氟泵制冷模式。在夏季室外温度高于 20℃时,需开启蒸气压缩制冷。在过渡季节室外温度介于 5~20℃时,压缩机与氟泵串联运行,提高冷凝温度与压力,部分提高蒸发压力,增大制冷量,降低压缩机功率,实现部分利用自然冷源。在室外温度低于 5℃时,运行氟泵制冷模式,此时压缩机关闭,利用自然冷源进行制冷降温。该系统全年节能率可高达 40%,目前在很多场合均得到了有效的应用。氟泵驱动房级空调系统如图 4.4-2 所示。

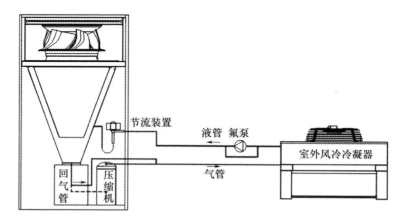

图 4.4-2　氟泵驱动房级空调系统示意图

3）冷水房级空调辅助制冷

冷水房级空调系统利用冷水作为冷却液,通过水-空气换热将热量带走,适用于各种类型数据中心和高密度计算环境。冷水房级空调系统通过冷水在室内机组和冷水机组中往复循环工作，冷水在空调机组的换热器中吸收空气中的热量，然后通过冷水机组将热量排出。冷水房级空调机组通常安装在机房内的适当位置，确保冷空气能够均匀分布在整个机房。冷水空调系统具有较高的制冷效率，能够提供稳定、可靠的冷却效果。冷水空调系统也需要定期维护，包括冷水的水质检查和处理、室内过滤网的清洁、电气系统的检查等，确保系统运行高效、稳定。冷水房级空调系统如图 4.4-3 所示。

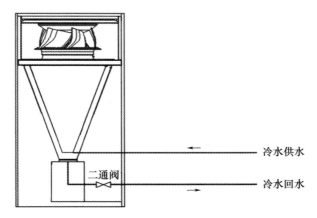

图 4.4-3　冷水房级空调系统示意图

4）热管房级空调辅助制冷

热管房级空调系统利用热管技术进行热量传递，通过热管的高效导热性将热量从热端传递到冷端，是一种高效、节能的制冷方式。热管房级空调系统利用热管的相变传热原理，热管内的工质在热端蒸发吸热，蒸汽流向冷端冷凝放热，然后冷凝液回流到热端。通过管内工质的循环，快速带走空气中的热量。热管空调系统包括蒸发器、风机和管道系统等，根据是否有氟泵驱动液态制冷剂的循环又可分为动力型热管和重力热管。热管房级空调系统如图 4.4-4 所示。

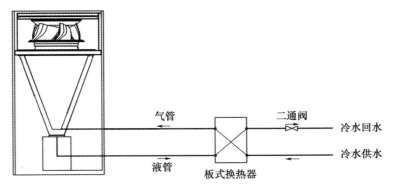

图 4.4-4　热管房级空调系统示意图

4.4.2　行级风冷辅助系统

行级空调为一种机柜式制冷形式和服务器机柜并柜安装成列，可将服务器机柜剩余所需散出的热量通过行级空调排出到室外。配置行级空调的辅助制冷系统，一般需要封闭冷通道或者热通道，行级空调进行后回前送或者侧回侧送，贴近热源，气流流动的路程较短，所需风侧压降小。封闭冷（热）通道的同时，可避免冷热气流的混合，提高冷却效率。行级空调系统有多种类型，根据冷却介质的不同，主要可分为直膨式、冷水式和热管式，分别适用于不同的制冷需求和环境条件。图 4.4-5 为行级空调外观示意图。

图 4.4-5　行级空调外观示意图

1）直膨式行级空调辅助制冷

直膨式行级室内末端由压缩机、蒸发器、节流装置、送风机、电控元件等组成，一台行级空调作为一个独立的系统。热气流流经蒸发器表面后温度降低，通过送风机送入机柜冷通道内。蒸发器内的冷却介质为制冷剂，目前用得较多的环保型制冷剂为 R410A、R134a 等。低温制冷剂吸收空气侧的热量后，经由压缩机送到室外侧进行冷凝散热。

直膨式行级空调末端与服务器机柜相邻并柜布置，从空调末端出风的低温空气温度一般为 18～27℃，进入服务器机柜后，吸收热量，温度上升为 45℃左右排出，该高温空气为热气流，作为空调末端设备的回风温度一般在 30～40℃。因此服务器机柜的热量通过空气侧的循环，将热量传递至蒸发器制冷剂侧后温度降低，而吸收热量的制冷剂流经冷凝器散出到室外冷源侧，以此往复循环，机柜的热量被源源不断地带出到室外侧。直膨式行级空调目前是较常用的一种空调形式，其技术较成熟，系统比较简单，易于安装部署，同时维护难度小，适用范围比较广，投资性价比合理，因此在现有的数据中心应用较广。直膨式行级空调系统如图 4.4-6 所示。

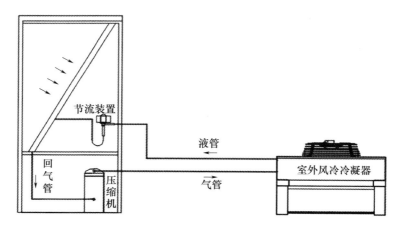

图 4.4-6　直膨式行级空调系统示意图

2）氟泵驱动行级空调辅助制冷

氟泵驱动行级空调系统和氟泵驱动房级空调系统类似，将液泵驱动热管系统与蒸气压缩制冷系统结合，将氟泵组件串联至蒸气压缩制冷系统中，与压缩机制冷系统共用风机、冷凝器、蒸发器和制冷剂管道系统。根据室外环境温度与室内负荷大小分别切换压缩机机械制冷模式、压泵混合模式和氟泵制冷模式。压缩机及氟泵均设有旁通阀，压缩机制冷模式时，开启氟泵旁通阀并关闭氟泵；氟泵制冷模式时，开启压缩机旁通阀并关闭压缩机；压泵混合制冷模式时，关闭压缩机及氟泵的旁通阀并开启压缩机及氟泵。利用氟泵系统，可以极大地提高全年能效比，氟泵驱动行级空调辅助系统的全年能效比可提高至 13 以上，节能率可高达 40％。氟泵驱动行级空调系统如图 4.4-7 所示。

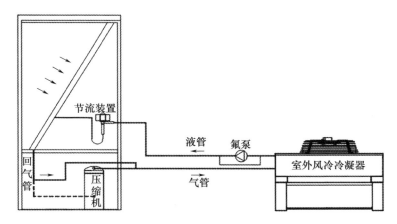

图 4.4-7　氟泵驱动行级空调系统示意图

3）冷水行级空调辅助制冷

冷水行级空调末端由表冷器、送风机、调节水阀、电控元件等组成。热气流流经表冷器表面后温度降低，通过送风机送入机柜冷通道内。表冷器内的冷却介质为低温的冷水，进水温度由之前的 7℃逐渐上升至 18℃，由此可减少制冷主机的制冷功率。冷水行级空调系统较为简单，在目前主流厂商采用的额定工况进水温度在 15～18℃，回风温度在 35～38℃时，全柜冷量可达到 50～70kW，且由于进水温度较高，在额定工况下显热比可以达到 1。冷水行级空调可根据进出水温度和机柜所需散热量的大小，自动调节水阀的开度和送风机的转速，即调节表冷器内的水流量和送风风量的大小，以此来调节机组的制冷量，冷水空调的制冷量可实现 0～100％的无级调节。冷水行级空调系统如图 4.4-8 所示。

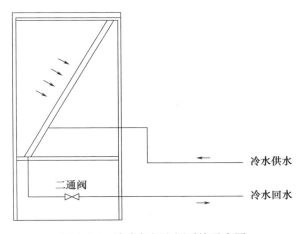

图 4.4-8　冷水行级空调系统示意图

相对于直膨式行级空调而言，冷水行级空调构造简单，故障率低，成本较低，且没有压缩机系统，能效比高。但冷水行级空调需要室外侧制冷主机提供低温冷水，整套系统的能效及系统的复杂性主要在于冷源侧，因此需要从整体方案的优化来实现系统的节能。

4）热管行级空调辅助制冷

热管行级空调末端由蒸发器、送风机、电控元件等组成。通道内热气流流经蒸发器后，表面温度降低，通过送风机送入机柜冷通道内。蒸发器内的冷却介质为环保制冷剂，用得比较广泛的为 R410A 和 R134a。制冷剂在蒸发器内蒸发后，流经板式换热器后将制冷剂吸收的热量排出。热管行级空调又分为重力型和动力型，重力型回路热管结构及工作原理都较为简单，它是通过重力回流在管道中实现制冷剂的循环，制冷剂在蒸发器内蒸发后变成气体上升至板式换热器，在板式换热器中冷凝成液体后，依靠重力驱动自然流回蒸发器中，以此往复循环，实现热量的连续传递。重力型热管行级空调的板式换热器必须高于蒸发器才能实现系统的稳定运行。在安装现场无法满足重力型所需的高差时，此时需要氟泵进行动力驱动，即动力型回路热管。动力型回路热管系统需要增加冷媒驱动单元，其由氟泵、储液器、控制系统、板式换热器和管路系统等组成。热管行级空调和系统如图 4.4-9 所示。

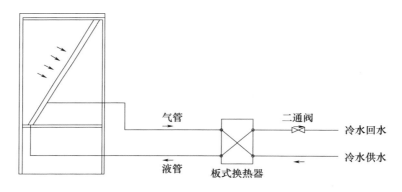

图 4.4-9　热管行级空调系统示意图

热管行级空调末端与机柜并排布置，末端设备的出风温度一般设置在 18～27℃，进入服务器机柜后吸收热量，温度上升至 45℃左右排出至热通道，热气流进入行级空调末端时的空气温度一般为 30～40℃，经过末端内的蒸发器表面，将热量传递给蒸发器管内的制冷剂，管内制冷剂进行蒸发，带走空气的热量，实现空气的冷却。热管传热性能好，布置灵活，结构简单，可靠性高，通过小温差即可驱动热管系统内部制冷剂工质的循环，全柜冷量可达到 30kW 以上，对于数据中心这类对环境和安全性能要求较高的场所非常适用。

4.4.3　背板空调辅助制冷

对于单机柜功率过大，机柜容易出现局部过热现象。背板空调辅助制冷系统是将换热盘管集成在服务器机柜的前门或者后门，贴近热源，通过换热器中的介质直接带走服务器产生的热量。当换热盘管位于前门时，机房内大环境为冷环境，冷空气进入机柜后吸收服务器的热量，经过盘管冷却后将冷空气送至机房内大环境。换热盘管位于机柜后门时，机房内大环境为热环境，热空气先经过换热盘管降温后吸收服务器的热量，排出机柜进入机房内大环境。背板空调应用于数据中心机房，功耗小，不存在局部热点，气流组织均匀，可通过更换制冷量大的背板进行增容，具有较好的应用推广价值。背板空调系统的冷源可以与常规的冷源相容，可以直接利用冷水或通过板式换热器进行水氟换热，根据通过背板空调中换热盘管内的介质不同，可分为冷水背板空调、热管背板空调。图 4.4-10 为背板空调外观示意图。

1）冷水背板空调辅助制冷

冷水背板空调系统利用冷水作为冷却介质，通过背板中的换热器将热量带走，是一种贴近热源的高效制冷方式。冷水背板空调系统通过冷水在冷水机组中循环工作，冷水在背板的换热盘管中吸收服务器产生的热量，然后通过冷水机组将热量排出到外部环境，背板换热盘管可集成在服务器机柜的背面或正面。冷水背板空调系统具有高效的制冷能力，能够快速带走高密度服务器产生的热量，保持机柜内部的温度稳定。冷水背板空调系统也需要定期维护，包括冷水的水质检查和处理、电气系统的检查和维护等，确保系统运行高效、稳定。冷水背板空调系统如图 4.4-11 所示。

图 4.4-10　背板空调外观示意图　　　　图 4.4-11　冷水背板空调系统示意图

2）热管背板空调辅助制冷

热管背板空调系统利用热管技术进行热量传递，通过背板的热管装置将热量从服务器带走。热管背板空调系统利用热管的相变传热原理，热管内的工质在服务器背板的热端蒸发吸热，蒸汽流向冷端冷凝放热，然后冷凝液回流到热端。通过热管内工质的循环，快速带走服务器产生的热量。热管背板空调系统包括换热盘管装置、风机、电控元件等。背板热管装置集成在服务器机柜的背面或正面，通过管内冷媒介质将热量从服务器带走。热管背板空调系统的维护相对简单，主要包括换热盘管、风机和电控系统的定期检查和维护，确保系统运行高效、稳定。热管背板空调系统如图 4.4-12 所示。

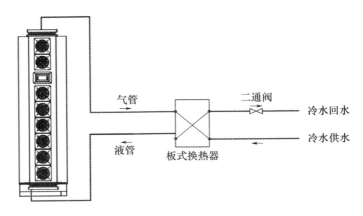

图 4.4-12   热管背板空调系统示意图

3）背板风墙辅助制冷

当今机柜发热密度急速攀升与机房能效考核压力不断增大的矛盾，急需一种可实现快速扩容、适合大规模高热流密度制冷场景、可大幅利用自然冷源的制冷架构。在弹性DC 舱结构中，可利用深度方向的空间弹性，有效利用空间形成封闭热通道，用背板风墙空调进行辅助制冷。该背板风墙空调比传统的背板空调有效利用空间大，可以提高单台空调的制冷能力。同时，设计思路灵活，背板风墙空调系统可根据负荷需求进行柔性扩容，在负荷较小时，可安装少量的背板风墙空调，其余部分用盲板进行封闭，在后期负荷提高时，可快速地进行风墙空调的扩容，满足制冷需求，扩容改造成本低，实施周期短。背板风墙空调系统如图 4.4-13 所示。

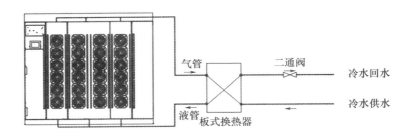

图 4.4-13   背板风墙空调系统示意图

4）液冷门辅助制冷

液冷门空调通常安装在服务器机柜的后门位置，利用水或其他冷却液循环流动，常用的冷却液为软化水，以此带走设备所散发的热量。液冷门主要由末端水冷门部分、冷水分配器、冷源部分和控制系统部分组成。来自冷水分配器中的低温水通过水泵流入末端液冷门部分，将送风冷却至服务器机柜要求的温度。吸收热量后的冷水流回至冷水分配器中，将热量散发至冷源部分中。控制系统监测并调节冷却液的温度和流量，确保液冷门制冷系统的高效运行。液冷门安装在机柜门上，仅需留出液冷门的厚度，现有液冷门的厚度可做到 150～200mm，不再占用其他额外的机房空间，有利于提高数据中心的空间利用率。对噪声要求较高的场景，如金融机构数据中心等，液冷门制冷系统运行噪声较低，当服务器机柜内的风扇如果能满足液冷门风量要求的情况下，可直接取消风扇，有利于保持安静的工作环境。液冷门空调系统如图 4.4-14 所示。

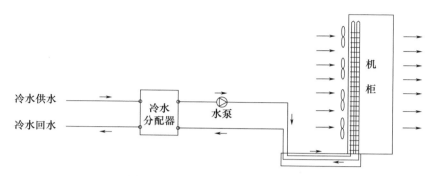

图 4.4-14　液冷门空调系统示意图

4.4.4　风液同源制冷系统

风液同源制冷系统是一种创新的散热解决方案，它结合了风冷和液冷的优势，在应对智算中心中高密度计算设备产生的巨大热量下，可确保设备在高负载下仍能稳定运行。该系统不仅覆盖了冷板液冷、浸没式液冷等多种液冷方式，还通过"风液同源"的冷板液冷进阶方案，实现了共用室外冷源，高效节能且无须冷机的目标，以直膨式与冷板液冷共用室外冷源的示意图（图 4.4-15）为例，冷板式液冷和直膨式制冷的室外冷源为同一冷却塔所供冷却水。

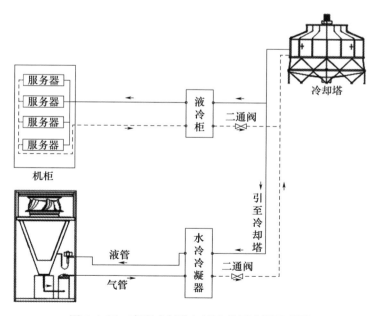

图 4.4-15　直膨式制冷与液冷共用冷源示意图

在"风液同源"的冷板液冷进阶方案中，系统采用冷板液冷技术，将冷却液直接输送到需要散热的芯片或部件上，实现精确制冷。同时，结合动态双冷源补冷机制，系统能够根据负载变化自动调节散热策略，确保在高负载下仍能保持稳定的散热效果。

通过风冷和液冷的协同作用实现了高效节能的散热效果。该系统具有高效散热、节能降耗、灵活部署和提升业务连续性等优势，是未来智算中心散热解决方案的重要趋势之一。随着技术的不断发展和完善，该系统将在更多领域得到广泛应用。

房级空调制冷系统、行级空调制冷系统、背板空调制冷系统、风冷同源制冷系辅助制冷分别通过不同的技术手段，为数据中心提供高效的冷却解决方案。直膨式、冷水和热管等技术各有其优点，适用于不同的应用场景和制冷需求。合理选择和配置这些辅助制冷系统，可以显著提高数据中心的冷却效率，降低能耗，确保服务器的稳定运行。随着液冷技术的不断进步和应用的广泛推广，这些辅助制冷系统将继续发挥重要作用，为建设绿色、高效的数据中心贡献力量。

4.5　安全与保障

4.5.1　施工及验收需求

冷板式液冷数据中心施工及验收要求符合《数据中心基础设施施工及验收规范》（GB 50462）相关规定。

液冷系统二次侧管路通常有如下要求：

（1）材料考虑与冷却液的兼容性；

（2）水流方向有明确的标记，防止由于人为错误关错阀门；

（3）可手动关断供液系统；

（4）设置有过滤器，防止杂质对系统的污染。

二次侧、液冷门、整机柜管路系统需要按设计要求或产品要求进行气密性试验。二次侧管路需要进行清洗操作，要求如下：

（1）二次侧管路内部应灌入去离子水，开启 CDU 循环泵进行循环冲洗，清洗使用的去离子水 pH 值应在 6～8 之间，电导率不应大于 $10\mu S/cm$，清洗前后去离子水 pH 值波动应小于 0.2，电导率波动不应大于 $2\mu S/cm$；

（2）清洗后去离子水水质 pH 值应在 6～8 之间，电导率不应大于 $10\mu S/cm$，且清洗后水中应无可见杂质；

（3）采用分布式 CDU 形式时，二次侧管路无工程管路，无清洗要求。

液冷系统需要在液冷机柜、CDU 安装合格后进行，先进行 CDU 开机调试，CDU 开机调试完毕后根据设计指标进行液冷系统调试。

冷板式液冷系统的液冷机柜等设备运输就位后进行产品检验相关测试，测试项目包括但不局限于外观尺寸、铭牌标识及出厂文件核查等，测试项通过后进行设备安装；液冷机柜上电前进行安规性测试，测试参考相关国标《家用和类似用途电器的安全　第 1 部分　通用要求》GB 4706.1；液冷系统通水前对一次侧及二次侧管路进行气密性测试；液冷机柜一次侧通水前对一次侧水质进行测试，相关指标应满足标准要求或用户手册要求；液冷机柜通水通电后，应由专业人员现场对机柜进行开机调试测试，测试通过后方能正式投入使用。

4.5.2　运维要求

冷板式液冷数据中心运维规定如下：

（1）运维人员掌握运维工装的使用，能够操作冷却液补充、冷却液泄漏回收及处理等；

（2）液冷系统做到单个液冷机柜可维护，机柜之间的维护动作不能相互影响；

（3）液冷系统循环工质应考虑环保要求，按照环保法规要求进行工质的运输、存放、使用和废弃。

（4）对液冷关键部件（如 CDU、泵等）进行定期维护，检查关键部件的运行状态，并制定合理的维修及更换计划；

（5）应定期检查液冷门的运行状态，制订巡检计划；

（6）分集水器与服务器水路连接处通常设置防喷溅装置，并定期检查液冷机柜报警器及分集水器各部位是否有泄漏痕迹；

（7）定期检查液冷服务器的运行状态及是否有漏水痕迹；

（8）液冷系统对水循环系统（冷水、二次侧专业冷却液）进行定期的水质监测，产生水质超标等情况时，应采取对应的补液或更换冷却液的处置措施；

（9）补液前，核实该冷却液种类、型号，严禁混用与液冷机柜要求不同种类、型号的冷却液，根据产品功能设计，选择手动补液或通过 CDU 补液系统进行补液。

冷板式液冷数据中心运维工具原则：

（1）液冷机房运维工具遵循专用原则，不与其他工具混用，运维完成后工具及时清理；

（2）仪器仪表具备电气性能参数测试、接地电阻测试、绝缘性能测试、温度测试、液冷系统压力测试、噪声测试、水质测定、击穿电压检测等能力，仪器仪表定期校准；

（3）对操作工具、仪器仪表制定管理制度，采取人员负责制或者交接班负责制等；

（4）液冷机房运维团队根据资产清单制定最低备件库存清单，并及时根据库存消耗补充备件；

（5）备件和运维工具进行定期清点和核实。

4.6　冷板式液冷节能及经济性分析

4.6.1　冷却系统能耗与节能效果分析

1）冷板传热特性分析

在冷板传热特性方面，表 4.6-1 总结了在相同热负荷和环境下，分别应用空气、单相液体和两相液体对数据中心服务器 CPU 进行冷却模拟分析。其中，由于液体的高热容量，单相液冷的热阻小于相应空气冷却的一半[9]。然而，由于压降较高，单相液冷的泵送功率是空气冷却的两倍。在传热设计中，只要相关的压降损失在允许范围内，可以通过增加压降来换取传热性能的提高。两相液体冷却热阻比空气低一个数量级，且明显低于单相液体冷却[10]。但是，由于存在蒸汽加速和相变现象固有的压降损失，传统两相冷却的压降高于单相液体冷却，而额外的压降会导致更高的泵送功率，从而增加冷却系统的运行成本。随着两相传热技术的进步，Cetegen[11] 等引入了一种薄膜相变歧管冷却技术，该技术能在低泵送功率下产生非常低的热阻。如图 4.6-1 所示，强制泵送歧管微通道两相冷却热阻约为单相液体冷却的 1/5，泵送功耗约为单相液体冷却的 1/20[12]。这使得两相冷却所需要的泵送功率比单相冷却更低，与普遍持有的观点相反。产生这种现象的主要原因是，在流体流动长度有限的高纵横比微通道上，强制泵送歧管微通道中的控制机制是强制对流沸腾和薄膜蒸发的组合，可通过在出口处产生高蒸汽质量，同时要求循环中的流体流量尽可能小，从而产生比相同情况下两相流传热更高的薄膜蒸发传热系数。

表 4.6-1　服务器 CPU 分别使用空气、液体和两相冷却的性能比较[12]

	空气	水	氟化液 FC-72	两相流 245fa
芯片热功率/W	85	85	85	85
流体入口温度/℃	5	62.4	−4	76.5
热阻/(K/W)	0.4～0.7	0.15～0.2	0.15～0.2	0.038～0.048
泵功率/(mW)	29	57	56	2.3

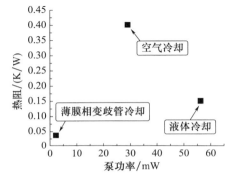

图 4.6-1　空气、液体和两相冷却热阻的比较

在表面传热温度对比方面，与空气冷却相比，液体冷却可以有效降低芯片表面温度，如图 4.6-2 所示。增大流速可以提高换热性能，具体表现为芯片（当冷却液温度为 24℃时，流量为 2L/min 时性能最佳）表面温度和热阻的降低，冷板温差和散热量的增大。但进一步增大流速会降低传热性能，各参数变化趋势相反或变缓[12]。

2）冷却系统节能技术路线

在冷板式液冷系统方面，通常采用室外冷却设备提供的低温冷却水在热交换单元中充当冷源，通过与升温后的冷却液发生间接接触而进行换热，带走冷却液的热量而使其降温，使冷却液可以以低温状态进入芯片模块，进入散热循环。在冷却系统设计过程中，如何实现低能耗运行是冷却系统设计的关键目标之一。因此，需结合环境因素和地理位置考虑，综合选择合适的工艺流程、冷源方案等，并考虑结合余热利用技术，以实现冷却系统节能的目标。

（1）基于工艺流程的冷却系统节能

有研究学者构建了一套直接接触两相冷板式液冷冷却系统方案（如图 4.6-3 所示），该系统采用冷板式相变液冷技术，让蒸发器中的冷板直接与服务器元件接触，实现了就近冷却，增大了换热密度，从而提高了系统能效。也有研究学者提出了一种二次侧集中循环直接接触冷板式液冷系统，系统设计流程如图 4.6-4 所示，并对同一机房采用不同

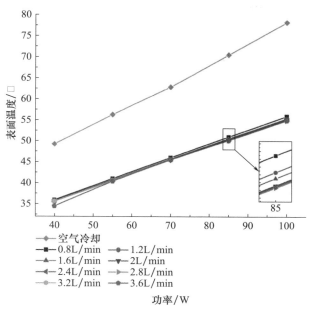

图 4.6-2　表面温度与功率的关系

制冷空调方案进行了节能对比，结果表明，该液冷系统与传统风冷系统相比节能效果明显，在系统可靠性、维护便利性等综合性能上也优于其他液冷系统。还有学者关注到数据中心所处地域的不同自然条件因素，开展混合制冷系统的研究，通过分析全年气候变化对不同制冷系统工作性能的影响，提出基于最小冷源能耗的制冷模式切换策略（蒸气压缩冷却模式、空冷器模式、冷却塔模式等），以此实现冷却系统全年节能。此外，还有学者关注到制冷系统工艺流程中冷板散热器和冷源模式之间的耦合热管理优化研究，将冷板散热器热阻特性与冷却系统能耗特性相结合，以整个系统能耗最小为目标，对冷源一次侧冷却液和机柜二次侧冷却液实施热管理匹配优化，提出最佳的冷却液运行工况参数。基于机柜侧与冷源侧耦合热管理的系统能耗分析流程如图 4.6-5 所示，首先基于冷板散热器热阻特性分析，获得机柜侧二次冷却液流体工况参数与芯片温度之间的耦合关系，再将流体工况参数与系统能耗参数相耦合，实现系统总能耗分析。研究结果表明，针对实际选用的冷板散热器类型，对冷却工质运行参数实施热管理优化，可以取得显著的系统节能效果。

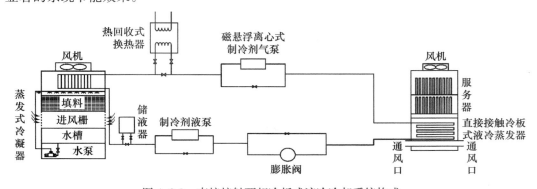

图 4.6-3　直接接触两相冷板式液冷冷却系统构成

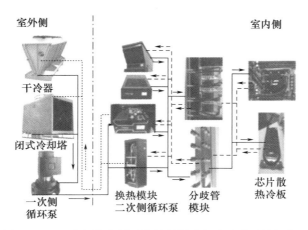

图 4.6-4　二次侧集中循环直接接触冷板式液冷系统架构图

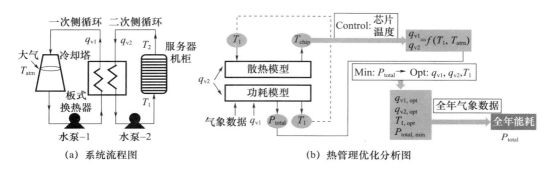

（a）系统流程图　　　　　　　（b）热管理优化分析图

图 4.6-5　基于机柜侧与冷源侧耦合热管理的系统能耗分析

（2）基于自然冷源的冷却系统节能

数据中心外侧冷却水循环系统对水质的要求不高，可以使用经过滤处理后的江河湖海等可再生流动水，通过水泵将过滤处理后的流动河水引至数据中心换热器处，和内侧循环介质进行板式换热，通过流动水带走内侧循环介质的热能。利用河水自然冷却降温的方法代替室外冷却设备，可降低成本和节省能耗，且使得数据中心系统的 PUE 值更低、系统结构更加简单、运行维护更加方便。由于河水的温度存在季节性差异，其供水的温度范围为 0～35℃，因此在与室内循环介质进行板式换热时，要精确控制其外侧循环水的流量和流速，使其满足数据中心的冷却换热需求。有数据中心的地址选在浙江千岛湖自然风景区、挪威斯塔万格废弃仓库、安大略湖湖畔、比利时圣吉兰运河码头等地方，就是要利用这些自然的冷源为服务器集群提供充足的散热能力。微软甚至将数据中心沉入苏格兰附近的大海中，通过冰冷的海水直接对潜水艇一样的外壳进行冷却。这些利用天然低温降低制冷成本，其做法有一定的可取之处，但这种方式在大规模推广之前，还有许多问题亟待解决，其中，最大的问题就是运维和部署成本：陆地上的机房便于工程师时时排查维修，但海底或远郊的服务器需要"海底捞"或"跋山涉水"，同时远距离通信传输、能源供应都具有相当大的挑战。

为了解决或避免自然冷源的运维问题，同时考虑到 CPU 正常工作一般要求的核心温度不高于 80～90℃，而室外温度是远远低于这个温度的，若选择一个合适的传导媒

介 "冷媒"，就可以省去传统风冷系统里的风扇、空调、压缩机这些耗电设备，而液体是比空气更优秀的 "冷媒"，因此，温水液冷技术近年来应运而生。温水冷却技术使入水温度大大提高，即便入水温度达到了 50℃，进入了常规界定的温水范围，也依然是远低于服务器中各部件的工作温度的，作为 "冷媒" 的温水，能够顺利地带走数据中心的热负荷。例如，联想宣称的基于 DTN（Direct to Node）温水散热、RDHX 后门热交换及混合散热方案的 "海神"（Neptune）散热系统，可以将温度范围放宽到 18～50℃，这就意味着冷源几乎唾手可得，远距离通信传输和能源供给问题自然可以得到解决。简单来说，"海神" 系统使用 50℃ 的温水给服务器系统散热，数据中心的运行效率有效提高了 50%，性能更提升了 30% 以上。从最直观的经济效益来分析：在服务器节省能耗方面，整套系统的无风扇设计减少风扇耗电量约几十瓦，同时，芯片工作温度降低，芯片的功耗节省了约 3%；在机房制冷系统节省能耗方面，温水液冷服务器的出水温度高达 55～60℃，可以全年自然冷却，最大限度地减少了空调系统能耗。

（3）基于余热回收的冷却系统节能

根据《地面辐射供暖技术规程》的规定，低温热水地面辐射供暖系统供水温度不应超过 60℃，民用建筑的供水温度采用 35～50℃，供回水温差不宜大于 10℃。而冷板式液冷系统的供水温度范围恰恰符合这个规定，因此为其进行余热回收提供了可能。早在 2009 年，一家位于伦敦的 Telehouse 公司就提出：在数据中心站点采用换热器将生成的废热导出，为附近的家庭和企业供热。在传统的风冷式机房领域中，已经存在很多成功的余热回收项目。例如，Custodian 数据中心在过去的 7 年间产生的热空气均已被回收，用来为其办公室及该公司共享站点的电视演播室供热。这些热空气可有效地用于预加热这些处所，提高了其基准面的温度，进而帮助该数据中心站点降低了约 30% 的整体集中供热成本。俄罗斯的搜索引擎 Yandex 公司，其数据中心在芬兰南部的站点通过国家的区域供热系统为当地社区提供热水。在实际应用中，冷水被供给到数据中心的热交换系统，通过服务器生成的热空气对其进行预热，水温被提升到 30～45℃，然后，这些水会被输送到一处热回收厂，进一步提高到 55～60℃。该项安装预计能够帮助当地居民在未来的一年削减 5% 的取暖费用，并让附近属于公用事业的供应商的天然气消费量减半。在联想公司的实践中，工程师们因地制宜：在超算中心，废热被接入楼宇的供暖系统，从而成为可利用资源；在大学学生公寓，废热用于供应洗澡热水；在大型研究所，供应温水泳池成为余热回收的良好选择；而在其他条件允许的场所，利用吸附式制冷原理，废热也可以提供给水冷空调或水冷门使用，减少机房空调的电量消耗。对于规模较小的数据中心和余热资源，或许没有条件也不需要这样复杂完备的系统，那么吸附式制冷也是一个高效实用的回收途径。

根据 PUE 值的计算方法，温水液冷余热回收技术相当于通过减少制冷系统的散热负荷来 "节流"，通过余热回收减少总功耗水平来 "开源"，这样就可以实现双管齐下的目的，可使整套系统的 PUE 值低至 1.1～1.2。虽然一些先进浸没式液冷系统的 PUE 值可以更低，但这种系统的适用性更广，改造成本更低，不仅适用于高节能型及紧凑型数据中心的建设，还可以很好地支持老旧数据中心的改造。当前，温水液冷及热回收技术已经大量应用于科研机构、学校等多个领域和部门。从德国莱布尼兹超算中心到中国的北京大学，再到西班牙巴塞罗那、意大利博洛尼亚 CINECA、波茨坦气候影响研究所

（PIK）、印度液体推进系统中心，都秉承了"节能减排与价值创造两位一体"的价值观，建立了诸多优秀数据中心案例。

3）冷却系统节能效果分析

在节能效果数据分析方面，通过在分布于中国不同热工区属的 36 个数据中心中，配置二次侧集中循环直接接触冷板式液冷辅助精密空调混合冷却系统，来进行节能分析[13]。首先，确定数据中心能耗分析模型样本。该样本模块化数据中心面积为 100m²，内部布置机柜 20 台，每台芯片液冷散热 20kW，采用机架式换热模块，每个机柜配置 1 台换热模块，一次侧水泵 1＋1 备用，一次侧管路采用环路设计。数据中心其他非芯片液冷的电气散热及围护结构热负载合计 133kW，需采用精密空调风冷散热。根据 GB 50174—2017《数据中心设计规范》[14] A 级机房对环境的要求，空调的送风温度按照 19℃进行设计，数据中心的回风温度为 35℃，采用制冷量为 26.6kW 的风冷水平送风列间空调，5＋1 备用；样本数据中心制冷散热系统的主要设备如表 4.6-2 所示。该散热系统的主要耗电设备为换热模块中的二次侧循环泵、一次侧循环泵、精密空调机组及干冷器，其中精密空调机组主要有三大耗能部件：压缩机、室内风机及室外冷凝风机。

表 4.6-2　样本数据中心制冷散热系统设备

系统	设备名称	设备参数	主数量	备用数量
精密空调风冷散热系统	水平送风列间空调	标称制冷量：26.6kW	5	1
		室内风机风量：8000m³/h		
		室内风机功率：2.8kW		
		压缩机功率：8.4kW		
		室外风机风量：21295m³/h		
		室外风机功率：1.85kW		
	换热模块（含二次侧循环泵）	换热量：20kW	20	
		标称功率：0.35kW		
液冷散热系统	干冷器	散热量：400kW	1	1
		设计夏季进出水温度：50℃/45℃		
		风机风量：366506m³/h		
		风机功率：36.59kW		
	一次侧循环水泵	额定流量：115m³/h	1	1
		额定扬程：34.7m		
		额定功率：15kW		

注：以上风机风量及风机功率均为海拔高度为 0m 下标称数据；一次侧水泵参数是输送介质为清水时的数值。

接着，建立数据中心能耗计算模型，计算出不同城市的制冷散热系统的年部分电能使用效率（Partial Power Usage Effectiveness，pPUE）值。通过计算不同城市各个温度点液冷及精密空调风冷散热系统不同部件的运行功率，按照 ASHRAE 公布的近 20a 的典型逐时气象参数，分别汇总各个样本城市全年室外温度状态点的具体时间，按照干球温度为整 1℃（例如 39℃±0.5℃）区间的平均数据汇总相应时间，并计算各城市不同温度点的液冷及精密空调风冷散热系统的耗电量。通过汇总全年各个温度点的耗电量则可计算出不同城市该散热模型的年运行功耗及整个样本数据中心制冷散热系统的年 pPUE 值，36 个样本城市制冷散热系统 pPUE 汇总如表 4.6-3 所示[13]。计算结果显示，所有样本城市的 pPUE 值均低于 1.13，可见冷板式液冷具有较好的节能水平。

表 4.6-3　中国 36 个样本城市制冷系统 pPUE 汇总表[13]

城市	液冷年运行耗电量/(kW·h)	精密空调年运行耗电量/(kW·h)	系统年运行耗电量/(kW·h)	年 pPUE 值
呼伦贝尔	200232	388326	588558	1.126
哈尔滨	187126	383532	570658	1.122
沈阳	187177	383568	570745	1.122
长春	187140	383985	571125	1.122
乌鲁木齐	187351	387178	574529	1.123
呼和浩特	200417	388453	588871	1.126
西宁	165383	398993	564376	1.121
太原	165447	386308	551755	1.118
银川	175974	388513	564478	1.121
兰州	156767	391631	548398	1.117
拉萨	157055	416793	573848	1.123
天津	156680	383663	540343	1.116
北京	156696	383673	540396	1.116
石家庄	148466	383724	532190	1.114
郑州	156763	383719	540481	1.116
济南	148501	384184	532686	1.114
西安	148532	385952	534484	1.114
上海	141306	383746	525052	1.112
南京	148465	383744	532208	1.114
武汉	132996	383807	516803	1.111
合肥	148508	383757	532266	1.114
杭州	132967	383787	516754	1.111
南昌	141465	383839	525304	1.113
长沙	141455	383824	525279	1.113
成都	127701	385960	513661	1.110
重庆	123054	385647	508700	1.109
福州	122996	383874	506871	1.109
海口	117637	384071	501708	1.107
广州	117522	384004	501526	1.107
南宁	123143	383965	507107	1.109
贵阳	132883	389490	522373	1.112

续表

城市	液冷年运行耗电量/(kW·h)	精密空调年运行耗电量/(kW·h)	系统年运行耗电量/(kW·h)	年 pPUE 值
昆明	133005	395715	528720	1.113
思茅	123031	390537	513567	1.110
香港	117401	383954	501355	1.107
澳门	117386	383941	501327	1.107
台北	117495	383993	501488	1.107

4.6.2 经济效益与成本分析

相比传统的风冷方案，冷板液冷方案在数据中心服务器散热方面一般具备以下特点：

（1）高效散热：液体的体积比热容是空气的 1000～3500 倍，意味着冷却液体可以吸收大量热量而不会显著升高温度；液体的对流换热系数是空气的 10～40 倍，同等空间情况液冷的冷却能力远高于空气；由液冷冷板套件替代 CPU 原散热套件，通过工艺冷媒在冷板中的强制对流，有效地将热量从设备中快速地带走，散热效率得到大幅提升。当 CPU 芯片 TDP 超过 350W 时，冷板液冷成为多数的解决方案[15]。

（2）精确制冷：冷板套件直达服务器内部，实现更为高效的部件级精确制冷，CPU 核温低至 65℃左右，使元器件在更稳定更合适的温度下工作，可靠性更高[16]。

（3）支持高功率部署：冷板液冷技术散热效率更高，可支持单机柜功率高达 60kW 的部署需求，同时降低机房占地成本。由于服务器的运行温度更低，可允许服务器超频运行，有利于挖掘服务器算力[17]。

（4）兼容性优：在不改变目前服务器主板的情况下即可实现，拆卸简单，安装方便。相比其他液冷技术，对机房的要求较低，与现有机房的兼容性更优。冷板液冷可实现液冷微模块的形式，可实现与现有空气冷却服务器的兼容使用。在系统上，相比其他液冷技术，空气冷却改造液冷更为方便。

（5）维护简便：服务器与机柜的连接采用快速接头，服务器上下架可实现冷却系统在线插拔，不影响其他服务器正常运行。另外，保留了原有服务器的形态及维护方式，不影响客户使用习惯。

（6）生态更成熟：冷板式液冷是液冷技术中应用最早，也是最为成熟的技术，同时，其产业链生态更成熟。

（7）支持余热回收：一次侧回水温度约为 38～45℃，虽属于低品位余热，但考虑到数据中心规模体量巨大，其产生的余热量可观且稳定、持续。因此可依据余热利用场景灵活选择设置，如办公及生活供暖、泳池加热、设施农业温室供热等方式就近消纳余热资源。

（8）冷媒易获得：相比其他液冷技术，冷板液冷通常采用乙二醇或丙二醇等水基溶液作为工艺冷媒，具有容易获取的优点。

（9）更加节能：借助液冷技术，数据中心 PUE 可以降至 1.1～1.2，可有效降低能耗，减少碳排放。以 100 个 20kW 液冷机柜为例，PUE 从 1.45 降低到 1.15，每年用电可节省超过 $1×10^7 kW·h$，电费省超过 700 万元，减碳 6000t。同时，液冷环境下可以减少或去除风扇，进一步降低服务器能耗[16]。

一般而言，数据中心总成本（TCO）包括建设成本（Capex）和运营成本（Opex）。建设成本包括土地获取、勘察、规划设计、设备购置、建设、安装以及系统调测等费用；运营成本主要包含电力、冷却散热等基础设施成本、维护成本及管理成本。市场普遍认为，风冷方案在建设成本上更具经济性，液冷方案只在后续的运营成本中有一定的优势。但是根据奕信通科技在 2022 年数据中心标准峰会（CDCC）发布的报告进行测算，现阶段选择冷板式液冷方案的建设成本已经低于风冷方案，即便是浸没式液冷方案，也将在运行 5 年左右之后出现总成本低于风冷方案的拐点。以 IT 功率测算（表 4.6-4），风冷、冷板式液冷、浸没式液冷的外电和能评部分建设成本分别为 4000 元/kW，2000 元/kW 和 2000 元/kW 左右[18]。

表 4.6-4　数据中心建设成本测算结果　　　　　　　　　　单位：元/(kW·a)

	风冷	冷板式	浸没式
机电	16000~18000	15000~17000	23000~28000
土建	5000	3000	2000
外电＋能评	4000	2000	2000
合计	25000~27000	20000~22000	28500~33500

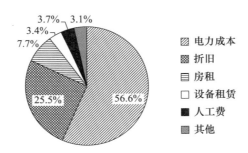

图 4.6-6　数据中心运营成本部分占比（风冷）

在运营成本中占比最高的是电力成本，液冷技术可以有效降低电力成本。数据中心的运营成本主要包括电力成本、固定资产折旧、房租、人工费等等，其中电力成本占比最高，达到 56.7%（风冷情况下），如图 4.6-6 所示。根据奕信通科技测算，风冷方案的运营成本为 9360~9720 元/(kW·a) 左右，冷板式液冷方案的运营成本为 8040~8400 元/(kW·a) 左右，浸没式液冷方案的运营成本是 7800~8160 元/(kW·a) 左右[16]，如表 4.6-5 所示。

表 4.6-5　数据中心运营成本测算结果　　　　　　　　　　单位：元/(kW·a)

	风冷	冷板式	浸没式
运营成本	9360~9720	8040~8400	7800~8160

现阶段选择冷板式液冷的初始总成本已经低于风冷，浸没式液冷的总成本将在 5～6 年之后低于风冷。根据以上测算结果进行 10 年期的总成本测算，通过取中位数对成本进行假设，那么风冷的建设成本和运营成本分别为 26000 元/kW 和 9540 元/(kW·a)，冷板式液冷的建设成本和运营成本分别为 21000 元/kW 和 8220 元/(kW·a)，浸没式液冷的建设成本和运营成本分别为 31000 元/kW 和 7980 元/(kW·a)。根据总成本测算，现阶段冷板式液冷方案的总成本从开始就已经低于风冷方案，浸没式液冷方案也将在 5 年左右之后出现总成本低于风冷方案的拐点。从 10 年期数据中心合计总成本来看，冷板式总成本要明显低于风冷，而浸没式跟风冷的总成本相差不大，但略低于风冷。具体计算结果如表 4.6-6 所示。

表 4.6-6　数据中心总成本测算结果　　　　　　　　　　单位：元/kW

	风冷	冷板式	浸没式
第一年	31167.5	25452.5	35322.5
第一年合计	1298.6	1060.5	1471.8
第二年	8672.7	7472.7	7254.5
第二年合计	1660.0	1371.9	1774.0
第三年	7167.5	6175.8	5995.5
第三年合计	1958.7	1629.2	2023.9
第四年	5385.1	4640.0	4504.5
第四年合计	2183.0	1822.5	2211.5
第五年	3678.1	3169.2	3076.6
第五年合计	2336.3	1954.6	2339.7
第六年	2283.8	1967.8	1910.3
第六年合计	2431.4	2036.6	2419.3
第七年	1289.1	1110.8	1078.3
第七年合计	2485.2	2082.9	2464.3
第八年	661.5	570.0	553.4
第八年合计	2512.7	2106.6	2487.3
第九年	308.6	265.9	258.1
第九年合计	2525.6	2117.7	2498.1
第十年	130.9	112.8	109.5
第十年合计	2531.0	2122.4	2502.6

4.7　技术瓶颈与解决方案

目前，冷板冷却方式与数据中心其他冷却方式相比，具有结构紧凑、工艺相对成熟、冷却液可选类型较多等优势，但在技术发展中也面临着如下困难[19]：

1）持续发展散热能力，适配芯片迭代散热需求

芯片迭代迅速，带来更高的散热需求。当前冷板式液冷技术尚可满足芯片散热需

求，但芯片迭代迅速，当前最新芯片 GB200 已达 2700W，冷板式液冷技术需提前布局。

在此前提下，首先冷量分配单元 CDU 的散热量需要进行更新迭代，以分布式 CDU 为例，当前市面上分布式 CDU 散热量在 20～30kW，下一代应用需求在 40kW，未来应用于 GPU 服务器中需求达到 100kW 以上。CDU 中最大的限制在空间，有限的空间限制了水泵与板式换热器能占用的空间，导致 CDU 换热量、水泵的流量受到限制，需要优化布局，优化水泵性能。其次，冷板处可强化换热，采用更低流阻的微通道形式，或采用两相冷板系统来强化系统散热能力，但采取两相冷板系统时应注意，某些化学物质的使用因其潜在的环境和健康影响而受到审查，这些物质的监管日益严格，系统的设计需要考虑对环境的影响。另外，可发展研究集成 AI 和机器学习技术，利用 AI 和机器学习技术实时监控和优化冷却系统，可以提高效率，根据工作负载和环境条件动态调节冷却参数，减少过热风险并提高可靠性。

2）解耦模式尚须继续发展

当前市面上由于服务器、流体连接器标准化、液冷系统高效集成设计以及维护界面切分等问题，市面上冷板式液冷系统大多为服务器与液冷机柜整机柜交付，不同品牌与机柜无法适配，液冷生态闭锁，产生强技术壁垒。

在此前提下，需要进行服务器接口位置以及流体连接器标准化工作，做好各家服务器机柜相互适配、清晰维护界面责任界面，建立良好的解耦生态体系。

3）微通道堵塞和液体纯度问题

为了强化换热效果，冷板中使用越来越精细的微通道，当前为 0.2～0.3mm 之间，需要纯净的冷却液以防止堵塞。这就需要严格的过滤和维护，以确保液体的纯净；同时，微小的流道增加了流体的阻力，增加了水泵的消耗，增加了系统部署和维护的复杂性。

解决方案是开发具有更高热导率、更好抗腐蚀性以及环境友好型冷却液，实施高效过滤系统同时定期检测冷却系统中运行水质，在系统运行时实时检测冷却液固定参数，同时定期冷却液送检，确保系统的清洁和正常运行。

4）材料选择和兼容性问题

材料的选择会影响冷却系统的性能和成本。当前冷板、流体连接器主流选择材料为铜材料，但由于价格、加工等原因，也存在使用铝的情况，铜铝并存于系统中会对水质造成较大的影响，发生电化学腐蚀。

针对这种情形，需要综合成本、换热、加工工艺等多方面因素合理选用材料，避免电化学腐蚀的发生，若冷却回路中使用相同的金属材料，需要采取一定的处理措施（如对铝进行硬质阳极氧化等处理）并做好兼容性检测，同时应使用专门设计的防腐冷却液以减少腐蚀风险。

5）单相冷板式冷却存在着传热温度不均匀的现象

冷板微通道由于水力直径与流动长度的比值非常小，单相冷却液在流道出口甚至可能会有数十摄氏度的温升，并造成微通道热沉温度分布极不均匀，需要进一步提高冷板传热的温度均匀性。

6）冷板式两相冷却存在流动不稳定以及传热恶化的风险

虽然冷板式两相沸腾传热能够显著增强流道内的对流换热强度，同时有效改善微通道热沉的均温性，但微通道内的汽化相变产生的气泡存在不稳定性，可能会导致通道内的"气塞"和"返流"现象，导致流动不稳定引起传热恶化，需要进一步理清相关气泡动力学机制。

7）冷板式冷却投资成本较大且相关产业还不成熟

由于目前液冷的整体造价成本相对较高且存在产品接口兼容性的问题，冷板式液冷方式在前期机房建设时需要投入巨大成本进行管路匹配、机柜定制等，相关投资大、回报周期长。因此，有待进一步完善冷板式液冷相关产业标准，提高产品的兼容性，并通过规模化生产来降低生产成本，以逐渐降低投资成本。

4.8 冷板式液冷市场分析

4.8.1 市场主要技术路线

冷板式液冷技术是当前应用最成熟的液冷技术方案。目前应用于数据中心行业的液冷技术主要包括冷板式液冷、浸没式液冷和喷淋式液冷三种形式。当前各液冷技术均可满足未来较长时间的芯片散热需求，并有进一步的提升空间。冷板式液冷技术由于与传统风冷机房兼容性好，无须对传统机房环境、IT 设备与机柜进行较大改动，更易被接受，是市面上发展较早的技术，相比浸没式、喷淋式更加成熟，占市场份额 65%[20]。

当前冷板式液冷数据中心业务流程分为三个阶段：第一阶段由数据中心用户提出液冷服务器及液冷基础设施需求；第二阶段由液冷服务器提供方响应液冷服务器需求并提供液冷服务器产品及解决方案，数据中心液冷基础设施方响应液冷基础设施需求并向零部件提供方提出需求，然后向数据中心用户提供基础设施相关产品及解决方案；第三阶段由具有设计与建设资质的数据中心总包方或 IDC 服务商与各方配合对液冷数据中心进行集成与建设工作。

解耦交付路线与一体化交付路线如表 4.8-1 所示。在落地业务流程第一阶段，数据中心用户倾向于根据自己的需求提出服务器采购需求，直接采购服务器设备，而基础设施则倾向于委托第三方进行协助采购部署，第三方一般有两类群体，一类是具有机房设计、建设资质的数据中心总包方或 IDC 服务商，一类是服务器厂商。此处按服务器与基础设施侧交付模式的不同分为一体化交付与解耦交付两种路线，解耦交付是液冷机柜与液冷服务器之间遵循用户统一制定的接口设计规范，机柜与服务器解耦，由服务器厂家与数据中心基础设施提供方分别交付服务器与基础设施，交付时服务器与液冷机柜分别交付并由双方协同进行服务器与基础设施的适配对接。一体化交付是液冷整机柜（包括液冷机柜和服务器）均由服务器厂商负责，服务器厂商自定标准进行集成设计，开发相互适配的服务器及液冷机柜，兼并服务器提供商及数据中心基础设施提供方两角色，交付时整机柜一体化交付。

当前市面上一体化交付模式为主流形式，由服务器厂商提供液冷整机柜及二次侧管路的整体设计解决方案，当前液冷机柜与服务器是强绑定的状态，业内未形成统一的接口规范标准，不同厂商生产的服务器与液冷机柜之间接口位置、接口型号不同，导致服务器与液冷机柜之间难以相互适配，解耦交付模式发展受阻，且一体化交付模式在责任界面切分方面清晰。液冷解耦模式的发展依靠多类型厂家的适配。

表 4.8-1　交付模式分析

对比项目	解耦交付	一体化交付
服务器厂商职责范围	提供液冷服务器设备，还需明确液冷服务器进回水的温度、压力、水质、监控范围等服务器运维所需数据要求，液冷基础设施流体连接器的要求、配电要求等	提供液冷整机柜及二次侧管路的整体设计解决方案
服务器	多厂家	单厂家
整体适配性	根据既定接口及标准分别生产机柜与服务器，测试阶段进行适配	原厂机柜和原厂服务器适配性好，无法与非原厂设备匹配
整体机房管理	可形成统一标准及规范，后续易管理	各厂家标准不同，不容易对接
安装部署	批量生产、规模推广、灵活部署，基础设施和服务器厂家需协调合作。机柜供应商提供机柜级的漏液监测功能	与服务器结合部署
采购模式	机柜与服务器分别采购，促进竞争，有利于降低价格	统一采购，受厂家限制较多
运维管理	机柜与服务器分别交付，需明确责任界面和责任主体。各机柜及服务器配置统一，运维方式相同，易于统一管理	同厂家整机柜交付，责任界面清晰；不同厂家运维方式、接口、数据类型不同，需分别运维管理
产业成熟度	当前尚不成熟	当前较成熟
服务器/整机柜交付周期	盲插快接模式：对现有软管快接厂家，服务器深度定制开发，交付周期约 9 个月 软管快接模式：对服务器进行浅度定制开发或无须定制，交付周期约 3 个月	主流厂商已有量产的产品，在工厂中完成大部分工作，现场交付周期较短
主要分析	解耦交付模式界面与传统风冷形式类似，液冷机柜与液冷服务器之间遵循统一的规范实现解耦，有利于促进竞争，用户可采用类似集采的形式配置不同规格的液冷产品，有利于实现多厂家适配，更利于推广，便于后续灵活部署，有利于降低成本。 目前由于标准化等原因，模式成熟度低，需要进一步发展	目前一体化交付模式较为成熟，由服务器厂家对机柜服务器统一管理，交付及后续运维风险统一由服务器厂家承担，当前此模式下服务器与液冷机柜配合度高，交付及后期运维风险较小。 一体化交付模式将服务器与液冷机柜捆绑，成本偏高，服务器侧运维范围大，分包主体容易相互扯皮，运维效率偏低

液冷手插与盲插技术路线。当前服务器与液冷机柜之间存在两种连接方式，手插方式和盲插方式，当前市面上存在水、电盲插及水、电、网盲插两种形式。水路盲插设置一般采用流体连接器连接冷板进出水管路与液冷机柜，电盲插中液冷服务器节点与机柜供电母排采用盲插形式设计。流体连接器是用于服务器冷板组件与液冷机柜分集水器水路连接的组件，当前有手插及盲插两种形式，区别在于手插形式流体连接器中存在锁紧机构，盲插形式流体连接器不存在锁紧机构，但需要有一定的浮动量。手插方式需通过软管及流体连接器手动连接液冷机柜与服务器，运维人员工作量大，对运维人员的要求

较高，但由于对服务器接口位置要求较低，更易于解耦；盲插方式具备自动化保障，操作方便，连接精度高，可满足未来自动巡检、机器人运维的要求，但由于接口位置标准化等问题，服务器和机柜解耦难度大。厂商交付模式路线如表 4.8-2 所示。

表 4.8-2　厂商交付模式路线

厂商	液冷技术	服务器形态	一体化交付	解耦交付
超聚变	冷板式	机架	整机柜/单节点	盲插快接
华为	冷板式	机架	整机柜	盲插快接
浪潮	冷板式	机架	整机柜/单节点	盲插/软管快接
曙光	冷板式	机架/刀片	整机柜	软管快接
H3C	冷板式	机架	整机柜/单节点	软管快接

4.8.2　主要厂商与市场格局

当前数据中心冷板式液冷技术市场分为上游、中游以及下游三部分。上游为液冷产品零部件提供方，包括冷板组件、冷却液、CDU、阀门、流体连接器、分集水器等制造厂商；中游为液冷服务器提供方、数据中心基础设施提供方以及液冷系统集成方；下游由液冷数据中心用户方组成，包括电信运营商、互联网企业、AI/科创公司、政府、科研机构/高校等。

上游液冷产品零部件供应商中，冷板组件领域部分代表厂商有中航光电、泰硕等；冷却液领域部分代表厂商有中石化长城、陶氏、纳尔科、润科、光洋化学、迪克、京脉、中石油昆仑等；CDU 领域部分代表厂商有比赫、中科曙光、中航光电等；流体连接器领域代表企业有中航光电、丹佛斯、史陶比尔、正北、英维克等；分集水器领域部分代表厂商有中航光电、高澜、英维克等。

中游为液冷服务器提供方、数据中心基础设施提供方以及液冷系统集成方等。其中兼顾液冷服务器提供方及数据中心基础设施提供方的代表企业有华为、曙光、浪潮、中兴、新华三、超聚变等；数据中心基础设施提供方代表企业包括移动设计院、海悟、申菱环境、维谛等；数据中心规划设计方代表企业包含移动设计院、中迅邮电咨询设计院、中通服、华信等；液冷数据中心提供集成建设方包括移动设计院、华为、曙光等数据中心集成方及润泽、秦淮、万国、世纪互联、科华数据等第三方 IDC 服务商。

下游数据中心用户方，主要包括三家电信运营商、百度、阿里巴巴、腾讯、京东等互联网企业以及政府、金融、汽车、医疗、教育、工业、能源、科研机构、第三方 IDC 服务商等其他信息化应用需求方。

当前冷板式液冷数据中心市场中液冷服务器厂商主要包括华为、浪潮、曙光、超聚变等企业，数量相对较少，市场集中在少数几家企业。提供液冷基础设施解决方案的液冷基础设施厂商数量较多，竞争激烈。

4.8.3　市场前景与预测

我国液冷技术起步稍晚于国外，但起步后发展迅速，后期与国外发展进程基本同步，并且在液冷规模试点应用方面积累了丰富经验。近年来由于芯片不断迭代升级，散热越来越高，液冷服务器市场不断扩大，2022 年冷板式数据中心市场规模达到 90 亿元以上，占整体数据中心市场规模的 90% 以上。液冷技术在数据中心市场的接受度不断提高，高算力技术不断发展，政府对数据中心 PUE 提出要求，风冷技术满足 PUE 指标要求愈发困难。当前国家政策方面支持液冷技术的发展，发布各项文件鼓励企业开展液冷、预制化等基础设施层面技术开发。液冷基础设施市场将不断扩大，2023 年 6 月，三大运营商联合发布《电信运营商液冷白皮书》，预计 2025 年及以后 50% 以上项目应用液冷技术；预计 2025 年中国液冷数据中心基础设施市场规模可达 230 亿元以上。

预计我国液冷数据中心市场会保持较高的增速，当前冷板式液冷数据中心产业生态相对成熟、对传统机房改动较小，且当前冷板式液冷技术尚能满足当代服务器及迭代后服务器对散热的需求，在一段时间内将处于主导地位。当前浸没式液冷技术受到冷却液、服务器改造、机房环境改造要求的制约，发展较慢。未来随着芯片散热的不断增加，达到冷板式液冷技术的极限后，市场会驱动液冷技术的进一步发展，下一步高散热量液冷技术路线主要有两相冷板液冷技术、浸没液冷技术以及喷淋液冷技术，最终技术的发展方向还需要经过一段时间的市场验证。

液冷技术交付模式未来发展趋势或将走向解耦。当前冷板式液冷技术交付方式以一体化交付方式为主，对比风冷模式，液冷技术标准化程度较弱，各厂家服务器接口位置不统一，业内暂无实质约束性标准，各厂家间服务器与机柜间缺少兼容性适配测试，限制了解耦模式的发展。从发展前景看，解耦交付模式可促进竞争、实现多厂家适配，便于后续灵活部署，随着液冷技术的不断发展成熟，从易于推广、灵活部署、促进竞争、降低 TCO 等角度出发，未来发展趋势或将走向解耦。

4.9　小　结

冷板式液冷技术通过将发热器件的热量间接传递给封闭循环管路中的冷却液体，实现热量的有效移除。该技术主要分为单相和两相两种形式，其中单相液冷利用冷却液的单一相态进行热交换，两相液冷则通过冷却液在冷板内部的沸腾和相变，实现更为高效的换热。目前，冷板式液冷技术已在数据中心行业中得到广泛应用。

冷板式液冷技术以其高效散热、节能性、易维护等优势，成为应对高密度计算需求的有效方案，在数据中心冷却领域展现出巨大潜力，具有广阔的应用前景。然而，不能忽视的是，其在实际推广应用中仍面临诸多挑战。可以预见，相关技术创新和优化升级成为实现冷板式液冷技术在数据中心绿色发展趋势当中的重要因素。未来的技术创新将集中在提高系统冷却效率、降低系统成本、简化维护流程等方面。例如，通过优化冷板设计、合理冷却液选型、利用人工智能进行系统优化和预测性维护等手段，进一步提升冷板式液冷系统的性能和可靠性。同时，随着数据中心对绿色、低碳、可持续运营的追求，余热回收技术也将与液冷系统相结合，有望实现数据中心冷却系统的高效、绿色和可持续发展。

参考文献

[1]　中国信息通信研究院. 数据中心冷板式液冷服务器系统技术要求和测试方法：YD/T 3980—

2021 [S]．北京：中国通信标准化协会，2021.

[2] 谢春峰．金属腐蚀原理及防护简介 [J]．全面腐蚀控制，2019，33（7）：18-20. DOI：10.13726/j. cnki. 11-2706/tq. 2019. 07. 018. 03.

[3] 李斌．服务器单相浸没式液冷数值模拟与优化 [D]．济南：山东大学，2021.

[4] 夏爽．浸没式相变液冷服务器的数值模拟研究 [D]．济南：山东大学，2021.

[5] 盛成，方玉财，严诺，等．某新型液冷机箱热设计的数值研究 [J]．电子机械工程，2019，35（6）：38-41.

[6] 赵亮．微小通道液冷板热控及压降特性数值模拟研究 [J]．环境技术，2021，39（2）：134-139，144.

[7] CHENG L，XIA G. Fundamental issues, mechanisms and models of flow boiling heat transfer in microscale channels [J]. International Journal of Heat and Mass Transfer，2017，108：97-127.

[8] REN K，YUAN W，MIAO Z，et al. Influence of inlet/outlet arrangement on flow boiling of a parallel strip fin heat sink [J]. Applied Thermal Engineering，2020，176：115061.

[9] OHADI M M，DESSIATOUN S V，CHOO K，et al. A comparison analysis of air, liquid, and two-phase cooling of data centers [C] //2012 28th Annual IEEE Semiconductor Thermal Measurement and Management Symposium（SEMI-THERM）. IEEE，2012：58-63.

[10] CHOO K S，KIM S J. Heat transfer characteristics of impinging air jets under a fixed pumping power condition [J]. International Journal of Heat and Mass Transfer，2010，53（1/2/3）：320-326.

[11] CETEGEN E. Force fed microchannel high heat flux cooling utilizing microgrooved surfaces [M]. University of Maryland，College Park，2010.

[12] ZHANG Y，LI C，PAN M. Design and performance research of integrated indirect liquid cooling system for rack server [J]. International Journal of Thermal Sciences，2023，184：107951.

[13] 肖新文．直接接触冷板式液冷在数据中心的节能分析 [J]．建筑科学，2019，35（6）：82-90.

[14] 中国电子工程设计院．数据中心设计规范：GB 50174—2017 [S]．北京：中国计划出版社，2017：34.

[15] 庄泽岩，孙聪，张琦，等．冷板式液冷技术与应用现状分析 [J]．通信管理与技术，2021（3）：27-30.

[16] 开放数据中心委员会．冷板液冷标准化及技术优化白皮书 [R]．开放数据中心委员会，2023：12-14.

[17] 曹原铭，陈婉新，郑云帆，等．液冷服务器在数据中心的应用研究 [J]．电信工程技术与标准化，2024，37（4）：5-12.

[18] 何晨，黄奕景．大模型 & 大算力带来高功耗，液冷技术有望加速导入 [J]．财信证券，2023（2）：25-27.

[19] 包云皓，陈建业，邵双全．数据中心高效液冷技术研究现状 [J]．制冷与空调，2023，23（10）：58-69.

[20] 中商产业研究院．2024—2030 年中国液冷服务器行业市场发展现状及潜力分析研究报告 [R]．

第5章 单相浸没式液冷

5.1 引 言

数据中心计算需求的持续上升会带来一系列问题，如能耗、环保和散热等问题[1-4]，因此亟需更高效的冷却技术[5-6]。单相浸没液冷技术是一种创新的数据中心冷却技术[7]，目前普遍支持最高单机架功率在 120kW 左右的数据中心。单相浸没液冷系统原理如图 5.1-1 所示，服务器被浸没在液冷箱体中，通过冷却液的流动带走服务器所产生的热量。随后，冷却液被输送至板式换热器中被冷却水冷却后流回液冷箱体，而冷却水则通过冷却设备将所携带的热量散发到室外环境中。

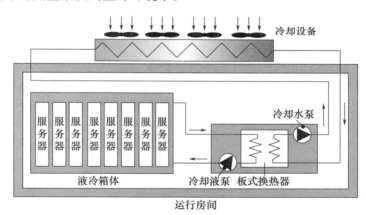

图 5.1-1 单相浸没液冷系统原理图

单相浸没液冷技术具有高效、节能、低噪声和环保等优点，同时，具备热插拔功能[8]，可以在不关闭系统的情况下安全地添加或移除部件，在未来数据中心冷却领域具有广阔的应用前景。本章将详细介绍数据中心单相浸没液冷系统的液冷箱体（Tank）、服务器以及冷却液，深入分析冷却液的各种影响因素，并探讨这些因素如何影响数据中心的长期运行可靠性。此外，本章还将介绍计算流体动力学（CFD）技术在单相浸没液冷系统中的应用，展示其在优化冷却效果和提高系统效率方面的重要作用。

5.2 单相浸没液冷组件

5.2.1 箱体（Tank）

不同于风冷传统意义上的机柜，单相浸没液冷箱体从之前风冷架构单纯的结构件变成一个对外接驳一次侧冷却系统，对内承接服务器、交换机等 IT 设备，保证核心的热管理职能，并兼具强弱电连接、冷媒管理、状态监控、运维辅助等职能在内的综合系统，成为液冷系统的重要组成部分。

液冷箱体通常为卧式结构机柜，每个服务器以自身机箱为外壳形成独立浸没腔，多个服务器被并联放置在一个共同的液冷箱体（通常被称为 Tank）中[9]，如图 5.2-1所示。液冷箱体的尺寸通常需要根据其所容纳的服务器及其他设备的具体需求进行设计，其高度通常取决于服务器的长度尺寸，并增加额外的 400～500mm 用于线缆转接口、进液和出液口、固定结构等，通常高度在 1.1～1.35m。根据实际使用情况，应考虑服务器、存储设备、网络设备和冷却液质量等因素，安排内部设备的布局和数量，机柜的箱体承重宜满足 1.6t 以上。另外，实际运行中单个机柜质量大，对地板的承重要求按冷却液的种类略有不同：合成油应满足每平方米 1t；氟化液应满足每平方米 2t。因此在对传统风冷机房进行单相浸没液冷改造中需要考虑建筑的承重能力，以确保安全性。

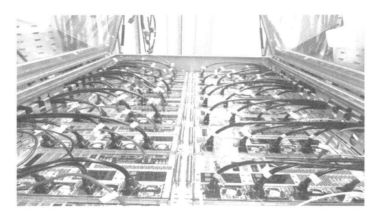

图 5.2-1　单相浸没液冷服务器面板实物图

液冷箱体通常可以容纳数十台服务器，为了使每个服务器内部的冷却液流量大致相同，设计者需要在液冷箱体的设计中充分考虑到冷却液的均匀分配问题，以确保每个服务器都能获得足够的冷却效果，从而提高整个数据中心的运行效率和稳定性。具体结构及性能要求如下：

（1）通常采用下供上回的方式将冷却液输送至 Tank 内以带走服务器产生的热量。Tank 底部宜采用多孔板加填充块设计，需要注意保证进入各节点的液体流量均匀。

（2）Tank 底部应针对 IT 设备的流道分配设计和优化，以确保冷却液进入 Tank后，把有限的扬程和流量，优先给予发热器件，并尽量减少压降损失，以降低冷却液泵所需的功率消耗。

（3）液冷箱体的设计应力求轻量化，以减少对建筑结构的负荷，如填充块固定在 Tank 两侧和下部，形成 Tank 内液体流道，同时起到减少液体使用量的作用。

（4）通常，服务器 1U 的平均质量为 18.5kg，2U 为 43kg，4U 要超过 65kg。因此，需要通过机械吊臂对服务器进行吊装，以辅助人工操作，减轻操作难度，降低操作风险。因布置位置的不同，可以是单独的行吊车，也可以集成于液冷机柜内部，如图

5.2-2 所示。但不论何种布置方式，其机柜顶部净空间需要大于单个服务器的长度以确保设备在竖直形态下进出机柜、取放、运维。

图 5.2-2　天津某公司单相浸没液冷箱体实物图

5.2.2　服务器

单相浸没液冷服务器设备结构尺寸设计遵循 23 英寸标准机箱的相关尺寸规范，机箱高度以 U 为单位（1U＝4.445cm）。通常为竖直布置，完全浸没在冷却液中，因此与传统风冷服务器具有明显不同的结构及组成：（1）系统风扇以及 PSU 等部件上的风扇完全去除；（2）改变传统服务器的维护面朝上、电源面在下的情况，进行重新优化，实现同侧（顶面）维护及电气连接，底面只负责输送冷却液，如图 5.2-3 所示；（3）散热性能设计优化，如将导风罩替换为填充块、机箱开孔优化等；（4）考虑部件兼容性，确认部件与冷却液的兼容情况。

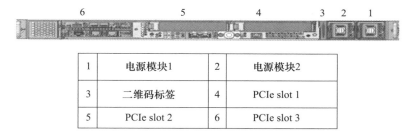

1	电源模块1	2	电源模块2
3	二维码标签	4	PCIe slot 1
5	PCIe slot 2	6	PCIe slot 3

图 5.2-3　典型 1U 浸没液冷计算型服务器面板图片示例

图 5.2-4[10] 展示了一款基于戴尔 R6201U 服务器改进的单相浸没液冷服务器，配置主要包括两个 CPU、一个主板、两个针状散热器、两个电源、几个硬盘和内存模块，并增设了三个导流板以增强液体流动。

因此，改进后的单相浸没液冷服务器的配置通常包括主板、CPU、散热器、电源、硬盘及内存等关键组件。此外，不同的公司会根据自身产品的特点和需求，进行一些独特的结构设计，以提升性能和效率，如增加导流板、改变或增加开孔位置等，以优化液体流动和散热效果[11-13]。

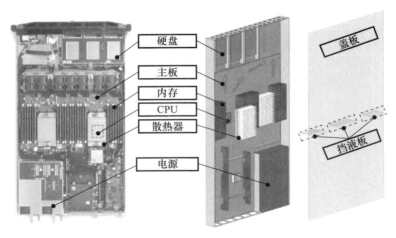

图 5.2-4 天津某公司 1U 单相浸没液冷服务器结构图

5.3 工 质

5.3.1 一次冷媒

工艺冷媒又称"冷却介质""冷却液"等，是液冷系统中用于实现热量交换的冷却液体，在二次侧循环系统中流动。常用的工质按照是否水基进行划分。在选择工艺冷媒时，除了考虑其与浸润材料的相容性、可靠性、危害性及成本外，还需关注其热物理性质，如比热容、热导率、沸点和凝固点等。这些性质直接影响到液冷系统的冷却效率和运行稳定性。例如，高比热容的冷媒能够吸收更多的热量，从而提高冷却效果；而良好的热导率则确保热量能够迅速从热源传递到冷媒中。

在实际应用中，工艺冷媒的使用环境也是一个重要的考量因素。例如，在高温环境下工作的液冷系统，需要选择具有较高沸点的冷媒，以避免在高温下发生蒸发，导致系统压力过高。相反，在低温环境下工作的系统，则需要选择具有较低凝固点的冷媒，以防止冷媒在低温下凝固，影响系统的正常运行。工艺冷媒主要选择纯水液和配方液，纯水液主要为去离子水，配方液主要为乙二醇或丙二醇溶液。此外，工艺冷媒需要添加抑菌剂和缓释剂，不同工艺冷媒之间不可以混用。

5.3.2 冷却液

单相浸没式冷却液作为浸没式液冷中的"核心科技"，通常选择沸点较高的冷却液，以确保冷却液在循环散热过程中始终保持液态，同时具有绝缘、高导热性、低凝固点、高闪点、对结构材料无腐蚀性等特性。目前在单相浸没液冷领域受关注的冷却液主要有：碳氢类、有机硅类、氟碳类化合物[14]以及纳米流体冷却液。

1）碳氢及有机硅类冷却液

碳氢化合物（Hydrocarbon）冷却液与有机硅类冷却液通常在常温下呈现黏稠状态，因此在业内被统称为"油类冷却液"。它们普遍具有高沸点、不易挥发、不腐蚀金属、环境友好和低毒性等优点，同时成本相对低廉；然而，由于它们具有闪点，使用油类冷却剂时存在可燃和助燃的风险。油类冷却液主要分为三大类：天然矿物油、合成油和有机硅油。

（1）天然矿物油是从石油中蒸馏提取的，并可能经过深度氢化处理，成本较低。它们在室外变压器冷却的应用中历史悠久。然而，在使用过程中，不可避免地会发生烃类分子的分解氧化，导致酸性增强和污染物的产生，这会影响冷却液的性能，甚至可能引起被冷却设备的腐蚀。

（2）合成油是基于人工合成的烷烃类或酯类化合物，并添加各种添加剂制成的。常见的合成油类型包括聚 α 烯烃（Poly Alpha Olefins，PAO）、天然气合成油（Gas to Liquid Base Oil，GTL）和合成酯等。合成油的生产过程更为精细，与矿物油相比，其杂质含量更低、抗氧化性能更好、材料兼容性也有所提升。尽管如此，作为碳氢化合物的共同问题，合成油仍然存在闪点问题。

（3）有机硅油主要通过人工合成，可以设计出具有高闪点的产品。但是，其闪点与黏度成正比，这意味着在降低可燃风险的同时，也增加了流动的困难。因此，在设计时需要平衡这两者之间的关系。此外，硅油还可能遇到水解和氧化沉积的问题，这会影响其接触性能。

2）碳氟类冷却液

碳氟化合物（Fluorocarbon）是将碳氢化合物中所含的一部分或全部氢换为氟而得到的一类有机化合物，普遍具有良好的综合传热性能，可以实现无闪点、不可燃。同时，由于 C—F 键能较大，碳氟化合物惰性较强，不易与其他物质反应，是良好的兼容材料，被业内统称为氟化液。目前用于数据中心液冷系统的碳氟化合物主要包含氢氟醚（HFE）、全氟聚醚（PFPE）及全氟烯烃等类型。

（1）全氟聚醚（PFPE）：全氟聚醚拥有很低的介电常数，从技术指标层面，可满足理想浸没式冷却的要求。但该类化合物的 GWP 值一般大于 5000，具有强温室效应。

（2）氢氟醚（HFE）：氢氟醚（HFE）的温室效应影响较小，对臭氧层无破坏，而且在电子设备的冷却中具有良好的性能。但其通常具有较高的介电常数，和电子元器件直接接触时对信号传输影响较大。因此氢氟醚主要用于对介电常数要求不是很严苛的领域。

（3）全氟烯烃（PFO）：全氟烯烃冷却性能好，无毒，和材料相容性好，并且 ODP 和 GWP 值极低，可以满足相关环保指标要求。此外，该类化合物沸点跨度比较大，可针对不同的使用领域选择不同沸点的含氟传热流体，满足单相和双相浸没式冷却的需求。

3）纳米流体冷却液

近年来，纳米流体因其显著提高导热系数和传热系数而成为热管理和节能领域的先进冷却剂。目前针对油基纳米流体的研究较多，如 Al_2O_3 油基纳米流体[15]、SiC 油基纳米流体[16-17]、杂化（SiC/TiO_2）纳米流体[18] 等，研究了不同纳米颗粒及不同浓度纳米颗粒对热物理性能的影响。纳米颗粒不仅提高了流体的整体导热系数，而且还通过增强湍流和改善流体与受热表面之间的热交换，提高了对流传热系数。此外，纳米颗粒的高比表面积促进了冷热区域之间的有效连接，进一步提高了热传导[19]。但需要注意的是，纳米流体应用于单相浸没液冷冷却技术依然存在许多问题，如：（1）稳定性，不稳定的纳米颗粒易于聚集并形成团簇，进而从基液分离并沉积；（2）侵蚀与磨损，纳米颗粒在流动过程中对电子元件表面的磨损以及对循环通道的碰撞磨损；（3）导电性，对于添加纳米颗粒的纳米流体需考虑其电导率或介电常数。

5.3.3 冷却液循环方式

单相浸没液冷系统中冷却液的循环方式主要有两种。

（1）泵驱动循环方式：这是单相浸没式液冷系统中最常见的循环方式。在这种系统中，冷却液通过泵来驱动循环。具体来说，冷却液吸收电子元器件的热量后，被泵送到换热器，在换热器中与室外冷却设备的低温液体进行热交换，从而得到冷却。冷却后的冷却液再返回到浸没池中，完成整个循环散热过程。这种循环方式的核心组件是 CDU（Coolant Distribution Unit，冷却液分配单元），它由泵、换热器、传感器和过滤器组成。

（2）自然对流循环方式：这种方式利用液体受热后体积膨胀、密度减小的特性，实现较热冷却液的上浮和冷却后的下沉，从而完成循环散热。这种方式不需要泵来驱动冷却液的流动，而是依靠冷却液的自然对流来实现循环。

以上两种方式中，泵驱动循环方式因其效率和可控性更高，是单相浸没液冷系统中更为主流的冷却液循环方式。以天津某公司单相浸没液冷设计标准工况为例（满载），系统采用泵驱动循环方式，常压液态，二次侧进出口温度分别为 $40℃$ 和 $45℃$，进出口温差为 $5℃$，一次侧进出口温度分别为 $38℃$ 和 $35℃$。

5.3.4 冷却液性能指标

1）热物理性能

冷却液的密度对散热性能有直接影响，密度越大，其热容量越大，散热效果越好。但相同体积下其质量大，因此冷却液密度不宜大于 $1g/cm^3$；如果密度大于这个值，就需要在建筑规划时预留足够的负荷承载能力。

液体的运动黏度是反映冷却液流动性和传热的关键参数。黏度越低、流速越高、传热效率越高，泵送系统功耗越低。

导热系数指标用于评价冷却液在传热过程中的导热能力。导热系数越高，冷却液在传热过程中的效率就越高。

冷却液的比热容是指单位质量的冷却液在温度变化时吸收或放出的热量。比热容越大，单位质量冷却液吸收的热量就越多。

冷却液的热物理性能往往是由运动黏度、导热系数、密度和比热容等参数共同影响的，因此需结合实际情况选用合适的冷却液以保证数据中心芯片温度被有效地控制在 $65℃$ 以下。

2）材料兼容性和可靠性

因浸没液体冷却方式中，冷却液与电子元件直接接触，因此制冷过程中冷却液材料兼容性的好坏决定了液冷系统的可实施性、维护成本和使用年限。按照浸没液体对不同环节或对象的兼容影响差异，可以分为材料兼容性和信号兼容性两大方面。

材料兼容性方面，主要指冷却液是否与被冷却的 IT 设备或组件发生反应或产生溶解萃取等影响。所有浸没在冷却液中的物料、冷却液循环流经部位的物料、常用物料（金属、橡胶、塑料、陶瓷、硅等），均应与冷却液长期兼容。

（1）冷却液在运行工况及最不利工况（例如散热失效）均不应与浸泡的物料发生化

学反应，导致液体性质改变或分解；

（2）冷却液与浸泡物料的物理反应例如溶解、萃取等，不应影响液体和物料的功能；

（3）物料在冷却液中浸泡后的产物，应对液体和液体能达到部位的器件无影响。

信号兼容性主要指浸没液体对信号传输完整性的影响。在浸没液冷方式下，设备高频高速信号需要在与绝缘性冷却液接触的通道中进行通信传输，冷却液的介电常数等物性会对传输产生影响，衰减信号能量。

（1）绝缘体储存电能的性能较弱，介电常数小于 2.5（1kHz 条件下），使得高频率电子部件和连接器浸没在冷却液中而不会显著损失信号完整性；

（2）绝缘性能优异，体积电阻率大于 $1 \times 10^{12} \Omega \cdot cm$，介电强度大于 24kV（2.54mm 间隙）。

5.3.5 冷却液安全及环境影响

数据中心的绿色低碳发展已成为行业共识，因此冷却液对环境的影响是重要的评判要求。一般选用臭氧消耗潜值（Ozone Depletion Potential，ODP）、全球变暖潜值（Global Warming Potential，GWP）以及对土壤和地下水的污染等来衡量冷却液的环境影响。冷却液应对陆地环境、大气环境、水生环境无危害。

（1）冷却液应不含环境保护标准和废弃排放及降解管控标准等国家政策标准中限制使用的物质；

（2）冷却液的 ODP 应为零，GWP 应符合现行国家规范要求；

（3）冷却液应对水生环境无害，MSDS（Material Safety Data Sheet）中应有 TLM 数值；

（4）冷却液应不在挥发性有机化合物（VOCs）名单内。

注：冷却液在运行温度下及最不利工况下（例如散热失效）均应满足"无危害"的要求。

以上是冷却液的部分特性及要求，在不同氟化学物质和烃类之间做出决策时需要考虑以下因素：热传递性能（稳定性和可靠性等），IT 硬件维护的便利性，液体卫生和更换需求，材料兼容性，电气特性，易燃性，环境影响，安全相关问题和数据中心使用寿命期间的总液体成本，冷却液之间的性能对比见表 5.3-1。

表 5.3-1 浸没式液冷冷却液性能对比

对比项	碳氢及有机硅类冷却液			碳氟类冷却液					
	天然矿物油	合成油	有机硅油	氢氟烃（HFC）	全氟碳化合物（PFC）	氢氟醚（HFE）	碳氟化合物（Ultra Low GWP）	3M FC40	全氟三丁胺，XP68 电子冷却氟化液
臭氧层破坏	无			无					
温室效应	无			会带来温室效应		温室效应影响较小	超低温室效应	影响小	
液体黏度	高			低				2.2mm²/s	2.2mm²/s
沸点	高，不易挥发			较高				170℃	165℃

对比项	碳氢及有机硅类冷却液			碳氟类冷却液					
	天然矿物油	合成油	有机硅油	氢氟烃（HFC）	全氟碳化合物（PFC）	氢氟醚（HFE）	碳氟化合物（Ultra Low GWP）	3M FC40	全氟三丁胺、XP68电子冷却氟化液
腐蚀性	不腐蚀金属			不腐蚀金属					
毒性	低			低					
成本	低			较高				高	高
闪点及可燃性	存在闪点，有可燃助燃风险		可设计高闪点，但可能导致流动困难	无闪点，不可燃					
老化变质性	容易分解、老化，会变色氧化产生酸，需要定期检测			不易分解变质					
可靠性及寿命	低，3～5年			高，超过10年					
兼容性	兼容性差			兼容性好					
	杂质对元器件损害大								
导热率	高			低					
惰性	低			高					
维护性	黏性高，不便于维护，需要清洗剂			黏性低，易挥发，便于维护					
密度	低			高					
比热容	高			低					
挥发性	不易挥发			易挥发					
综合传热性能（与密度、黏度、比热容、导热系数有关）	低			高					
介电强度（绝缘性）	＞30kV			＞24kV					
介电常数	低			低	低	对高速信号传输有一定影响	低	1.9	1.9

5.4　单相浸没液冷数据中心长期运行可靠性

　　服务器长时间浸泡在冷却液中是否会产生材料兼容性问题，是否会导致组件故障，如冷却液必须与服务器组件的材料相容，避免发生化学反应导致腐蚀或损坏。因此，针对单相浸没液冷数据中心长期运行可靠性，需要考虑以下几个方面：

（1）相容性：所有浸没在冷却液中的物料、冷却液循环流经部位的物料、常用物料（金属、橡胶、塑料、陶瓷、硅等），均应与冷却液长期兼容。碳氟类冷却液具有化学惰性，尤其不易与金属、无机物质反应，全氟聚醚等全氟化合物均是非常稳定的介质，具有极高材料兼容性。碳氢类冷却液的兼容性相对较弱，特别是矿物油等天然油；但通过不断改良或提炼的合成油已在兼容性方面有较大突破。另一方面，需要对服务器设备进行一定的改造或替换，如传统机械硬盘 HDD 无法直接在冷却液下工作，需选用借助镭射封装等技术将 HDD 密封在氦气环境下的氦气硬盘；固态硬盘 SSD 则基本不存在与液体的兼容性问题，可以直接应用。

（2）耐久性：主要考虑冷却液和服务器组件两个方面。冷却液自身寿命：矿物油等天然油由于杂质较多，保质寿命通常在 5 年以下。在维护良好不考虑其他风险因素下，合成油使用寿命最高可以达到 10 年，碳氟类冷却液则可以远超 20 年。服务器组件耐久性：液冷环境长期工作下，服务器系统运行稳定性，主板物理特性、信号完整性、电源完整性，电源模块和机箱结构无明显变化。同时液冷服务器具有较低的失效率，以运行 3 年的阿里云浸没式液冷服务器为例，相比风冷服务器，组件故障率下降约 53%[20]。

（3）维护与监控：浸没液冷系统需要定期进行维护，以确保冷却液的纯净度和性能。这包括定期更换冷却液、清理过滤器以及检查密封性。此外，实时监控系统对于预防潜在问题至关重要。通过传感器监测冷却液的温度、压力、电导率等参数，可以及时发现异常情况并采取相应措施。同时，对服务器组件的运行状态进行实时监控，如 CPU、内存和电源模块的温度和功耗，可以有效预防过热和过载问题。

（4）环境适应性：数据中心通常位于不同的地理位置，环境条件各异。因此，冷却液和服务器组件必须能够适应不同的环境温度和湿度。例如，在高温高湿的环境中，冷却液的挥发性可能会增加，需要选择挥发性较低的冷却液。同时，服务器组件的材料和设计需要能够承受环境变化带来的影响，以保证系统的稳定运行。

（5）安全与环保：在选择和使用冷却液时，必须考虑其安全性和环保性。碳氟类冷却液虽然具有高兼容性和长寿命，但其对环境的影响需要特别关注。因此，选择低毒性、可生物降解的冷却液，或采用封闭循环系统以减少泄漏风险，是确保数据中心环境友好和符合安全标准的重要措施。

综上所述，单相浸没液冷数据中心的长期运行可靠性需要从相容性、耐久性、维护与监控、环境适应性以及安全与环保等多个方面进行综合考虑。通过科学的设计和严格的管理，可以确保液冷数据中心在提供高效冷却的同时，也具备长期稳定运行的能力。

5.5　CFD 技术在单相浸没式液冷中的应用

计算流体动力学（CFD）技术在数据中心浸没式液冷设计中的应用是不可或缺的。浸没液冷可大幅度解决高密度服务器集群的散热问题，但并不意味着服务器泡在液体里就可高枕无忧。由于服务器自身发热量 50% 以上集中在 GPU 或 CPU，因此如果液冷服务器、液冷箱体内结构及流道不加以优化设计，服务器局部热点仍会存在。下面通过散热器、服务器以及液冷箱体案例的形式介绍 CFD 技术在浸没式液冷中的具体应用。

5.5.1 散热器

散热器作为服务器散热的核心部件，对维持服务器的安全运行起到了至关重要的作用。散热器采用铝或铜等高导热材料制成，以确保热量能够迅速从服务器内部传导到散热器表面。另外，散热片的形状、大小和排列方式都会影响其散热效果，为了增加散热面积，散热片通常设计得非常密集且具有较大的表面积。通过 CFD 技术对散热器结构进行优化，以强化其热传导的能力有助于服务器在长时间高负荷运行下依然保持稳定和安全。

（1）增大散热器面积：将散热器底板长度增加。虽然散热器面积增大，但由于翅柱之间间距较小，流动阻力较大，冷却液仍然向两侧流动，如图 5.5-1 所示，故该种情况下冷却性能提升效果很小，GPU 温度为 70℃。

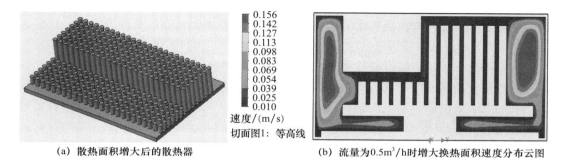

(a) 散热面积增大后的散热器　　　　(b) 流量为0.5m³/h时增大换热面积速度分布云图

图 5.5-1　面积增大散热器结构及模拟速度云图

（2）改变散热器翅片间距：通过改变翅片间距，降低流动阻力，使更多的冷却液流过散热器从而改善换热性能，改进后散热器模型如图 5.5-2 所示，冷却液从两边流走情况有所改善，此时 GPU 温度为 67.41℃。

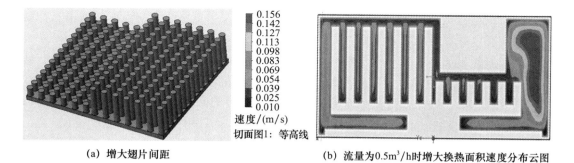

(a) 增大翅片间距　　　　(b) 流量为0.5m³/h时增大换热面积速度分布云图

图 5.5-2　翅片间距增大散热器结构及模拟速度云图

（3）在散热器两端增设挡板：通过在散热器两边设置挡板，使冷却液强制流过散热器，增强冷却效果，挡板位置如图 5.5-3（a）所示，此时 GPU 的平均温度为 62.11℃，相比于不加挡板时的 72℃，有了明显提升。

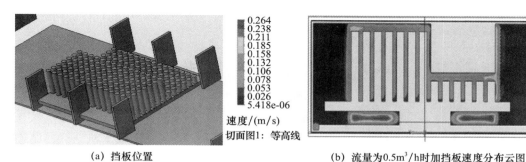

| (a)　挡板位置 | (b)　流量为0.5m³/h时加挡板速度分布云图 |

图 5.5-3　添加挡板翅片散热器结构及模拟速度云图

5.5.2　服务器

为了改善服务器内部流场、强化芯片与冷却液之间的换热，通过改变散热器类型与增设导流结构，对液冷服务器进行优化。在优化结构的基础上，以 CPU 最高温度与压力损失为评价指标，通过响应面优化方法（Response Surface Method，RSM）对关键的结构参数、物性参数以及运行参数进行了深入分析，得到了单因素以及因素之间交互作用对液冷服务器性能的影响程度。

服务器基础结构如图 5.5-4 所示，该服务器由 2 个 CPU、1 个 Raid 卡、2 个电源、6 个硬盘以及数个内存卡组成。在计算模型之前，对其进行了相应的简化处理，服务器中的冷却风扇被拆除，并且没有考虑对冷却液流动影响微小的组件。此外，为了提高换热效率，基础结构采用了翅片散热器。在运行过程中，冷却液自下而上流入服务器中，吸收 CPU 和内存产生的热量。

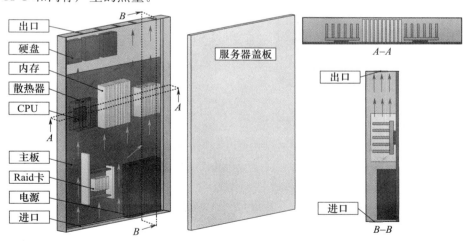

图 5.5-4　服务器基础结构

在基础结构中，冷却液通常会从 CPU 及散热器的两侧流过，造成性能的下降。通过导流板引导冷却液向 CPU 及散热器流动，优化结构如图 5.5-5 所示。

图 5.5-6 所示为单相浸没液冷服务器基础结构与优化结构的性能对比，由于散热器和流场的改善，更多的冷却液从散热器流过，可以及时将 CPU 产生的热量带走，这使得 CPU 最高温度大幅下降（在 120W 的功率下降低 12.5℃）。

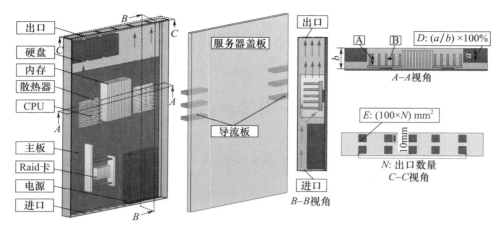

图 5.5-5　服务器优化结构

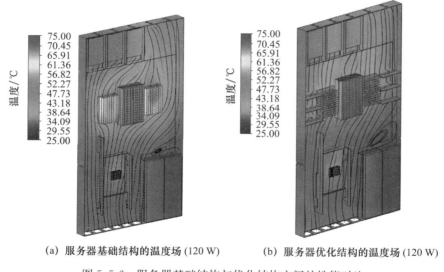

（a）服务器基础结构的温度场（120 W）　　　（b）服务器优化结构的温度场（120 W）

图 5.5-6　服务器基础结构与优化结构之间的性能对比

5.5.3　液冷箱体

1）消除 Tank 内服务器的局部热点

在设计阶段，通常会通过搭建试验台的方式，验证不同设计方案、不同散热工质下的液冷箱体设计方案，而 CFD 模拟可以基于计算机的仿真模拟运算，以更低的成本、更高的效率验证不同冷却方案的有效性，从而减少实际建造和运行中的试错成本。

按照常规设计直接把服务器浸泡在 Tank 的冷却液内，不加任何其他均流措施，如图 5.5-7 所示，整个液冷箱体内各区域由于液体流量不均衡，同时易出现死角区域，冷却液无法迅速排出，导致热量累积形成热点区域。

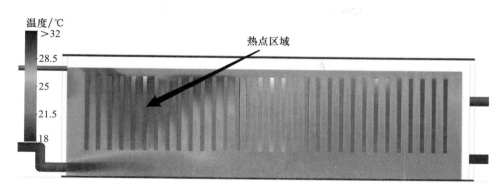

图 5.5-7　无均流板箱体温度分布

对于供液不均导致的局部热点问题，可以通过增加均流板的方式使低温冷却液更加均匀地流向液冷箱体，确保每台服务器周围的冷却液流速统一，消除流动死角，从而防止出现局部热点。在上述液冷箱体底部，增加均流板，出液孔径为 35mm，完成后的模型如图 5.5-8 所示。

图 5.5-8　Tank 底部增加均流板示意图

完成新增均流板建模后，即可利用 CFD 技术进行均流板效果的模拟验证，完成仿真模拟后的箱体内温度分布如图 5.5-9 所示，增加均流板后，箱体内温度分布明显更加均匀，不再出现大范围的热点区域，服务器的局部热点已基本解决。

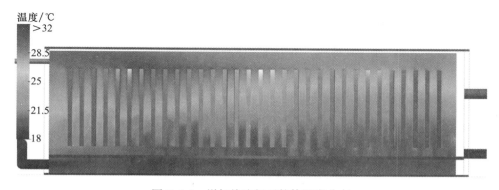

图 5.5-9　增加均流板后箱体温度分布

2）优化均流板流速

虽然局部热点得到解决，但均流板的设计仍需优化。图 5.5-9 也可以看出，整个

Tank 内下半部分温度偏低而上半部分则温度偏高。从图 5.5-10 均流板出液孔的流速分析可以发现，在靠近供液总管的区域，下方流速较高，导致该区域出液孔的冷却液出液量很低。

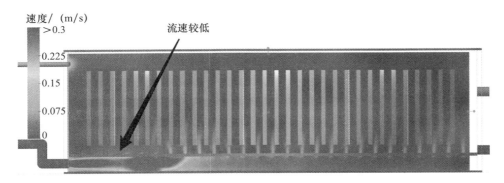

图 5.5-10　孔径 35mm 均流板流速分布

由此可以判断当前出液孔孔径设计过大，需要缩小孔径，增大均流板两侧压差，使供液更加均匀。将孔径降低至 16mm 后，如图 5.5-11 所示，模拟结果显示靠近供液总管附近的供液孔流量增加、流速提升，均流效果更佳。

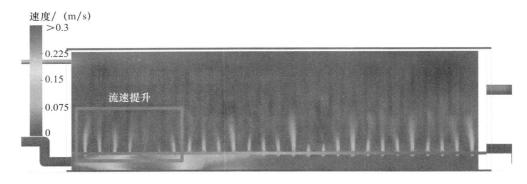

图 5.5-11　孔径 16mm 均流板流速分布

同样，均流板改善后，箱体内温度分布更均匀，如图 5.5-12 所示。在不同高度下冷却液温度分层也更明显。高温冷却液主要集中在箱体顶层，易于排出，提升了整体冷却效率。

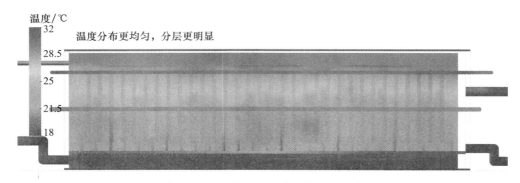

图 5.5-12　孔径 16mm 均流板温度分布

3）提高冷却效率

单相浸没式液冷由于其冷却工质种类繁多，不同工质的热传导性能与流动特性各不相同。通过 CFD 模拟，如图 5.5-13 所示，可以分析不同冷却液体在服务器和机柜内的流动情况，找出流动死角和热点，从而优化冷却液的分布，提高冷却效率，或者选择品质更优的冷却液。

图 5.5-13　利用 CFD 技术模拟不同冷却液的温度

4）故障预测与管理

由于液冷系统中泵为失效率相对较高的部件，因此可以用 CFD 模拟不同泵失效场景下设备和系统的散热情况，确保在该种冗余设计下，液冷系统满足安全性的要求，如图 5.5-14 所示。

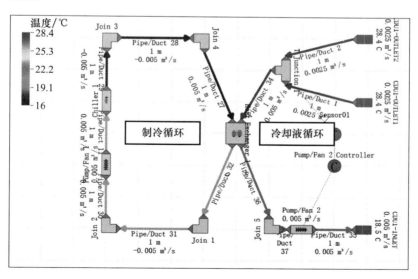

图 5.5-14　CFD 技术模拟 CDU 内各设备工作状态

通过上述几个方向可以了解到，CFD 能够提前消除浸没液冷 Tank 内服务器的局部热点，优化均流板，进行液冷设计方案的可行性评估、优化方向的评估、最优解的判断等。另外，还可以通过并行计算、参数化运行、编程计算等数学方法加快设计方案的效率、提升最终产品的品质。

5.6 小 结

本章详细介绍了单相浸没液冷数据中心的液冷箱体、服务器、冷却液及其特性，分析了影响单相浸没液冷数据中心长期稳定运行的因素，介绍了 CFD 方法在散热器、服务器及液冷箱体优化方面的应用，为该技术在数据中心中的应用提供实际参考和借鉴。通过以上内容，可以得到如下结论：

（1）单相浸没液冷技术在降低数据中心的 PUE 方面具有显著优势，能够有效降低数据中心的运营成本，同时减少对环境的影响。

（2）单相浸没液冷技术的实施需要考虑多种因素，包括冷却液的选择、系统设计、设备布局、维护管理等，以确保系统的长期稳定运行。

（3）单相浸没液冷技术在实际应用中，需要结合具体项目的需求进行定制化设计，以满足不同场景下的计算需求和空间限制。

（4）单相浸没液冷技术的未来发展方向包括：进一步优化冷却液的热物理性能、提高系统的智能化水平以及探索与其他绿色能源技术的结合，如太阳能、风能等，以实现数据中心的零碳排放。

综上所述，单相浸没液冷技术在数据中心领域的应用前景广阔，不仅能够满足当前对高效、节能、环保的数据中心的需求，还能够为未来数据中心的可持续发展提供有力支持。随着技术的不断成熟和市场的逐步认可，单相浸没液冷技术可满足商业化需求，有望成为数据中心冷却领域的主流选择。

参考文献

［1］ 陈晓红，曹廖滢，陈姣龙，等．我国算力发展的需求、电力能耗及绿色低碳转型对策［J］．中国科学院院刊，2024，39（3）：528-539.

［2］ 管晓宏，徐占伯，吴江，等．数字基础设施绿色低碳发展中的关键科学问题与建议［J］．中国科学基金，2024，38（4）：583-592.

［3］ 苏林，董凯军，孙钦，等．数据中心冷却节能研究进展［J］．新能源进展，2019，7（1）：93-104.

［4］ KHALAJ A H，HALGAMUGE S K. A review on efficient thermal management of air-and iquid-cooled data centers：from chip to the cooling system［J］．Applied Energy，2017，205：1165-1188.

［5］ 肖新文．数据中心液冷技术应用研究进展［J］．暖通空调，2022，52（1）：52-65.

［6］ 李芳宁，曹海山．数据中心两相冷却技术现状与展望［J］．制冷学报，2022，43（3）：28-36.

［7］ 钟杨帆，刘丹，文芳志，等．数据中心单相浸没液冷规模化应用关键技术研究［J］．信息通信技术与政策，2023，49（5）：65-72.

［8］ 陈心拓，周黎旸，张程宾，等．绿色高能效数据中心散热冷却技术研究现状及发展趋势［J］．中国工程科学，2022，24（4）：94-104.

［9］ 袁慧，侯娜娜，李树谦，等．数据中心相关器件的浸没液冷技术研究进展［J］．能源研究与管

理，2022（1）：19-28.

[10] LIU S C, XU Z M, WANG Z M, et al. Optimization and comprehensive evaluation of liquid cooling tank for single-phase immersion cooling data center ［J］. Applied Thermal Engineering，2024，245：122864.

[11] 倪道旭，于帆 . 基于机柜级别的服务器单相浸没式液冷模拟 ［J］. 低温工程，2023（3）：82-88.

[12] 刘圣春，徐智明，李雪强，等 . 单相浸没式液冷箱体关键参数的仿真研究 ［J］. 制冷学报，2023，44（2）：159-166.

[13] LI X Q, XU Z M, LIU S C, et al. Server performance optimization for single-phase immersion cooling data center ［J］. Applied Thermal Engineering，2023，224：120080.

[14] 谢丽娜，邢玉萍，蓝滨 . 数据中心浸没液冷中冷却液关键问题研究 ［J］. 信息通信技术与政策，2022（3）：40-46.

[15] UMAR S, SULAIMAN F, ABDULLAH N, et al. Preparation, stability and thermal characteristic of Al_2O_3/Bio-Oil based nanofluids for heat transfer applications ［J］. Journal of Nanoscience and Nanotechnology，2020，20（12）：7569-7576.

[16] LI X, ZOU C, ZHOU L, et al. Experimental study on the thermo-physical properties of diathermic oil based SiC nanofluids for high temperature applications ［J］. International Journal of Heat & Mass Transfer，2016，97：631-637.

[17] LUO Q, WANG C, WEN H, et al. Research and optimization of thermophysical properties of sic oil-based nanofluids for data center immersion cooling ［J］. International Communications in Heat and Mass Transfer，2022，131：105863.

[18] WEI B, ZOU C, YUAN X, et al. Thermo-physical property evaluation of diathermic oil based hybrid nanofluids for heat transfer applications ［J］. International Journal of Heat and Mass Transfer，2017，107：281-287.

[19] KONG R, ZHANG H, TANG M, et. al. Enhancing data center cooling efficiency and ability：a comprehensive review of direct liquid cooling technologies ［J］. Energy，2024，308：132846.

[20] 钟杨帆，郭锐，张京，等 . 基于电子氟化液的单相浸没液冷服务器长期可靠性评估 ［J］. 中国电信业，2021（S1）：55-60.

第6章　相变浸没式液冷

6.1　引　言

　　早在上世纪 60 年代，浸没式液冷已被认为是解决高发热密度芯片散热问题的潜在技术，IBM 等公司应用碳氟类冷却液开展了大量流体沸腾冷却实验，以探讨相变浸没冷却技术的可行性。由于对浸没液体相容性和耐久性、运维困难等问题的担忧，加之制程工艺不断发展使得芯片冷却问题尚未凸显，风冷散热可以很好地满足冷却需求，因此浸没冷却技术一直未得到推广应用。

　　人工智能、大数据及超算等技术的快速发展，对数据处理量及处理效率需求提出了更高的要求，电子设备不断向高频化、高集成化等方向发展，特别是 TPU（张量处理器，Tensor Processing Unit）、GPU（图形处理器，Graphics Processing Unit）、人工智能专用芯片大规模商用后，数据中心电子设备发热功率及密度随之急剧增长，主流刀片服务器 CPU（中央处理器，Central Processing Unit）发热密度可达 $80W/cm^2$ 以上[1]，远超风冷散热技术可实现的散热能力。相变浸没液冷技术是通过冷却液沸腾传热实现芯片散热，其传热系数可达到 $3900\sim25000W/(m^2 \cdot K)$，无强化措施下传热极限热流密度约为 $100\sim150W/cm^2$，相比单相浸没液冷技术的对流冷却方式（其传热系数约为 $50\sim2000W/(m^2 \cdot K)$[2]），可进一步提升散热能力，充分保障高发热密度电子元件的运行稳定性和可靠性。近年来，在高密度散热需求强烈驱动下，相变浸没式液冷技术不断成熟，加快了其商业化应用进程。据测算，目前与风冷冷却技术相比，相变浸没式液冷系统初投资较高，运行 $4\sim5$ 年 TCO（总体拥有成本，Total Cost of Ownership）开始低于风冷系统。

　　相变浸没液冷装置内部传热机理较为复杂，过程涉及重力驱动的两相对流和气泡诱导的流动混合，相变过程在发热部件表面进行，冷却极限取决于表面材料及粗糙度等因素，同时产生气泡还会对临近发热部件冷却效果等产生影响。由于换热过程中会不断产生气体，为了防止冷却液损失及空气等不凝气体对冷却效果的影响，相变浸没液冷技术对冷却装置的密封性要求很高。相变浸没液冷装置设计要从冷却液选择、传热性能优化、装置密封及压力控制、材料相容性与耐久性等多方面综合考虑。

6.2　相变浸没冷却液

6.2.1　相变浸没冷却液选择原则

　　在相变浸没冷却装置中，冷却液与发热元件直接接触发生沸腾换热，相变浸没冷却液是决定冷却装置冷却效果、可靠性、运维方式、运行能效等的关键因素，相变浸没冷却液的选择通常考虑如下要求：

（1）器件兼容性：与单相浸没冷却相同，相变浸没式冷却系统的冷却液与电子元器件直接接触，必须与长期接触的所有元器件材料具有良好的兼容性，对部件无腐蚀性；具有优异的电气绝缘性以确保电子产品的安全，介电强度应大于 24kV；同时具有较低的介电常数和介质损耗因数以避免信号干扰，相对介电常数应小于等于 2.5，介电损耗角正切值小于等于 0.05[3]。

（2）传热性能：相变浸没冷却技术相比于单相浸没冷却技术，冷却液主要通过沸腾换热带走热量，因此与气泡产生及演化相关的热物性也是必须考虑的因素，包括沸点、导热系数、黏度、表面张力和汽化潜热等。为实现沸腾换热，相变浸没冷却液的沸点应低于电子器件的最高允许温度（85℃），在 45～60℃时较好；相变浸没冷却液的导热系数越大，沿换热方向的热损失越小，越有利于沸腾换热；冷却液的黏度在很大程度上影响其流动和气泡运动，较低的黏度更有利于降低冷却液流动阻力和气泡运动，从而更有利于沸腾换热，在最低使用温度下液体的运动黏度应小于 $5 \times 10^{-5} \mathrm{m}^2/\mathrm{s}$[3]；表面张力对沸腾气泡的大小以及冷却液对热源表面的润湿性有很大影响，较小的表面张力意味着分离气泡的直径较小，从产生到脱离气泡受热面的时间越短，周围液体润湿受热面的速度就越快，沸腾换热就越强烈；汽化潜热越高，单位质量的冷却液带走热量的能力就越大[4]。

（3）环境友好性能：与其他液冷工质相同，相变浸没冷却液应具有良好的环境友好性能，即 ODP（消耗臭氧潜能值，Ozone Depletion Potential）为 0，同时 GWP（全球变暖潜能值，Global Warming Potential）较低，中华人民共和国工业和信息化部发布的《国家信息化领域节能技术应用指南与案例（2022 年版）》相关内容指出，数据中心高效冷却技术浸没式液冷应采用零 ODP、低 GWP（小于 150）氟化冷却液[5]。

（4）安全性：相变浸没冷却液应具有高闪点（大于 150℃）和自燃温度，同时无毒无味（半致死浓度 $LC_{50} > 2000\mathrm{mg/kg}$），对操作人员友好，具有可维护性。

（5）成本：相变浸没冷却液应容易获得且价格低廉。

6.2.2　常见的相变浸没冷却液

由于氟元素的惰性及低介电等性质，目前数据中心相变浸没冷却液通常选用电子氟化液，具体可分为三类：PFCs（全氟碳化物，Perfluorocarbons）、HFEs（氢氟醚，Hydrofluoroethers）以及 FKs（氟代酮，Ketofluranes），HFOs（氢氟烯烃，Hydrofluoroolefins）因其优异的环境友好性以及传热性能近年来广受关注，目前应用于数据中心相变浸没系统的 HFOs 工质已进入验证阶段，常见的相变浸没冷却液性能参数如表 6.2-1 所示。

PFCs 是一类含有氟和碳元素的有机化合物，其中所有氢原子均被氟原子替代。由于氟碳键的高稳定性，PFCs 具有高化学稳定性、低反应性和极低的表面张力等特点。当前常用 PFCs 相变浸没冷却液有 FC-72 与 FC-3284 等，因其适中的沸点以及较低的介电常数而广受欢迎，但其 GWP 普遍大于 5000，在节能减排以及"双碳"目标的推动下，逐渐被新型 PFCs 工质替代。

表 6.2-1　相变浸没冷却液性能参数

分类	编号	沸点/℃	ODP	GWP	汽化潜热/(kJ/kg)	临界温度/℃	介电常数（1kHz）
PFCs	FC-72	56.00	0	>5000	88.00	176.00	1.75
	FC-3284	50.00	0	>5000	105.00		1.86
	Noah 2100A	47.00	0	20	96.19		1.88
	KEY-114	49.00	0		121.60		1.86
	KEY-116	65.00	0		88.00		1.88
	SFM-5016N	50.00	0	20	90.00		1.90
HFEs	HFE-7000	34.00	0	370	142.00	165.00	7.40
	HFE-7100	61.00	0	297	112.00		7.40
	HT-55	55.00	0		92.09		1.86
FKs	Novec 649	49.00	0	1	88.00	169.00	1.80
HFOs	Opteon 2P50	49.00	0	10	115.00	176.00	1.82

　　HFEs 是一类含氢、氟和氧的有机化合物，常作为环保替代品用于各种工业和商业应用中。HFEs 的分子结构中通常包含一个或多个醚基团。常见 HFEs 冷却液以 HFE-7000 和 HFE-7100 为主，相较于传统 PFCs 冷却液，其有着更低的 GWP 以及更高的汽化潜热，具有更好的环境友好性以及传热性能，但介电常数较高，对服务器高速 I/O 存在一定的影响。

　　FKs 是一类含氟的有机化合物，主要特征是分子中含有一个或多个氟原子和一个酮基，其具有极低的 GWP 以及较低的介电常数，是数据中心相变浸没制冷系统的较好选择。

6.2.3　相变浸没冷却液的储藏与使用

　　相变浸没冷却液通常价格昂贵、沸点低、易挥发，在存放、运输、使用及废气处理方面需采取措施，减少冷却液损失，确保使用安全，减少对环境的影响。

　　相变浸没冷却液需存放在阴凉、干燥、通风处，避免长期敞开容器，不使用时需确保容器密封，避免接触其他化学产品。运输过程需采用桶装，加装防护栏板防止滚动，严禁与易燃物、可燃物及氧化剂混合运输，夏季应早晚运输、防止日光暴晒[6]。

　　在使用过程中，应定期对液冷系统内的冷却液进行取样检测，检测指标包括但不限于介电常数、体积电阻率、运动黏度、闪点、酸值、含水量、固体颗粒物含量、有机物含量等。针对相变浸没冷却液可能发生泄漏的情况，液冷系统布置区、冷却液贮藏区应配置可实时监测冷却液浓度的专用传感器；数据中心运维人员宜配备方便携带的冷却液浓度检测仪，定期对液冷系统进行巡检。排风系统宜与检测系统联动，以确保液冷系统布置区、冷却液贮藏区的空气质量符合国家规范，冷却液蒸气浓度应控制在其时间加权平均容许浓度（PC-TWA）范围内。

　　废弃冷却液的处置，必须遵循国家和数据中心所在地的相关法律法规，应由有化学品处理资质的机构完成回收处理。

6.2.4　相变浸没冷却液研究进展

近年来，随着国产替代战略的推进，国内本土企业在电子氟化液国产化研发及生产方面有所突破，如中科微新材料（深圳）有限公司所研发的 KEY-114 等及浙江诺亚氟化工有限公司研发的 Noah 2100A 等新型电子氟化液均有良好的冷却效果。

相变浸没冷却液的性能对相变浸没冷却系统的散热能力起着至关重要的作用，当前研究多集中于相变浸没冷却液热物性的研究。其中对于 PFCs 及 HFEs 冷却液传热性能以及应用于数据中心相变浸没式冷却系统性能的研究较多，此外也有部分学者对于在电子氟化液中掺混其他冷却液组成新型混合工质进行改性展开研究。相关研究结果表明，相变浸没系统选用 PFCs（FC-72、FC-87 等）或 HFEs（HFE-7000、HFE-7100 等）作为冷却液时，其展现出良好的传热性能，冷却液相对沸点温度较低，电子器件温度也相对较低。HFE-7100 的散热能力优于 FC-72 和 Novec 649，而 FC-72 和 Novec 649 在不同目标下表现性能不同，例如，文献［1］针对的是入口流速和流体温度一定时，CPU侧的温度和热流密度变化。文献［7］更关注的是在稳态工况下，相同压力下冷却水所能携带的散热量。故 FC-72 与 Novec 649 这两种相变冷却液在条件不同的情况下，表现出来的冷却性能也不同。因此，在涉及这两种冷却液的运用时，需要考虑关注目标是散热量还是温度控制。对于混合工质，并不是工质进行混合就能提高冷却性能，应进行筛选。相关研究如表 6.2-2 所示。

表 6.2-2　相变浸没冷却冷却液相关研究

冷却液类型	冷却液	研究结果
PFCs	FC-72、Novec 649、HFE-7100 和 D-1	冷却水散热量：HFE-7100＞FC-72＞D-1＞Novec 649[1]
	单相水、FC-40 和两相 FC-72、Novec 649	CPU 散热量：Novec 649＞两相 FC-72＞单相水＞单相 FC-40[7]
HFEs	HFE-7100	HFE-7100 蒸汽在光滑管外的冷凝传热系数随冷却水进口温度的增加而增加，而在三维强化管相反[8]
	HFE-7000、FC-3284	冷却性能：HFE-7000＞FC-3284＞空气[9]
	HFE-7100	在最高运行负荷下，系统的 COP 和 PUE 值最佳，分别为 6.67 和 1.15[10]
	单相水-乙二醇、HFE-7300	HFE-7300 最高热通量为 $111W/m^2$，浸水冷却热通量高达 $562W/m^2$，但器件已经失效[11]
FKs	Novec 649、HFE-7000	HFE-7000 的平均芯片温度比 Novec 649 最大下降 17.32℃[12]
混合工质	（质量分数 10∶90）二甲氧基二甲基硅烷与 HFE-7200 混合物	混合物 CHF 比纯 HFE-7200 高 17.8%。混合物的沸腾起始温度低于纯 HFE 7200 的温度[13]

6.3 相变浸没冷却系统

6.3.1 典型相变浸没液冷系统运行原理

相变浸没液冷技术基本原理是将服务器的主板、CPU、内存等发热元器件全部浸没在冷却液中，冷却液吸收发热元器件热量后汽化实现热量转移，如图 6.3-1 所示。冷却液与被冷却对象直接接触，散热效果佳且无散热盲点，一次性解决全部发热元器件的散热问题，无须配置任何风扇。该冷却方式对原计算机系统有较大改动，需研发制作用来盛放冷却液及发热元器件的密封舱体，对冷却液的要求较高，不仅需具备绝缘性能好、无毒无害等物化特性，还需要对其进行长期严苛的材料兼容性实验和信号完整性测试。

图 6.3-1 浸没相变液冷技术原理图

浸没相变液冷技术基础设施系统工作原理如图 6.3-2 所示，该系统主要由相变浸没液冷机柜、CDU［冷量分配单元，Cooling Distribution Unit。在相变浸没式液冷技术相关资料中，CDU 又称 CDM（冷却液分配模块，Coolant Distribution Module)］、连接管路及外部冷却装置组成。CDU 的作用是将吸热气化后的冷却液重新冷凝为液态并重新分配给相变浸没液冷机柜，主要包括液气换热器、循环泵、储液器、温度及流量传感器、管路阀门等，是浸没相变液冷系统的散热模块，将冷却液携带的热量传递到室外，同时还起到为冷却液提供循环动力、控制冷却液流量和流速的作用。相变浸没液冷机柜与外部冷却装置采用不同冷却液，通过换热器实现间接换热，通常 CDU 与外部冷却装置相连的一侧称为一次侧，与相变浸没冷却机柜相连的一侧称为二次侧。

二次侧中，CDU 通过循环泵提供低温冷却液，经分液单元平均分配到各浸没密封舱体——刀壳中，完成计算节点低温冷却液的供给。冷却液在刀壳中升温、沸腾，通过相变实现热量的转移，气态冷却液通过自发动力汇集到集气单元中，再通过回气管路到 CDU 的换热器中与一次侧冷却水进行换热变成低温冷却液，然后 CDU 再次提供低温液态冷媒至分液单元。

一次侧中，在 CDU 换热器中升温后的冷却水，由循环水泵输送到外部冷却装置（通常为闭式冷却塔）中，通过外部冷却装置将热量最终释放到外部环境中，降温后的冷却水再回到 CDU 换热器中与二次侧冷媒进行换热。

系统主要通过 CDU 控制其正常运行，CDU 综合分析系统运行状态，根据预定策略，调节系统中总冷媒的流量、温度和压力。相变浸没式液冷系统二次侧支持 38～40℃以下供液温度，一次侧支持 15～35℃供水温度，无须冷水机组、风扇等高能耗制冷设备，实现 PUE 低至 1.1 以下。

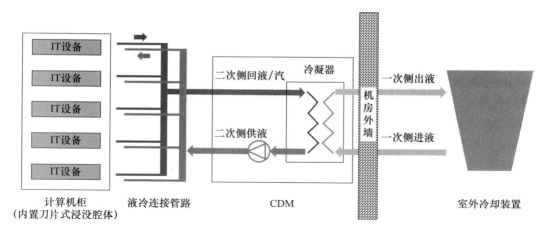

图 6.3-2　浸没相变液冷技术基础设施系统工作原理图

6.3.2　典型相变浸没液冷机柜结构

典型相变浸没液冷机柜工作示意图如图 6.3-3 所示。CDU 设备居于中间位置，两侧分别为相变浸没专用计算机柜，每台换热模块配备一套水力调节模块，每台计算机柜内安装一台机架式配电模块。由 CDU 向两台计算机柜提供低温冷却液，并将吸收热量后沸腾相变的气态冷却液输送至 CDU 内换热器进行冷凝换热。典型相变浸没液冷机柜如图 6.3-4 所示，该产品为"一拖二"形态，采用模块化设计，由左右两个计算机柜和中间的 CDU 构成。其中单机柜包含 4 个刀箱，单刀箱可容纳 10 个相变浸没液冷刀片服

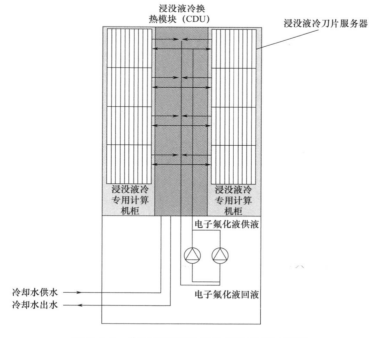

图 6.3-3　典型相变浸没液冷机柜工作示意图

务器，每台机柜最多可容纳 40 台浸没液冷刀片服务器，单机柜功率 158kW。CDU 和单机柜整体外形尺寸均为：宽 700mm×深 1400mm×高 2600mm。机柜额定进液温度为 38℃，允许机柜进液温度为机房露点温度+3～39℃，额定 38℃供液，回汽温度为冷却液沸点温度（通常在 50℃上下），运行过程中 CPU 核心温度在 65℃左右。

图 6.3-4　典型相变浸没液冷专用计算机柜模块外观图

对于相变浸没式液冷整个系统而言，冷却液在工作环境中挥发性较强。为了减少工作流体损失，全系统必须保持系统密闭，相变浸没式液冷系统的密封结构设计非常关键。刀片服务器浸没腔体为全密封设计，如图 6.3-5 所示，每个刀片服务器均设有进液口、回气口，以及电气、信号穿壁接口，全部接口进行穿壁密封处理，采用特殊密封胶材料密封，确保运行时安全无泄漏。进液口、回气口采用无滴漏快速接头设计，支持热插拔。快速接头是一种不需要工具就能实现管路连通或断开的接头，又能防止液体泄漏和易于使用的内置截断阀。

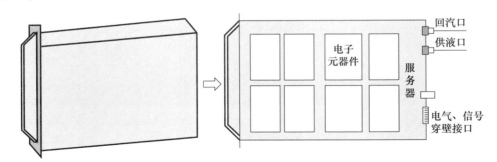

图 6.3-5　刀片浸没腔体示意图

刀片服务器的回气、供液分别通过盲插式快速接头与水平集气/供液单元（如图 6.3-6 所示）相连，以保证系统安装或维护过程中冷媒不泄漏，且维护更加便利。其中水平集气单元用于汇集由计算刀片流出的气态冷却液，并通过竖直集气单元将气态冷却液输送至 CDU；水平供液单元将由竖直供液单元输送进来的冷却液平均分配到刀箱内的每个计算刀片中。

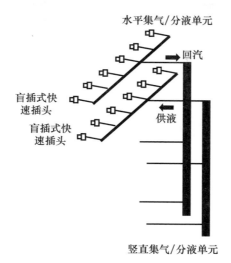

图 6.3-6　集气/分液单元示意图

6.3.3　相变浸没液冷机柜运维管理

为了保证相变浸没冷却系统及运行维护人员安全，相变浸没液冷系统应合理布置漏液监测点，对可能出现泄漏的接头、管路或穿壁密封点等进行多点监测，同时考虑液体挥发的影响，实现泄漏位置范围的锁定。机房环境监测到空气中冷却液蒸气达到一定浓度时，通过动力环境监控系统实现漏液报警，并与机房排风系统、新风系统等联动响应，通过自动启动排风、加大新风量等确保机房环境安全。冷却液须定期进行质量监测，当参数超标时，及时提纯或换液等。运维人员巡检发现冷却液泄漏，判断为轻度溢出时，应使用专用材料吸收，并对残留液体做清洁处理；大量溢出或泄漏时，应用泵抽回到专用容器中，交由专业机构进行提纯、回收或废弃处理，不应直接使用或排放至外界环境中。相变浸没液冷机柜支持单个刀片服务器独立下架维护，而不影响其他刀片服务器的正常运行。

6.3.4　相变浸没液冷机柜流动换热效果研究

如前所述，在相变浸没液冷机柜内部，发热元件主要通过与冷却液发生沸腾换热实现冷却。为了提升散热极限、改善沸腾滞后、减少不同发热元件散热的相互影响，目前从发热元件强化换热技术、机柜布置方式优化等方面开展了一些相关研究工作，可为相变浸没液冷机柜的优化设计提供一定参考。

发热元件表面强化换热通常采取改变芯片结构或改变冷却液与芯片接触区域的方法，减少界面热阻，主要包括以下方面，相关研究工作如表 6.3-1 所示。

表 6.3-1　发热元件强化换热技术研究进展

改进原理	改进措施	改进效果
增加汽化核心	增大粗糙度	1. 与原始光滑表面相比，喷砂后粗糙度为 $9\mu m$ 的芯片表面沸腾传热系数（HTC）和临界热流密度（CHF）分别增加到 3 倍和 1.5 倍[17]。 2. 在壁面过热度 30℃时，与抛光表面相比，粗糙度为 $6.2\mu m$ 和 $9\mu m$ 的喷砂表面热通量分别增加了 69.7% 和 139.3%[18]

续表

改进原理	改进措施	改进效果
改变润湿性	控制亲/疏水面积比例	1. 相对于完全亲水表面，当疏水面积与总表面积的比值为 38.46％时，CHF 提高 103％[19]。 2. 与裸露表面相比，润湿性图案化表面的沸腾传热性能显著提高，CHF 和 HTC 分别提高了 23％和 56％[20]
增加传热面积	微米结构	1. 在发热元件的总传热功率为 540W 时，截棱锥针翅片阵列（TPPFA）实现了最高温度仅为 63.3℃、温度不均匀性为 6.5℃[21]。 2. 均匀微柱排列的表面积增强率越大，在高热通量区的传热性能越好，同时具有小表面积增强比和吸液性的非均匀微柱可以比具有大表面积增强率和吸液率的均匀微柱具有更大的 CHF[22]
加速气泡脱离	纳米结构	1. 与光滑的芯片表面相比，ZnO 纳米阵列涂层芯片（过热度≈4℃），CHF 和 HTC 分别提高了 70.8％和 107.5％[23]。 2. 与光滑的硅表面相比，反蛋白石结构表面沸腾传热性能显著提高，CHF 增加了 214％，HTC 增加了 240％，气泡的平均增长率增加了 75％[24]
降低接触热阻	热界面材料	1. 经过界面处理后，石墨材料与铜之间的接触热阻可从 87.96K·mm²/W 降至 20.26K·mm²/W。实际测试中，经处理和未经处理的样品之间的温度差异高达 7℃[25]。 2. 通过导热基体与石蜡的复合，获得了一种柔性相变热界面复合材料，此复合材料的相变比熔高达 157.7J/g，复合材料的热导率比纯石蜡高 293.7％[26]
增加微尺度旋涡流	芯片堆叠封装技术	在 3D 堆叠芯片中，硅通孔间产生微尺度旋涡流，涡流引起的波动和混合使局部努塞尔数增加到稳定流的 230％，从而将芯片温度的不均匀性几乎降低至稳定流的 1/3[27]

从表面粗糙度、润湿性和微观结构等方面对表面特性进行调控，实现沸腾传热性能的提升。表面粗糙度对沸腾传热过程有显著的影响，因为空腔直径可以决定沸腾起始的过热度，空腔将空气和水蒸气留在其中，从而更容易产生气泡成核[14]。表面润湿性控制着液相、气相和固相之间的接触线，在低热流密度时，疏水性表面的沸腾起始点早于亲水性表面，相变带来较大的传热量；而高热流密度时，亲水性表面气泡脱离直径较小，脱离频率快，因此传热系数较大[15]。微米结构表面主要通过增加有效传热面积实现强化沸腾，纳米结构表面通过增大毛细力来加速气泡脱离和液体回流从而强化传热[16]。

在实际应用中，发热器件与散热单元之间的接触热阻会影响散热效果，通过较低热阻的 TIM（热界面材料，Thermal Interface Material）可提高芯片散热能力。热界面材料用于填充发热器件和散热器之间的固体界面处的空隙，以创建用于散热的导热路径。先进封装技术可以增加微尺度旋涡流，进而提升堆叠芯片的散热效果。

相变浸没换热强化了服务器芯片和冷却液之间的换热，但存在机柜内部压力波动与冷却液循环不畅等问题，导致换热效率降低[28]，需要从机柜系统层面进行设计优化，提高冷却效果与运行稳定性。目前提升机柜运行性能多从改善机柜系统内部流动换热效率、减少气泡上浮造成的发热元件散热相互影响、机柜压力及冷却液纯度控制等角度入手[29]，相关研究总结见表 6.3-2。

表 6.3-2　机柜优化设计及运行研究进展

改进原理	改进措施	改进效果
合理选择冷却液	明确各类氟化液物性	与氟化液 FC-72 和 HFE-7100 相比，氟化液 D-1 适用压力范围最广，启动所需的热流密度最小，最大散热能力最弱，与 Novec 649 接近[1]。使用 Novec 7000 等沸点较高的氟化液时需要提高冷凝器风量来保证散热效果[30]
加快冷却液流动	调整相变液体进口流速	当介质流速从 0.2m/s 增加至 0.6m/s 时，机柜最高温度降低 11.08℃，温度非均匀系数降低 84.06%。当流速进一步增大时（如 0.6～1.0m/s），温度下降幅度较缓，仅降低 1℃ 以内[12]
改良冷凝器布置方式	多模式冷凝器	多模式冷凝器系统可以根据系统 COP 的运行能效指标，随着室外温度不断升高在风冷冷却、蒸发冷却和蒸发/水冷复合冷却三种模式内切换[30]
减少气泡上浮	冷凝器浸没于液体中	将电子器件与冷凝管均浸没在相变液体中，在"强迫对流＋凝结"复合机制下，气泡不会逸出液面，冷凝管所在的液体顶部区域会呈现气液两相共存的状态[31]
避免蒸气上升	在上下芯片之间增加挡板	在上下芯片间增加挡板后，相变液体流速为 0.2m/s 时，上下芯片位置处的气相分数基本一致，蒸气从挡板两侧上升，上下芯片温差很小，温度非均匀系数降低 55.64%[12]
加快冷凝速率	应用垂直降膜式换热器	应用垂直降膜式换热器后，传热系数和传质速率相较于普通换热器的最大增长率分别为 67.65% 和 55.23%[32]，当管内液膜破裂时传热系数和传质速率的最大增长率分别为 63.4% 和 50.9%[33]
精准调节压力	采用新型抗压结构与压力调节系统	将新机柜外部设计成圆弧形长边与短边使用圆弧光滑连接，将外壳与内胆内部填充硬质聚氨酯材料，可以有效增加刚度[34]。 将液箱中的腔体选择性地与冷凝器连通使冷却液流入至腔体，风机设置于冷却回路上将机柜内气体吸入冷凝中，保证机柜内压力的可调节性[35]
冷却液纯度维持	改进过滤循环结构	进水口的后端分别设有两级过滤器，过滤器后端设置电机，电机下方设置中空槽、弹簧与内外板，以便对过滤循环电机的运行进行减震处理，有效增大了过滤循环电机和过滤器的固定面，保证良好的过滤效果[36]

在机柜系统内部流动换热效率提升方面，主要从冷却液合理选择及入口参数优化、冷凝器设置方式及强化冷凝换热等角度展开。冷却液物性对两相冷却系统性能的影响至关重要，优化冷却液的运行流速与入口温度等参数有助于获取良好的沸腾换热效果。冷凝器的布置方式对制冷效果有一定影响，冷凝器外置可以取得较好的散热效果，冷凝器内置可以较好地节约空间，但是冷凝效果会不如外置，需根据实际需求进行选择。冷凝过程可以分为膜状凝结和珠状凝结，后者由于具有优异的冷凝传热性能成为强化冷凝传热的重要方向。曙光数创通过微纳复合翅片锯齿状结构来实现强化冷凝，液膜在重力作用下快速脱离冷凝管，大大加快了冷凝过程。这种冷凝机制不仅提高了换热效率，还减少了冷凝液的滞留时间，从而降低了能耗，提升了整体系统的冷却效能。

在减少沸腾换热间相互干扰方面，机柜内相变液体吸热后在底部芯片处产生蒸气，气泡上升会导致顶部芯片与液体接触的面积减小，沸腾换热性能降低，从而导致顶部芯片温度高于底部，可以通过合理布置冷凝器位置、设置挡板等方式减少蒸气上浮与气泡扰动影响，提升机柜运行性能。

相变浸没冷却机柜在运行过程中会导致其内部压力发生变化，在压力控制方面，除了提升机柜的耐压性能以保证机柜运行稳定性外，还要对机柜内部压力进行精准调节以保证实际冷却效果。电子器件表面的碳氢油类物质会少量溶解到冷却液内，并在蒸发沸腾过程中与液体分离，从而沉积在沸腾表面，但碳氢油类物质的长期沉积作用将使热阻增大，降低冷却效率，应采取过滤、干燥等必要手段对机柜内的液体纯度进行维持。

6.4 循环系统及管路设计

6.4.1 相变浸没冷量分配单元 CDU 设计

相变浸没冷量分配单元 CDU 主要功能是为计算刀箱提供冷量，将从刀箱送来的气态冷却液冷却为液态，然后由循环泵经供液管路重新分配给计算刀箱。为 CDU 提供冷量的一次侧介质采用由室外环境冷却装置提供的常温水。CDU 原理图如图 6.4-1 所示，其内置有换热器、储液罐、过滤器、循环泵、阀门等部件，为实时监控系统的温度、压力水平，在系统内还设置温度和压力传感器，传感器应安装在流体流态稳定直管段区域，不应安装在弯头、三通等流态变化剧烈的位置。当温度、压力传感器并排安装时，压力传感器应安装在水流方向的上游。

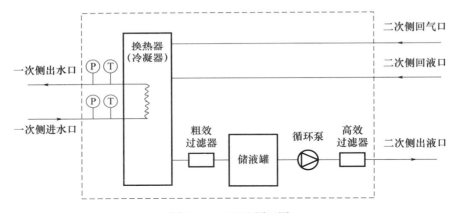

图 6.4-1 CDU 原理图

负荷波动会引起密封腔内的气相区压力波动，系统压力过高或者过低均会带来不利影响；供液压力和温度将直接影响到系统的承压和节能水平，CDU 的自动控制非常关键。CDU 主要控制以下三个指标：系统压力、供液压力和供液温度，其中系统压力控制为最关键技术指标。

（1）系统压力：由于液冷系统处于完全密闭空间，压力控制成为关键。考虑系统安全性，系统压力必须稳定在微负压状态。当压力值相较设定值出现偏差时，通过 PID 闭环控制及时调节一次侧供冷量，确保系统压力稳定。

（2）供液压力：供液压力指循环泵供给刀箱的进液压力，管路压力过高将造成管路或循环泵的损坏，过低则无法满足系统正常运行时的换热需求。当进液压力值出现偏差时，通过 PID 闭环控制及时调节泵频率，确保稳定的供液压力水平。

（3）供液温度：温度调节主要通过调节一次侧水路的调节阀，使温度稳定在设定值范围内。

6.4.2　连接管路设计

一次侧、二次侧管路可采用焊接、法兰、螺纹等连接，螺纹连接时首选端面密封形式螺纹连接，如无法满足端面密封条件，可用与冷却液兼容材质的螺纹密封胶，严禁采用生料带。二次侧系统关键设备如泵、传感器等应采用冗余设计。Ａ级数据中心部署应采用 N＋1 整机冗余设计。

6.5　相容性及耐久性

6.5.1　材料相容性和耐久性相关要求

与单相浸没冷却相同，为了保证相变浸没液冷设备的长期可靠运行，冷却液也应该具有较强的长期热稳定性和化学稳定性，同时所有浸没在冷却液中的材料以及冷却液循环流经部位的材料，均应与冷却液长期兼容。材料相容性主要指冷却液是否会与被冷却的电子器件或组件发生反应或产生溶解萃取等问题。在相变浸没液冷系统中，服务器主板浸没在液体介质中，且服务器腔体、界面接触材料、密封部件等要与介质直接接触，必须考虑到服务器的各部件，特别是密封圈、焊料、黏合剂等与冷却液的相容性。冷却液与系统材料兼容性较差将导致器件的损坏甚至失效，严重影响系统的正常运行和寿命。冷却液的材料相容性是决定浸没式液冷系统的可实施性、维护成本和使用年限最重要的因素之一[37]。

在浸没液冷环境下，冷却液和接触材料可能同时发生两种作用：一种是材料吸收液体，另一种是材料中的可溶性组分从材料中溶解析出。二者相互作用对于接触材料而言，其最明显的表现就是材料的质量和体积发生变化，即当吸收大于析出时，材料的质量和体积会增加；当析出大于吸收时，材料的质量和体积会减小。相关标准[38-39]规定如下：（1）对与冷却液长期接触的金属材质，在测试条件下体积和物理性质变化不超过 $\pm 1\%$，同时使用性能可接受；（2）对与冷却液长期接触的非金属材质，在测试条件下体积质量变化率不超过 $\pm 3\%$，同时使用性能可接受；（3）冷却液不与接触到的浸没式液冷系统中任何材料，包括但不限于元器件、结构容器等发生化学反应，不影响冷却液和系统材料的相应功能。

冷却液与接触材料相互作用影响，对于碳氟类浸没冷却液而言，主要表现在材料分子结构的变化、酸值的变化以及氟离子浓度的变化等，需要对冷却液的耐久性进行评价，相关标准[38]提出的评价标准如表 6.5-1 所示。对累计运行 1000h 及以上时间的浸没式液冷系统，随机抽取其中的冷却液样品，与未经使用的同型号样品进行对比分析，判断冷却液的长期可靠性。根据评价标准，使用后的碳氟类冷却液的各项物性参数无显著变化，未发现异常新增成分，则判定冷却液满足长期使用要求。此外，还可以采用高温加速老化试验法（一般为 80℃、2000h 或 150℃、192h），测试液冷热管理材料的分子结构、酸值以及氟离子浓度变化，判断其高温稳定性[3,40]。

表 6.5-1 碳氟类冷却液长期可靠性评价标准

项目	项目内容	可靠性评价标准
外观	溶液颜色	试用前后均无色透明澄清
物性参数	水含量	$\leqslant 50 \times 10^{-6}$
	黏度（298K）	$\leqslant 2.5$cSt
	介电常数	$\leqslant 2$
	介电强度（2.5mm）	$\geqslant 24$kV
	酸值（以 H^+ 计）	$\leqslant 5 \times 10^{-6}$
	游离氟离子	使用前后均不能检出
液体成分	不可挥发残留	$\leqslant 50 \times 10^{-6}$
	颗粒物	使用前后均符合清洁度要求
	成分分析	使用后纯度和成分无明显增加

为确保浸没液冷系统长期可靠运行，设计和建设过程中需确保冷却液与其所接触的部件、材料的兼容与适配，须遵循如下要求：

（1）液冷循环系统管路采用卫生级快装式管件，内外表面经过抛光及酸洗钝化处理，保证洁净度，系统管路管件及设备所用密封件均通过冷却液兼容性测试。

（2）所采用的冷却液均经过对电子信息设备的性能测试及电子信息设备上所用的材料兼容性测试，符合要求后投入使用。

（3）定期检测在用液冷系统中冷却液的性质。

6.5.2 材料相容性测试方法

对单相浸没式液冷系统所使用的材料，可采用浸泡实验进行相容性测试。该方法在表征待测样品质量增加时具有比较好的说服力，但并不能显示在液体中仅有低溶解度的物质通过萃取作用流失的后果，从而并不适用于对相变浸没液冷体系的验证。

对相变浸没式液冷所使用的材料，只能采用萃取实验进行相容性测试[3]。萃取测试则是利用索氏提取器，加热低沸点氟化液至冷凝回流，不断浸没冲刷并萃取待测样品一段时间，比如48h。在该方法中，由于冷凝回流的是新鲜不含杂质的氟化液，理论上不会出现溶解饱和，因而可以在短时间内高效模拟极端条件下的兼容性表现，是可提倡的适用氟化液兼容性评估的方法。

对于非金属材质，按照 GB/T 1690—2010《硫化橡胶或热塑性橡胶 耐液体试验方法》进行测定，对于金属材质，按照 GB/T 16265—2008《包装材料试验方法 相容性》进行测定，取 3 个试样的平均值作为试验结果。

在对测试结果的认定方面，除观察待测样品外观、形状变化外，一般将质量变化率作为判断兼容性的标准。此外，对于承担一定功能的部件，可以参考适当的标准，对其测试前后的功能性变化是否满足使用要求进行确认。例如常用的密封橡胶，可参照 ASTM D471《橡胶性能的标准试验方法——液体的影响》、GB/T 531.1—2008《硫化橡胶或热塑性橡胶 压入硬度试验方法 第 1 部分：邵氏硬度计法（邵尔硬度）》等标准，考察氟化液对橡胶体积、邵氏硬度等性能的影响；再比如标签、胶带，也可以参照

ASTM D3330《压敏胶带剥离强度测试标准》，考察测试前后胶粘剂剥离强度的变化等等。

6.5.3　常用与相变冷却液相容的材料

除了用于技术验证之外，浸没式液冷机柜不能采用塑料材料制造，因为塑料含有水分，而且能够允许潮气通过，这对浸没式液冷机柜的干燥系统来说是一种负担。浸没式液冷机柜可以采用玻璃材质，但是玻璃面板的边缘密封可能不可靠。可焊接的金属材料是制造浸没式液冷机柜的理想材质。不锈钢和普通碳钢是优选材料（较小的浸没式液冷机柜使用 14 号厚度规格，较大浸没式液冷机柜使用 11 号规格），原则上来说，也可以使用铝制容器。必要时，金属应设计局部加强结构，以承受液体的静压力。铝材和碳钢的内部和密封表面，必须进行喷漆或喷粉处理，以防止意外水汽冷凝可能造成的材料氧化。

所有管路必须要选用抗腐蚀抗结垢的特殊材料，推荐使用以下材料[41]：

（1）无铅铜合金，含锌量小于 15%。

（2）低碳不锈钢要做过抗腐蚀的特殊处理和钝化处理，防止酸液滞留缝隙。

（3）三元乙丙橡胶需垂直燃烧测试等级在 CSA UL VW-1 或以上，如果过氧化物硫化处理则更好，处理后可以不吸收唑类抑制剂。

（4）PVC（聚氯乙烯管，Polyvinylchlorid）不推荐使用在二次侧，但是一次侧可以使用。

液冷模组表面或内部结构和冷却液有接触的材料，必须和冷却液之间具备相容性，从而避免局部泄漏的发生。与相变冷却液相容性较好的材料包括：

（1）金属：不锈钢、铝、铜、镍；

（2）塑料：ABS（三元共聚物，Acrylonitrile-Butadiene-Styrene）、PE（聚乙烯，Polyethylene）、亚克力、玻纤板、PS（聚苯乙烯，Polystyrene）、PI（聚酰亚胺，Polyimide）、聚酯、尼龙；

（3）橡胶：硅橡胶、CR（氯丁橡胶，Neoprene）、氯磺化聚乙烯、UV（无影胶，UVglue）；

（4）其他：电木、陶瓷、硅。

理想情况下，要确保系统按设计预期平稳运行，需要冷却液对组件的干扰达到微乎其微。因此，相变浸没冷却系统需要避免使用与冷却液兼容性较差的材料，表 6.5-2 是冷却液兼容性等级情况表。

表 6.5-2　冷却液兼容性等级情况

兼容性分类	说明	举例：材料或条件
一级不兼容	液体与材料发生反应	1. 碱金属：锂、钠、钾、铷、铯、钫 2. 碱土金属：铍、镁、钙、锶、钡、镭
二级不兼容	液体影响材料	1. 萃取出增塑剂导致弹性体变脆 2. 氟化液使含氟弹性体溶胀
	材料影响液体	线缆增塑剂使氟化液恶化
三级不兼容	从 A 材料萃取溶解出物质影响 B 材料	1. 线缆增塑剂使干燥剂失效 2. 线缆增塑剂溶解胶水
四级不兼容	使得液体分解劣化	高压分解、燃烧、局部过热点

参考文献

[1] 吴曦蕾，刘滢，倪航，等. 不同电子氟化液对浸没式相变冷却系统性能的影响［J］. 制冷学报，2021，42（4）：74-82.

[2] 吴曦蕾，杨佳亮，郭豪文，等. 数据中心浸没式液体冷却系统的发展历程及关键环节设计［J］. 制冷与空调，2022，22（11）：61-74.

[3] 数据中心液冷系统冷却液体技术要求和测试方法：YD/T 3982—2021［S］. 2021.

[4] WU X L，HUANG J L，ZHUANG Y，et al. Prediction models of saturated vapor pressure，saturated density，surface tension，viscosity and thermal conductivity of electronic fluide liquids in two-phase liquid immersion cooling systems：a comprehensive review［J］. Applied Sciences，2023，13（7）：4200.

[5] 中华人民共和国工业和信息化部.《国家信息化领域节能技术应用指南与案例（2022年版）》之一：数据中心节能提效技术（高效冷却技术产品）［EB/OL］.［2022-12-06］. https：//wap.miit.gov.cn/jgsj/jns/nyjy/art/2022/art_fbb57e69a8b148cfa263953a71b53e2e.html.

[6] 相变浸没式直接液冷数据中心设计规范：T/CIE 096—2021［S］. 2020.

[7] 夏爽. 浸没式相变液冷服务器的数值模拟研究［D］. 济南：山东大学，2021.

[8] 张婷. 两相浸没式液冷系统氟化液管外冷凝与沸腾换热匹配研究［D］. 重庆：重庆大学，2022.

[9] RAMAKRISHNAN B，ALISSA H，MANOUSAKIS I，et al. CPU overclocking：a performance assessment of air，cold plates，and two-phase immersion cooling［J］. IEEE Transactions on Components，Packaging and Manufacturing Technology，2021，11（10）：1703-1715.

[10] KANBUR B B，WU C，FAN S，et al. Two-phase liquid-immersion data center cooling system：experimental performance and thermoeconomic analysis［J］. International Journal of Refrigeration，2020，188：290-301.

[11] BIRBARAH P，GEBRAEL T，FOULKES T，et al. Water immersion cooling of high power density electronics［J］. International Journal of Heat and Mass Transfer，2020，147：118918.

[12] SUN X Q，HAN Z W，LI X M. Simulation study on cooling effect of two-phase liquid-immersion cabinet in data center［J］. Applied Thermal Engineering，2022，207：118142.

[13] WARRIER P，SATHYANARAYANA A，PATIL D V，et al. Novel heat transfer fluids for direct immersion phase change cooling of electronic systems［J］. International Journal of Heat and Mass Transfer，2012，55（13/14）：3379-3385.

[14] 白璞. 粗糙度和润湿性影响沸腾的分子动力学研究［D］. 北京：华北电力大学，2022.

[15] 马强，吴晓敏，朱毅. 表面润湿性对核态池沸腾影响的实验研究［J］. 工程热物理学报，2019，40（3）：635-638.

[16] DONG L N，QUAN X J，CHENG P. An experimental investigation of enhanced pool boiling heat transfer from surfaces with micro/nano-structures［J］. International Journal of Heat and Mass Transfer，2014，71：189-196.

[17] FALSETTI C，CHETWYND-CHATWIN J，WALSH E J. Pool boiling heat transfer of Novec 649 on sandblasted surfaces［J］. International Journal of Thermofluids，2024，22：100615.

[18] TRAN N，SAJJAD U，LIN R，et al. Effects of surface inclination and type of surface roughness on the nucleate boiling heat transfer performance of HFE-7200 dielectric fluid［J］. International Journal of Heat and Mass Transfer，2020，147：119015.

[19]　MOTEZAKKER A R, SADAGHIANI, KHALII A, et al. Optimum ratio of hydrophobic to hydrophilic areas of biphilic surfaces in thermal fluid systems involving boiling [J] . International Journal of Heat and Mass Transfer, 2019, 135: 164-174.

[20]　LIU W Y, LIANG Z, LUO Y Q. Enhanced boiling heat transfer performance on wettability-patterned surface [J] . Applied Thermal Engineering, 2024, 244: 122792.

[21]　HE W, WANG Z X, LI J Q, et al. Investigation of heat transfer performance for through-silicon via embedded in micro pin fins in 3D integrated chips [J] . International Journal of Heat and Mass Transfer, 2023, 214: 124442.

[22]　DUAN L, LIU B, QI B J, et al. Pool boiling heat transfer on silicon chips with non-uniform micro-pillars [J] . International Journal of Heat and Mass Transfer, 2020, 151: 119456.

[23]　CHEN H Q, MA X, ZHANG Y H, et al. Acoustofluidics-assisted strategy of zinc oxide nano-arrays for enhancement of phase-change chip cooling [J] . Materials Today Nano, 2024, 25: 100443.

[24]　DU W Q, FANG J, FAN D S, et al. Boiling heat transfer performance of an annular inverse opal surface via attenuating the coffee ring effect [J] . International Journal of Heat and Fluid Flow, 2024, 107: 109431.

[25]　FAN X Y, SUN Y, HUANG L Y, et al. Improvement of interfacial thermal resistance between TIMs and copper for better thermal management [J] . Surfaces and Interfaces, 2024, 46: 103905.

[26]　DENG M, XU Y H, GAO K Q, et al. A graphene nanoflake-based flexible composite phase change material for enhanced heat dissipation in chip cooling [J] . Applied Thermal Engineering, 2024, 245: 122908.

[27]　RENFER A, TIWARI M K, TIWARI R, et al. Microvortex-enhanced heat transfer in 3D-integrated liquid cooling of electronic chip stacks [J] . International Journal of Heat and Mass Transfer, 2013, 65: 33-43.

[28]　李芳宁, 曹海山 . 数据中心两相冷却技术现状与展望 [J] . 制冷学报, 2022, 43 (3): 28-36.

[29]　KANBUR B B, WU C L, FAN S M, et al. Two-phase liquid-immersion data center cooling system: experimental performance and thermoeconomic analysis [J] . International Journal of Refrigeration, 2020, 118: 290-301.

[30]　ZHANG C, SUN X Q, HAN Z W, et al. Energy saving potential analysis of two-phase immersion cooling system with multi-mode condenser [J] . Applied Thermal Engineering, 2023, 219 (C): 119614.

[31]　栾义军 . 数据中心相变浸没式液冷机柜: CN202211085078. 9 [P] . 2022-11-15.

[32]　CAO G L, ZHANG S Z, ZHANG Q, et al. Experimental and numerical investigations of heat transfer characteristics of vertical falling film heat exchanger in data center cabinets [J] . International Communications in Heat and Mass Transfer, 2023, 144: 106742.

[33]　CAO G L, MIN X T, XI W R, et al. Experimental study of the flow dynamics and thermodynamic properties of a tube in vertical falling film evaporator for data center cabinets [J] . Case Studies in Thermal Engineering, 2023, 50: 103436.

[34]　张海龙 . 浸没式液冷水箱轻量化设计与仿真分析 [J] . 现代制造技术与装备, 2021 (5): 33-35.

[35]　伊波力, 宋景亮, 郭双江, 等 . 压力调节系统、浸没式液冷机柜及压力调节方法: CN202211653851. 7 [P] . 2023-06-06.

[36]　廖重义, 钟环阳, 赵登华 . 一种浸没液冷式机柜的过滤循环结构: CN202022436865. 6 [P] .

2021-08-27.

[37] 言昱昊，叶恭然，姚希栋，等．适用于相变浸没式液冷服务器系统的电子氟化液的材料兼容性研究 [J]．制冷与空调，2023，23（10）：70-79.

[38] 数据中心液冷服务器系统总体技术要求和测试方法：YD/T 4024—2022 [S]．2022.

[39] 数据中心浸没液冷系统碳氟类冷却液技术要求和测试规范：T/CA 307—2023 [S]．2023.

[40] 液冷热管理材料高温稳定性及基材兼容性测试方法：T/CI 208—2023 [S]．2023.

[41] 开放数据中心委员会．液冷技术与应用白皮书 [R/OL]．[2018-10-17]．https：//www.odcc. org. cn/s/18summit/index. htm.

第 7 章　喷淋式液冷

7.1　引　言

喷淋式直接液冷是一种面向芯片级器件精准喷淋、直接接触式的液冷技术[1]，冷却液通过压力从喷淋孔喷出，流体喷淋芯片上表面或与之连接的固体导热材料后，形成非常薄的速度边界层和温度边界层，形成较强的对流换热，喷淋式液冷具有冷却液用量少、地板承重低，能够通过使用多个喷淋阵列在大表面积上保持较高的温度均匀度的优点[2]，同时能够使用一个冷却系统精准冷却多个复杂形状的设备，喷淋式液冷可以使得喷淋工质具有较高的出流动量。通过对喷淋孔孔型、喷淋孔排列方式和冲击表面结构的优化也使传热得到了强化。如改变喷淋孔的形状，进而改变冷却液在喷嘴出口处的速度矢量，使其冲击在芯片表面时，产生不同的流动特性，以此强化冷却液与芯片间的换热；改变喷淋孔排列方式，即阵列喷淋冷却的主要目的是改善芯片整体的温度均匀性；通过对喷淋冲击表面结构优化改变流体在表面的流动特性，同时增大换热面积，也能够强化冷却液与芯片间的换热。

喷淋式液冷的主要特征为：相对于空气，冷却液具有极为可观的体积比热容，冷却效率高，废热排放过程能充分利用自然冷源，节约冷却设备的能耗，能适应高热流密度的机柜，冷却设备占地面积小，无须风扇，大幅降低数据机房的噪声，IT 设备能够通过在其表面流动的冷却液实现防静电、防积尘[3]。本章针对喷淋式液冷系统的主要特征，根据设计、施工等方面的需求，按照喷淋式液冷工质、液冷系统、管路、循环系统以及材料兼容性等方面展开编写。

7.2　喷淋液冷系统

7.2.1 喷淋液冷原理

喷淋式液冷是一种面向电子设备器件精准喷淋、直接接触式的液冷技术，冷却液可通过重力或系统压力直接喷淋至 IT 设备的发热器件或与之连接的固体导热材料上，并与之进行换热，实现对 IT 设备的热管理[4]。其基本原理是利用冷却液的高热容量，吸收设备产生的热量。当冷却液喷洒到热源表面时，它会与设备表面进行换热，迅速吸收热量，从而降低设备温度。在喷淋过程中，冷却液通过喷淋孔对 PCB 板发热器件进行芯片级精准喷淋。这种方式不仅提高了换热效率，还能在一定程度上减少冷却液的使用量[5]。喷淋液冷的设计通常考虑流体动力学，以优化喷淋模式和液体流速，从而达到最佳的冷却效果[6]。喷淋液冷技术已广泛应用于数据中心、服务器机柜以及高功率电子设备中, 以确保其稳定运行和延长使用寿命, 其原理如图 7.2-1 所示[7]。

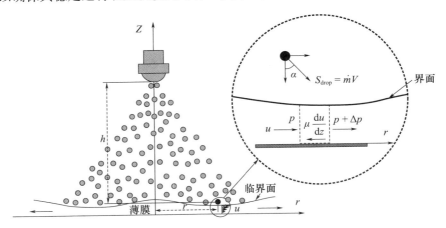

图 7.2-1　喷淋液冷原理

7.2.2　喷淋液冷系统组成

喷淋液冷系统分为一次冷却循环(冷却水循环、冷水循环)和二次冷却液循环。图 7.2-2 和图 7.2-3 示意了一种典型的喷淋液冷系统原理以及其组成, 其主要分为冷却水循环和冷却液循环, 设备主要由冷却塔、冷量分配单元(CDU)和喷淋液冷机柜构成。

其中冷却塔是一次冷却循环的关键组成部分, 负责将高温的冷却水通过与空气的换热降温。冷却水被分配到多个 CDU 中, CDU 根据系统的冷却需求调节流量和温度, CDU 中的冷却液也分配到多个机柜, 以确保有效的热管理。

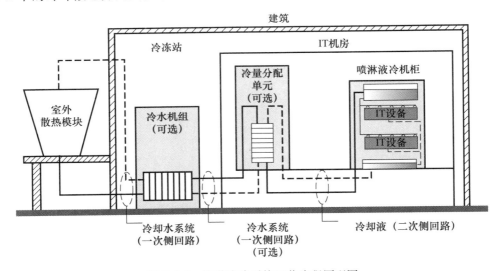

图 7.2-2　喷淋液冷系统工艺流程原理图

二次冷却液循环则是将冷却液输送到多个喷淋液冷机柜中, 喷淋液冷机柜通过喷嘴将冷却液均匀喷洒到设备表面, 从而实现高效的换热。这一过程不仅能保持设备在最佳工作温度下运行, 还能减少液体使用量。

冷却循环可以是分布式的，也可以是集群式的。分布式冷却方案将冷却设备分散布置在数据中心的不同区域，能够独立响应每个机柜的冷却需求。这种设计提供了更高的可靠性、灵活性和可扩展性，确保在某个冷却单元故障时，其他单元仍能正常工作。集群式方案则将多个机柜和冷却单元集中在一起，适合冷却需求相对一致的环境。虽然集群式方案在初始部署时可能更为简便，但在面对不同负载时，其灵活性相对较低。

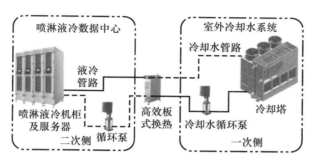

图 7.2-3　喷淋液冷系统原理图

7.2.3　喷淋液冷服务器

7.2.3.1　喷淋液冷服务器原理

图 7.2-4 以及图 7.2-5 展示了喷淋液冷服务器内部喷淋原理以及其喷淋效果。冷却液通过喷淋板，喷淋到发热器件的散热器上，使冷却液与散热器热扩散表面充分有效接触，实现高效散热。

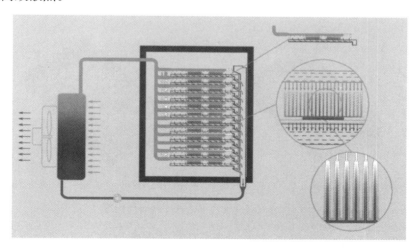

图 7.2-4　喷淋液冷服务器原理图

7.2.3.2　喷淋液冷服务器架构

典型的喷淋式液冷通用 2U 服务器构造如图 7.2-6 所示，通用型 2U 喷淋液冷服务器对工作环境无特殊要求，工作时无风扇、无灰尘、无噪声。

157

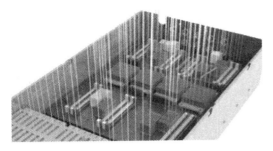

图 7.2-5 喷淋液冷服务器喷淋效果

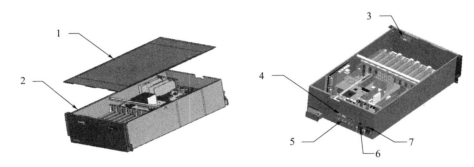

1—喷淋组件；2—箱体；3—面板模块；4—组合接口模块；5—网络接口模块；
6—电源接口模块；7—光接口模块。

图 7.2-6 一种典型的液冷通用 2U 服务器构造

液冷通用 2U 服务器内部结构部件如图 7.2-7 所示。

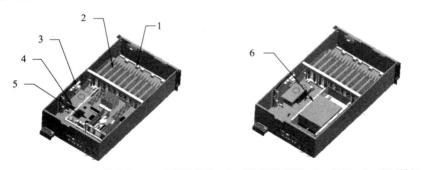

1—算力卡母板；2—算力卡；3—电源转接板；4—SSD硬盘模组；5—主板；6—电源模组。

图 7.2-7 液冷通用 2U 服务器内部构造

喷淋组件对于液冷喷淋服务器至关重要，其示意图如图 7.2-8 所示，包括进液接口、布液板、衬板和盖板。进液接口：实现冷却液进入喷淋板；布液板：可针对服务器热源实施位置精准、流量精确的喷淋。布液板上按热源位置、发热功率大小配置设计喷淋孔，喷淋孔数量初始按热源发热功率配置；衬板与布液板组合，形成密闭腔体（喷淋孔除外），实现布液及喷淋压力传递；盖板承托布液板组合，与箱体连接，形成喷淋液冷服务器机箱。服务器在插框内倾斜安装，前高后低设计约 1°倾角，前后安装挡板后，促使冷却液在服务器内形成浸没流动，可有效对电源插框模块、计算节点的热源散热。

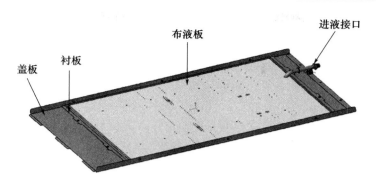

图 7.2-8　喷淋组件示意图

某款服务器在风冷和喷淋液冷模式下，测试数据及效果如表 7.2-1 所示。

表 7.2-1　风冷和喷淋液冷模式下测试数据及效果

序号	冷却方式	温度/℃	IT 功率/W	CPU 温度/℃	GPU 温度/℃
1	风冷	进风温度 25	4553	88	71
2	液冷	进液温度 40	3944	73	62

7.2.4　喷淋液冷机柜

7.2.4.1　机架式喷淋液冷机柜

机架式喷淋液冷机柜是一种专为高密度计算环境设计的冷却解决方案，图 7.2-9 和图 7.2-10 分别展示了一款机架式喷淋液冷机柜的结构示意图和原理示意图。其基本工作原理为：被 CDU 冷却之后的冷却液被泵通过液路输送至机柜内部，冷却液进入机柜后直接通过分液支管进入服务器相对应的布液装置，冷却液通过布液装置对 IT 设备中的发热器件或与之相连的导热材料（如金属散热器、热管等）进行喷淋制冷，被加热后的冷却液将通过集液装置（如回液管、集液箱等）进行收集并通过泵输送至 CDU 进行下一次制冷循环[8]。图 7.2-9 所示机柜的前门采用透明钢化玻璃材料设计，既美观又便于观察机柜内部设备的工作状态，使运维人员能够方便地监测机柜内的运行状况，及时发现潜在问题。机柜后部配备双开密封门，适配底座高度 600～800mm，便于维护和清理，适宜的底座高度还为机柜的安装和操作提供了便利。在机柜的左后侧，设有进回液管道以及分液软管，使得冷却液的循环系统能够高效运行，确保每个机柜内部的设备都能获得均匀的冷却。每一路分液软管均安装有球阀及快速接头，方便快速拆装和维护，并通过球阀有效控制液体流量。常规的 47U 机柜外形尺寸为 2200mm（高）×1200mm（深）×600mm（宽），能够容纳多种规格的服务器，兼容 1U、2U、4U、6U 和 8U 服务器的安装，这使得机柜能够适应不同规模和配置的计算需求，为数据中心的扩展和升级提供了便利。

7.2.4.2　插框式喷淋液冷机柜

插框式喷淋液冷机柜的前门采用透明钢化玻璃材料，便于观察机柜内部设备的状态，而后门则设计为双开密封门，以确保冷却液的安全和有效循环。图 7.2-11 和图 7.2-12 分别展示了一款插框式喷淋液冷机柜的结构示意图和原理示意图。该机柜采用上进上出线设计，机柜内部设置了上下独立的插框组件，使得冷却液管道和分液软管的布局更为合理。每一路分液软管均安装有球阀和快速接头，不仅便于快速拆卸和维护，还能有效控制冷却液的流量，确保每台设备都能获得稳定的冷却支持。插框内集成了进回液管道，允许机柜在不对服务器进行复杂改造的情况下，实现高效的冷却。常规的47U机柜外形尺寸为2200mm（高）×1200mm（深）×600mm（宽），具有良好的空间设计，兼容1U、2U、4U、6U和8U的服务器安装。插框型机柜内部集成插框箱，形成液冷密封环境，这种封闭的液冷系统减少了外部环境对冷却性能的影响，提高了系统的整体效率，不对服务器进行复杂化改造，集成的插框箱有助于优化空间利用，使机柜内部布局更为紧凑。这种灵活性使得插框式喷淋液冷机柜能够适应不同规格和配置的计算需求，方便客户根据实际情况进行调整和扩展。

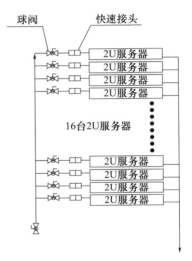

图 7.2-9　机架式喷淋冷机柜结构示意图　　图 7.2-10　机架式喷淋冷机柜原理示意图

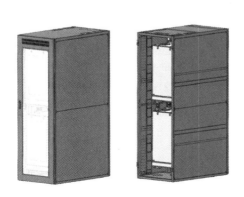

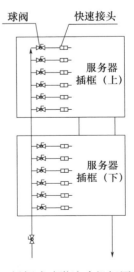

图 7.2-11　插框式喷淋液冷机柜结构示意图　　图 7.2-12　插框式喷淋液冷机柜原理示意图

7.3　热工设计

循环冷却液将液冷服务器中芯片和电子器件产生的热量运载至一次侧进行散热的系统，其设计和选型应满足以下要求：

（1）为降低二次侧泵的输配能耗，液冷服务器的喷淋板宜根据服务器内电路板所对应的器件布局及其功率、热流密度和散热片散热性能等进行冷却液流量设计，冷却液流量确定后方可对喷淋板进行相关的开孔尺寸、数量和位置设计；

（2）泵的运行频率或比例阀的开度与布置在供液管道上的压力传感器或温度传感器宜进行闭环控制，从而提高系统的控制精度；

（3）为避免因冷源提供的冷量不能满足液冷服务器电子器件的散热需求而出现液冷服务器宕机的风险，应在喷淋液冷机柜中配置相应的冷却液状态（如温度、压力、流量等）监控设备。

二次侧参数计算：

（1）模块化机柜冷却液流量计算。

模块化机柜冷却液分配，具体计算如下：

①系统流量。

$$V_{h0} = \frac{3600Q_0}{c_{ph}(T_1 - T_2)\rho_{液}} \tag{7.3-1}$$

②机柜流量。

$$V_h = \frac{3600Q}{c_{ph}(T_1 - T_2)\rho_{液}} \tag{7.3-2}$$

③冷却水流量。板式换热器的冷却水计算流量。

$$V = \frac{3600Q_0}{c_{pc}(t_2 - t_1)\rho_{水}} \tag{7.3-3}$$

式中，V_{h0} 为计算流量，m^3/h；V_h 为单台机柜计算流量，m^3/h；V 为冷却水计算流量（板式换热器），m^3/h；Q_0 为系统计算负荷，kW；Q 为单台机柜计算热负荷，kW；c_{ph} 为冷却液比热容，$kJ/(kg \cdot ℃)$；c_{pc} 为冷却水比热容，$kJ/(kg \cdot ℃)$；$\rho_{液}$ 为冷却液密度，kg/m^3；$\rho_{水}$ 为冷却水密度，kg/m^3；T_1 为冷却液出机柜温度，℃；T_2 为冷却液进机柜温度，℃；t_1 为冷却水进板换温度，℃；t_2 为冷却液出板换温度，℃。

（2）模块化机柜管径选择。

冷却液管径选择：

①冷却液管径选择。当管径在 38～75mm 时，液体最大流速为 1.8m/s。当管径>75mm 时，液体最大流速为 2.1m/s。②供液系统管路选择。供液系统管路选择 304 不锈钢管。

系统压降选择：

冷却液管路系统扬程以储液箱液面至机柜压力控制点（冷却液进机柜前）为计算范围，管路系统所需扬程计算基于伯努利方程，所需扬程用于管路压降（含直管压降和局部压降）、阀门压降、板式换热器压降、过滤器压降、机柜压力控制点等。

7.4 工　质

7.4.1　冷却液

喷淋式液冷技术中冷却液直接与电子设备接触并进行换热，冷却液的性质直接影响系统的传热效率及运行可靠性。冷却液的选择通常通过建立冷却液性能综合评价模型，从冷却与电子器件的物理/化学相容性、电导率与介电强度、安全性（闪点、燃点等）、热工性能（热导率、比热容、黏度等）、环保性能（ODP、GWP 等）、经济性等方面进行多参数综合优选。常见的冷却液工质包括硅油和氟化液。在喷淋式液冷系统中冷却液应具备以下主要特性。

（1）安全性：冷却液应具备安全、无腐蚀、无毒、不易燃的特性，冷却液不应含有环境保护标准和废弃排放及降解管控标准等政策标准限制使用的物质，且应按国家相关规定对废弃物和排放物进行管理。

（2）热力学性能：冷却液作为传热介质应具备良好的热力学性能（如：高热导率、大比热容、低黏度等）。

（3）稳定性：冷却液在设定的运行环境下应具有良好的稳定性，正常使用寿命不小于 10 年，在最高工作温度下应有良好的热稳定性，允许有极少量的挥发，但不允许发生热解反应，宜选择沸点≥110℃的物质。

（4）材料兼容性：冷却液不应对电子信息设备上所使用的主要材料造成不良影响。

（5）绝缘性：冷却液应具有一定的绝缘性且不易溶解其他导电物质，同时不应对设备上的信号传输产生不良影响，通常冷却液在实际使用的工况下击穿电压应不低于 15kV/2.5mm。

（6）使用过程中，应尽量避免选择可能因皮肤接触而产生毒理学反应的介质，同时需考虑到冷却液的环保特性能够满足当地的法律法规。

7.4.2　冷却液相容性及耐久性

在数据中心的冷却系统中，冷却液的相容性及耐久性至关重要。选择合适的冷却液不仅要考虑其对设备材料的化学相容性，还需评估其长期使用中的稳定性和性能。冷却液的选择不仅需确保不会使 IT 设备发生腐蚀或沉淀，还要进行耐久性测试，包括高温、高压环境下的性能评估，以确保在极端条件下仍能有效冷却。深入了解冷却液的特性，能够为数据中心提供更高效、可持续的冷却解决方案，冷却液材料兼容性和耐久性的要求如下[6]：

（1）材料相容性要求。

冷却液不应对电子信息设备上所使用的主要材料造成不良影响，以防止腐蚀、泄漏或降解。对于电子信息设备上的常见金属、塑胶、橡胶、涂料、绝缘材料等，冷却液需提供相应的材料兼容性测试/评估数据，以确保所选冷却液不会对设备产生不良影响。生产商通常提供兼容性数据表，帮助用户选择合适的冷却液。

（2）耐久性要求。

冷却液的耐久性涉及其在长时间运行中的稳定性和效能，冷却液需具备抗氧化、抗沉淀和抗挥发的特性，以维持高效的热传导性能。冷却液应具有良好的化学稳定性且无反应性危害；冷却液在设计的最高工作温度下应有良好的热稳定性，允许有极少量的挥发，但不允许发生分解反应，其最高工作温度可以认为是使用过程中，液体被加热后的主流体平均温度。

为减少冷却液在使用过程中的挥发损失，冷却液宜具有较高的常压沸点，或是在工作温度下具有较低的饱和蒸汽压。宜选择沸点≥200℃的物质作为非相变液冷系统的冷却液。确保冷却液的耐久性，将有助于降低维护成本和提高数据中心的整体运营效率。

7.5　二次侧管路及循环系统

二次侧冷却系统主要涉及循环冷却液的管理，即冷却液部分。循环冷却液温度范围宜为 20～55℃。循环冷却液将液冷服务器中芯片和电子器件产生的热量运载至一次侧进行换热的 CDU，CDU 是被推荐使用的一个中间换热设备[10]。CDU 的主要功能及特点如下：

（1）提供并调节冷却液的流量或供液压力，确保冷却液能够稳定流动，满足不同负载情况下的冷却需求，从而提高系统的冷却效率；

（2）调节冷却液的温度，以适应不同设备的冷却要求，这种温度控制能力在保持设备性能和延长使用寿命方面起着重要作用；

（3）对冷却液进行在线过滤或旁路过滤，有效去除冷却液中的杂质，保持冷却液的清洁，防止因污染物导致的系统故障，提高系统的可靠性；

（4）对冷却液进行预加热（通常不需要，根据区域和环境要求确定），预加热能够在极端低温环境下确保系统正常运作，防止冷却液过冷对设备造成的影响。

上述功能并非在所有应用中都是必须的，可以根据实际需求进行选择。图 7.5-1 所示为一种典型的 CDU 实现形式，其只是众多实现方式的一种，其中示意的部件并非充分的或必须的，其主要功能通过以下方式实现：

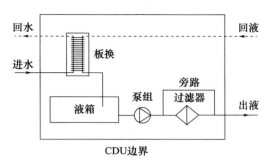

图 7.5-1　一种典型的 CDU 原理图

（1）供液流量和压力控制：系统可以在泵出口的管路配置比例调节阀或者对泵进行变频控制，从而调整 CDU 的供液流量或者供液压力，为提高控制精度，可将泵的运行频率或比例阀的开度与布置在供液管道上的压力传感器或温度传感器进行闭环控制。

（2）供液温度调节：若 CDU 并没有流量或者压力控制需要，则可以将循环泵设置在换热器的前段，并在泵出口配置比例调节阀且连通至换热器后的管路，通过控制流经换热器的流量占比调节供液温度；但更为稳健的做法是通过调节冷水循环的水量来调节温度，这样的做法可以通过在冷水循环系统增设比例调节阀或节流阀实现。

（3）过滤：包括过滤冷却液中的固体杂质或液体杂质。

二次侧冷却系统设计和选型应满足以下要求。

（1）为降低二次侧泵的输配能耗，液冷服务器的喷淋板宜根据服务器内电路板所对应的器件布局及其功率、热流密度和散热片散热性能等进行冷却液流量设计，冷却液流量确定后方可对喷淋板进行相关的开孔尺寸、数量和位置设计；

（2）液冷机柜应满足流量要求，可根据末端接入量自动调节，实现节能运行；

（3）为避免因冷源提供的冷量不能满足液冷服务器电子器件的散热需求而出现液冷服务器宕机的风险，应在喷淋液冷机柜中配置相应的冷却液状态（如温度、压力、流量等）监控设备；

（4）管路材质要求：所有管路必须选用特殊的材料，要抗腐蚀抗结垢，推荐 304 不锈钢。

7.6 供配电

在液冷数据中心的设计与运行中，供配电系统的配置至关重要，其主要目标是确保系统的稳定性和安全性，以满足高效冷却的需求。

（1）液冷数据中心用电负荷与常规数据中心保持一致，应符合现行国家标准 GB 50052—2009《供配电系统设计规范》[11] 的有关规定，确保电力系统的设计和实施符合行业标准，保证设备在高负荷下安全稳定运行。

（2）液冷系统供电应将不间断电源接入喷淋式直接液冷系统冷却液循环的用电设备供电，使得在停电或电力波动的情况下，提供稳定的电力支持，避免因供电中断而导致的设备过热或故障。

（3）喷淋液冷系统电源供电要求如表 7.6-1 所示。

表 7.6-1　数据中心液冷电源供电要求

项目	技术要求		
	A 级	B 级	C 级
主机房设置空气调节系统	可		
主机房保持正压	宜		可
一次侧管网	应		可
一次侧循环泵；一次冷却设备	双供双回，环形布置	单一路径	
采用不间断电源系统供电的设备	N＋X 冗余（X＝1～N）	N＋1 冗余	N
蓄冷装置供冷时间	冷却液循环；一次侧循环泵	控制系统	
注/排液系统	不应小于不间断电源设备的供电时间		

（4）液冷冷却系统供电：

① 散热系统如冷源、液冷主机、冷却水泵、补水泵等应采用不间断电源供电。

② 不间断电源采用交流系统时，不应与电子信息设备共享一组不间断电源系统。

③ 采用直流电源系统作为不间断电源时，可与电子信息设备共享一组不间断电源系统，但应采用独立的逆变器供电，逆变器应支持双路电源输入，如一路交流输入、一路直流输入。

④ 散热系统不间断电源供电的后备时间应与电子信息设备不间断电源的后备时间一致。

（5）辅助设备供电：

辅助设备如空调设备、新风机组、风机等可采用市电直供，并应设置备用电源。供电结构及备用电源选择参考 GB 50174 的要求执行。

7.7　液冷群控系统架构

如图 7.7-1 所示为液冷系统的基本构成，包括液冷机柜、用于调节冷却液的流量和温度的中间换热设备 CDU、用于循环冷却液的冷却泵、在一次侧和二次侧冷却系统之间起到热量交换作用的换热器、用于连接各个组件并确保冷却液在系统中流动的管道系统、在一次侧冷却系统中将热量释放到环境中的冷却塔或干冷器及传感器与控制系统。

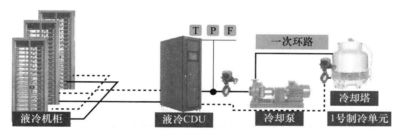

图 7.7-1　液冷系统基本构成

液冷群控系统应能够监控所有设备的启停控制和运行状态显示、故障显示、自动运行状态显示、频率控制及运行状态显示，如图 7.7-2 所示为典型架构示意图。根据供回水总管上的温度、压力、流量等信号进行计算，采用综合效率最优的控制策略。实现室外空气温度、相对湿度、湿球温度，冷却水供回水温度、流量参数检测，冷却水泵及其相关阀门状态控制，过载报警、运行时间和启动次数记录及液冷系统启停控制程序的设定。

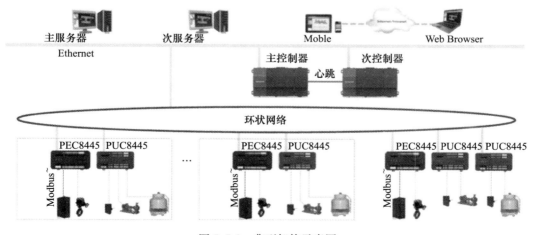

图 7.7-2　典型架构示意图

参考文献

［1］ 中国通信标准化协会．数据中心液冷服务器系统总体技术要求和测试方法：YD/T 4024—2022［S］．2022.

［2］ WANG N，GUO Y，HUANG C，et al. Advances in direct liquid cooling technology and waste heat recovery for data center：a state-of-the-art review［J］．Journal of Cleaner Production，2024，477：143872.

［3］ 中国电子学会．喷淋式直接液冷数据中心设计规范：T/CIE 089—2020［S］．2020.

［4］ 包云皓，陈建业，邵双全．数据中心高效液冷技术研究现状［J］．制冷与空调，2023，23（10）：58-69.

［5］ LI Y，ZHAO R，LONG W，et al. Theoretical study of heat transfer enhancement mechanism of high alcohol surfactant in spray cooling［J］．International Journal of Thermal Sciences，2021，163：106816.

［6］ 中国电子学会．数据中心喷淋式液冷服务器系统技术要求和测试方法：TCCSA 271—2019［S］．2019.

［7］ KANDASAMY R，HO J，LIU P，et al. Two-phase spray cooling for high ambient temperature data centers：evaluation of system performance［J］．Applied Energy，2022，305：117816.

［8］ CHEN S，LIU J，LIU X，et al. An experimental comparison of heat transfer characteristic between R134-a and R22 in spray cooling［J］．Experimental Thermal and Fluid Science，2015，66：206-212.

［9］ 广东合一新材料研究院有限公司．喷淋液冷系统的冗余控制方法及装置：CN202110009997.7［P］．2021-05-11.

［10］ 上海迪普信成智能科技有限公司．液冷 CDU 控制柜：CN202323194410.8［P］．2024-07-09.

［11］ 中国机械工业勘察设计协会．供配电系统设计规范：GB 50052—2009［S］．2009.

第 8 章　冷源与余热利用

8.1　引　言

目前数据中心采用的液冷方式主要有冷板式、浸没式和喷淋式，按照冷却液的相态变化又可分为单相液冷和多相液冷。液冷系统包含一次侧和二次侧，一次侧的室外冷源可采用机械制冷系统和自然冷却系统，室外冷源的选取与气候环境、建筑状况、冷板供液温度、投资效益等有关，通常二次侧供液温度范围为 40～45℃，因此可以选择自然冷却系统实现，常用的自然冷却设备有开式冷却塔、闭式冷却塔和干冷器等。

数据中心作为信息产业的技术核心，其服务器运算过程实际上是电能输入转化为算力输出的过程[1]。根据数据中心服务器运行的底层逻辑，大部分电能通过电阻元件被转化为热能，只有少部分以电磁波形式散失。因此，数据中心的算力生产本质上是将电能转化为计算能力和废热，几乎所有电能最终都被转化为废热。这也促进了数据中心热回收技术的应用场景的发展，旨在有效利用这些废热，实现能源的梯级利用[2]。

余热利用技术的实施可以将数据中心运行过程中产生的废热回收再利用，为周边区域提供可再生热源，如供暖、热水供应等。这不仅能够显著降低数据中心的整体能耗，减少对传统能源的依赖，还能降低运营成本，提高能源利用效率。同时，通过这种方式，数据中心可以实现能源的梯级利用，推动能源系统的优化和可持续发展。

本章结合不同的应用场景和热源温度，对液冷数据中心一次侧的冷源解决方案和余热回收技术进行了梳理和总结，涵盖了干冷器、开式冷却塔、闭式冷却塔、间接蒸发冷却塔、余热直接供热、余热升温供热等技术。旨在为数据中心在不同条件下合理选择和应用液冷冷源及余热回收技术提供系统化的参考，从而最大限度地提高能源利用效率，降低运营成本，助力实现绿色低碳发展的目标。

8.2　干冷器

8.2.1　干冷器的工作原理

干冷器，也被称为干式冷却器，其工作原理主要基于热交换的原理（如图 8.2-1 所示）。具体来说，干冷器内部有循环的制冷剂（如乙二醇溶液）通过管道流动，这些管道通常设计为高效散热的结构。当高温的制冷剂流过这些管道时，管道外的风扇或自然风会将空气吹过管道表面，形成热交换。在这个过程中，制冷剂通过管壁将热量传递给外部的空气，使得制冷剂的温度降低，从而实现冷却的效果。而外部的空气则因为吸收了制冷剂的热量而变暖，随后被排出或自然散逸。

干冷器自然冷却空调系统含室内系统和室外系统，压缩机安装在室内机（室内机为水冷直膨机房专用空调），室外机仅为干冷器，室内机为水冷直膨精密空调，如图8.2-2所示。冬季和过渡季节通过乙二醇载冷剂与室内空气换热实现自然冷却，夏季转入常规水冷蒸发式压缩机制冷。该系统由室外干冷器、变频水泵（水泵由不间断电源系统供应）、定压补液系统、水处理装置、冷却水管及室内精密空调等构成。各机组选型考虑乙二醇对水系统阻力及换热效果的影响。后期维护需要考虑乙二醇充注和泄漏，需要相应的检测和漏水防护措施。该种制冷方式是将直接膨胀式精密空调改进的一种方式，直接膨胀式制冷方式通过室外机直接将冷凝热排至室外，但是因为其制冷剂的动力仅依靠压缩机，所以对室内外机的落差有一定要求。该系统增加了一套换热器，并设置水泵，将冷凝器的热最终由水通过干冷器排至室外。因为有了动力装置，因而室内外机没有落差的限制。但也因为增加了一个换热系统，使其机械制冷时效率会有所降低。并且该系统也是基于直接膨胀式精密空调改进的，每台精密空调室内机也需要设置压缩机，该压缩机一般为涡旋式压缩机，限制了其大规模的应用。此外乙二醇溶液有强渗透性和轻微的腐蚀性，乙二醇管道中需要增加防腐剂和抑制剂，并且添加乙二醇会降低水的比热容和换热效率，影响整个制冷系统的COP，所以比较适合于中小型的数据中心[3]。

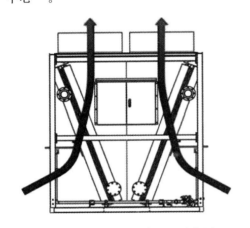

图8.2-1 干冷器基本原理示意图   图8.2-2 干冷器自然冷却型精密空调原理图

干冷器的性能特点主要包括以下几个方面：

（1）节水性：干冷器在工作过程中没有水的消耗，因此其节水性非常明显。

（2）环保性：干冷器使用的制冷剂通常是环保型制冷剂，如二氧化碳或氨，对环境的污染较小。

（3）高效节能：相比传统的制冷设备，干冷器使用的制冷剂在蒸发器中吸收热量，使空气冷却，这种过程不会产生额外的热量，从而减少了能量的浪费。同时，干冷器常被用作节能型机房空调的一部分，因其工作过程不消耗能源，所以常用其做节能部件。

（4）灵活性和可靠性：干冷器可以制冷或制热，可以根据不同的需求进行调整。此外，干冷器使用的制冷剂可以在不同的温度下蒸发和冷凝，因此可以在不同的环境下工作，适应性强。

（5）无水雾或水滴产生：由于热交换是通过空气进行的，所以干冷器在运行时不会产生水雾或水滴，使得其在一些对湿度要求较高的环境中也能得到应用。

8.2.2 干冷器在液冷冷源中的应用

干冷器是通过外界空气来冷却盘管内的液体，循环冷却水与外界空气间接传热，可有效保障冷却水水质。它采用干式换热，耗水量较低，仅在高温无法保证温度时进行喷淋水降温。但干冷器设备成本较高，占地面积较大，冬季应注意盘管防冻问题。该冷源方案下的系统原理如图 8.2-3 所示，系统架构相对简单。

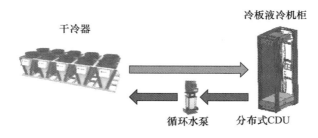

图 8.2-3 干冷器方案下的冷板液冷系统原理图

干冷器被用作液冷冷源系统的一部分，特别是在应对极端天气条件下无冷机满足出水工况的挑战时，设计增加了湿帘式干冷器。这种干冷器具有业内最大的单台散热能力，并充分考虑了华北地区的防冻问题。通过湿帘式干冷器的应用，系统成功克服了项目所在地缺水少水的挑战，实现了高效、绿色的冷却效果。乙二醇冷却式系统如图 8.2-4 所示。

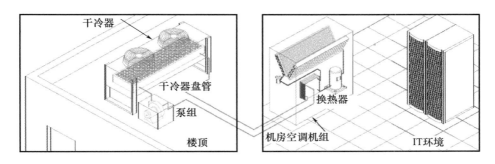

图 8.2-4 乙二醇冷却式系统

8.2.3 完全自然冷却切换点

国内缺水干旱地区数据中心采用干冷器自然冷却技术较多。如图 8.2-5 所示，干冷器自然冷却技术是通过散热器与室外低温空气换热，散热器内部的冷却液（如乙二醇溶液）温度降低，冷却介质再与数据中心冷水回水换热，使冷水供水温度满足要求，从而系统利用室外自然冷源，不开启机械制冷，降低空调能耗。

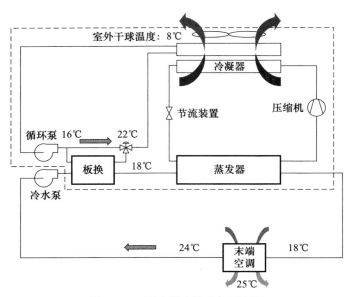

图 8.2-5　干冷器自然冷却原理图

规范要求数据中心冷通道或机柜进风区域温度在 18～27℃ 范围内，露点温度为 5.5～15℃ 范围内，且相对湿度不大于 60%[4]，考虑送风温度精度与现国内数据中心设计送风温度，取送风温度为 25℃，冷水型精密空调送水温度与冷水供水温度工程设计温差一般为 6℃，板换内的冷却液的供液温度与冷水供水温度工程设计温差一般为 2℃，室外干冷器的供液温度与室外干球温度的温差一般为 8℃，如图 8.2-6 所示，室外空气干球温度≤8℃时，该系统可进入完全自然冷却模式。

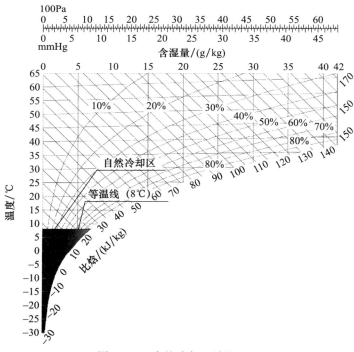

图 8.2-6　自然冷却区域焓湿图

在中国西北部地区，干冷器自然冷却的全年自然冷却时长一般能达到 4000h 以上，部分地区能达到 7000h 以上，无需开启机械制冷，具有巨大的节能潜力[5]。干冷器自然冷却系统的全年自然冷却时长分布，基本满足从南到北，自然冷却时长越来越长；从东向西，自然冷却时长越来越长。各地区的自然冷却时长与设计参数息息相关，如提高送风温度、降低设备内部的换热温差，则自然冷却时长更长，可以有效地减少机械制冷时间，降低空调能耗。

8.3　开式冷却塔

8.3.1　开式冷却塔的工作原理

机械通风开式冷却塔主要结构包括进水管道、出水管道、喷淋口、轴流风机、淋水填料层、集水池、冷却水泵等部分。如图 8.3-1 所示，具有一定温度的循环冷却水在冷却水泵的作用下由进水管进入冷却塔顶部，经由喷淋口将循环冷却水以细小水滴喷洒出去，流经淋水填料层，随后滴落到集水池中，再由集水池底部连接冷却塔出水管道排放至冷凝器或其他换热器中进行热质交换，换热完成后再次经水泵作用进入冷却塔，完成一个冷却水循环[6]。

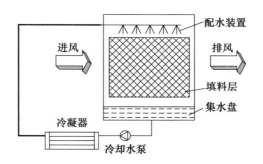

图 8.3-1　开式冷却塔系统运行原理图

其中，喷淋口将冷却水细化为更小的水滴，增大了水滴与空气的接触面积，强化了换热；细化后的水滴低落到淋水填料层，附着在填料层表面，依靠水的表面张力和黏性摩擦力慢慢沿填料表面向下滑落，在填料表面膜状凝结，故而增大了水滴与空气的接触面积，强化了换热；水滴脱离填料层滴落至冷却塔底部集水池。在以上三个过程中的热质交换都是与流入冷却塔内部的空气进行的，因此，位于冷却塔顶部的轴流风机强化了空气流通，保证气-水换热稳定。

开式冷却塔在常规冷水系统中使用较普遍，优点之一是价格较低。其次，开式冷却塔系统简洁，不需要闭式系统的定压装置，没有喷淋泵，无须添加乙二醇防冻，运行维护简单。且同等工况下设备功率低，甚至可以选择一些无风机冷却塔来搭配运行，可以把 PUE 降到极致。但开式冷却塔最大的缺点就是循环水与外界环境直接接触，需重点关注水质处理，目前开式冷却塔系统水质控制好和坏的案例均存在，一方面是水处理厂家参差不齐的原因，另一方面是碳钢管道自身在开式系统中容易腐蚀。

普通开式冷却塔的优点：①换热效率高——热水与空气在填料层中充分接触，可有效降低水温；②成本低——初始投资和后期维护成本相对较低；③适用性广——可适用于大多数工业和商业领域。

普通开式冷却塔的缺点：①水资源浪费较大——蒸发损失大，需定期补水；②循环水水质较差——由于其开放式结构，集水池易积累污垢与沉积物，需定期清理及排污；③环境影响较大——挥发出的水蒸气可能会对周围环境产生一定的影响[7]。

8.3.2　开式冷却塔在液冷冷源中的应用

该冷源方案采用与传统水冷系统相同的开式冷却塔，开式冷却塔通过循环冷却水与室外空气的热质交换来降低冷却水温度，由于冷却水与外界空气直接接触，运行水质较差。开式冷却塔初投资和运行成本均较低，占地面积小，质量较轻，应用成熟度较高。考虑到冷板液冷CDU（冷却液分配单元）换热单元水质保障问题，还需增设板式换热器，二次侧液体与冷却水进行间接换热后再送至CDU。该冷源方案下的系统原理如图8.3-2所示，由于增加了板换，系统管道相对复杂，设备也占据了一定面积。

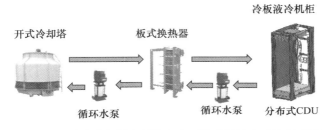

图 8.3-2　开式冷却塔＋板换方案下的冷板液冷系统原理图

板式换热器温升：水侧自然冷却技术中的间接供冷中常常设置板式换热器（简称板换）将冷水系统和冷却水系统进行隔离，故板式换热器性能是影响间接供冷系统的重要因素。水侧自然冷却系统中的板式换热器一二次侧温升一般取 1～2℃[8]。当冷水供水温度一定时，板式换热器一二次侧温升 1℃较一二次侧温升 2℃的自然冷却时间长。

8.3.3　设备能效等级标准分析

开式冷却塔是数据中心冷却系统中主要的散热设备，常与水冷式冷水机组、板式换热器及循环水泵等设备组成常见的冷水冷却架构，其散热能力的强弱直接影响到冷水机组的运行效率及系统全年自然冷却工况的时长[9]。由于需要全年散热，数据中心用冷却塔通常按照自然冷却工况进行选型，并对夏季设计工况进行校核。

用于判定数据中心常用开式冷却塔能效等级的现行标准为GB/T 7190.1—2018《机械通风冷却塔　第1部分：中小型开式冷却塔》[10]，其中衡量冷却塔能效水平的指标为耗电比，即冷却塔风机电动机的输入有功功率与标准工况下冷却水流量的比值，能效等级分为1～5级，1级能效等级最优。此外由于数据中心常用冷却水设计温度较接近标准工况Ⅰ，因此根据实际工况选型后的冷却塔一般需换算至标准工况Ⅰ下的冷却水流量进行设备能效等级判定。

8.4　闭式冷却塔

8.4.1　闭式冷却塔的工作原理

闭式冷却塔是一种密闭式的冷却设备，它通过在塔内安装管式换热器，并通过流通的空气、喷淋水与循环水的热交换来保证降温效果。这种冷却塔由于是闭式循环，能够保证水质不受污染，从而很好地保护主设备的高效运行，提高了设备的使用寿命[11]。闭式冷却塔如图 8.4-1 所示。

冷却塔的散热原理主要是通过水、空气两者进行热交换，通过水蒸发吸热的原理带走热量。理论上闭式冷却塔可以冷却到湿球温度，但是这有一个前提条件，就是需要无限的换热时间和无限大的闭式冷却塔。在实际使用中，闭式冷却塔冷却的最低出水温度比湿球温度高 3～5℃。

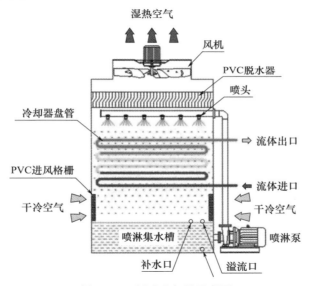

图 8.4-1　闭式冷却塔示意图

闭式冷却塔的优化设计：

为了能让闭式冷却塔在使用过程中充分发挥节能减排的优势，可以对一些参数进行优化。理论上讲，当内循环过程中的工质在进行热交换，热量被全部带走时，空气恰好达到饱和状态，这个工况下的节能效果最好。为实现这一目的，可采取手段提高冷却塔的传热传质性能。

（1）工质流速：管内工质流速与管内的压降成正比关系，与盘管换热面积成反比关系。因此，两条关系曲线存在一个交点，当工质流速达到这个交点流速时，盘管可以凭借较小的换热面积得到较优的换热效果。

（2）喷淋密度：工质流速是通过影响内循环，来对换热效果进行干预，而喷淋密度则是通过影响盘管外、冷却塔内的外循环阶段，来对换热效果产生影响。当喷淋密度增大时，外掠管压降增大，盘管面积减小。因此，两条关系曲线同样存在一个交点，当喷淋密度处于交点位置时，同样可以实现以小换热面积达到好的换热效果的目的。

（3）塔内风速：塔内风速同样是影响外循环阶段的主要因素，当风速增大时，管内压降减小，外掠管压降增大，盘管面积减小。因此同样能找到一个中间点，在此风速条件下，换热效果与换热面积之间达到一个最优平衡点。

除上述几点外，盘管密度、盘管截面形状等，都是影响闭式冷却塔性能的关键因素，可以从这些方面入手进行调试研究，使闭式冷却塔节能减排的优势发挥至最大。

闭式冷却塔的优点：①节约水资源——内部循环系统基本上无蒸发损失，只需少量补水即可保持系统的正常运行；②循环水水质好——内部循环水在密闭管线中流动，不易受外部环境污染及沉积物的影响，适用于对循环水水质要求较高的系统；③环境友好——无大量水蒸气挥发，对周围环境影响较小。

闭式冷却塔的缺点：①初始投资高——闭式冷却塔由于需要额外的设备和管道系统，相较于开式冷却塔其土建与设备安装成本更高；②冷却效率较低——闭式冷却塔的冷却效率较低，需更多的冷源量才能达到与开式冷却塔相同的降温效果；③占地面积大——单台闭式冷却塔处理水量小，处理循环水量较大时，需布置多台冷却塔，且冷却塔之间要有足够的距离，造成其占地面积大；④能耗高——相较于开式冷却塔，闭式冷却塔底部逆流进风，与下落的喷淋水换热，通风阻力大，风机电耗高。

8.4.2　闭式冷却塔的分类

闭式冷却塔可分为横流闭式塔、逆流闭式塔、复合流闭式塔[12]。

横流闭式塔：一般都用在对噪声要求较高、耗电低、可多台任意组合、安装垂直空间有条件限制的场所，如图8.4-2所示。

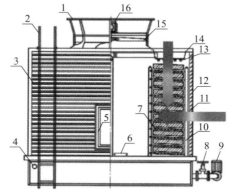

图 8.4-2　横流闭式塔

1—风筒；2—梯子；3—侧板；4—喷淋水补水管；5—检修门；6—检修通道；7—间壁式换热器；
8—阀门；9—喷淋水泵；10—循环冷却水进水集管；11—填料；12—进风口；13—喷淋水喷嘴；
14—喷淋水配水槽；15—风机；16—电动机和减速机。

逆流闭式塔：结构紧凑，占地面积小、噪声高、耗电高、不宜多台组合，特别适合北方严寒地区，如图8.4-3所示。

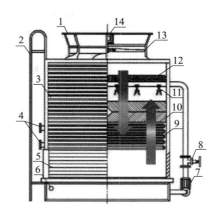

图 8.4-3　逆流闭式塔

1—风筒；2—梯子；3—侧板；4—循环冷却水进、出口；5—进风口；6—喷淋水补水管；7—喷淋水泵；8—阀门；
9—间壁式换热器；10—填料层；11—喷淋管网及喷嘴；12—收水器；13—风机；14—电动机和减速机。

复合流闭式塔：能耗相对较高，体积较大，噪声适中，如图 8.4-4 所示。更适合于冷却温度较高或冷却温差较大的工况下；相对湿球温度偏高的地方，建议选用有填料的复合流及横流闭式塔。

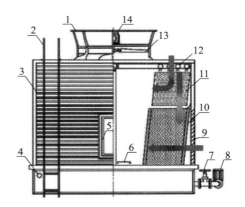

图 8.4-4　复合流闭式塔

1—风筒；2—梯子；3—侧板；4—喷淋水补水管；5—检修门；6—检修通道；7—阀门；8—喷淋水泵；
9—进风口；10—填料；11—间壁式换热器；12—喷淋水喷嘴；13—风机；14—电动机和减速机。

8.4.3　闭式冷却塔在液冷冷源中的应用

闭式冷却塔内部循环冷却水采用封闭系统，冷却水通过盘管与塔体自身喷淋水蒸发冷却间接换热，冷却水不与外界空气直接接触，可以有效保障冷却水水质。但闭式冷却塔初投资和运行成本较高，质量较重。同时冬季应注意盘管防冻问题，外部盘管易出现腐蚀堵塞，因此对盘管外部喷淋水质要求较高。该冷源方案下的系统原理如图 8.4-5 所示，系统架构相对简单，设备占地面积小。

对于水系统而言，合适的供回水（液）温差有利于降低设备初投资及系统运行费用，大温差技术是一项具有明显经济效益的技术措施[13]。对于散热冷板而言，大温差措施的技术瓶颈在于其允许的最高进口温度及最小流量[14]。实现一次侧冷却塔的大温

图 8.4-5　闭式冷却塔方案下的冷板液冷系统原理图

差可以从提高回水温度及缩小逼近度两方面着手，达到高温低流、使冷却塔更热的目的。提高回水温度，加大进出水温差，冷却系统的综合效率将提高[15]。在一定范围内，温差越大则冷却塔的冷却能力越大，既可降低冷却塔及管路的初投资，又可以节省循环水泵的运行费用；当然温差也不能无限加大，过小的流量也会影响换热效率反而降低散热量。若过分缩小逼近度，降低出水温度而加大温差则会造成冷却塔尺寸加大、风机功耗增加，初投资与运行费用均会提高[16]，故在出水温度及散热量满足使用的前提下尽可能增大逼近度。而且，随着逼近度的增大，相同设计冷却能力的冷却温差随之增大，但闭式冷却塔通常无统一性能曲线组，需要生产厂商通过试验得出[17]。故闭式冷却塔的逼近度及温差特性因厂家而异。

温差加大，系统流量降低，设备及管路系统的压降都降低，有利于循环泵的节能，但一、二次侧实现大温差运行均与换热模块中板式换热器的性能密切相关。大温差设计需要进一步校核板式换热器的换热量，确保换热量满足设计要求。理论上，板式换热器的传热温差可以达到1℃，但是过小的传热温差会造成板换配置过大，尺寸及初投资均会增加。

8.5　间接蒸发冷却塔

8.5.1　间接蒸发冷却塔的工作原理

直接蒸发冷却仅对空气进行等焓冷却，空气温降程度易受室外气候条件，特别是进口空气湿球温度的影响。为了进一步提高蒸发冷却的降温效果，提出了间接蒸发冷却器。间接蒸发冷却塔是在常规开式冷却塔进风前端加装冷却器，对进风进行预冷，可以得到低于湿球温度的冷却水温。

加装的冷却器既可作为单独降温设备，对空气进行等湿降温后送入所需空间，也可作为冷却塔的预冷段，对空气进行预冷，从而增大间接蒸发冷却塔的降温幅度。另外，间接蒸发冷却器也可作为预冷经济器，从而减少机械制冷空调机组的装机冷量。

间接蒸发冷却器的一种形式是采用空气-空气间接换热器，它由两条不同的空气流道组成。之所以称为间接蒸发冷却器，是因为两部分空气不直接接触。通常称被冷却的干空气一侧为一次空气（产出空气），而蒸发冷却产生的湿空气一侧为二次空气（工作空气）。通过喷淋循环水，二次空气侧的流道表面形成一层水膜，水膜通过吸收热量而蒸发，温度逼近二次空气的湿球温度，一次空气通过流道间壁、水膜，把热量传送给二次空气，从而达到降温的目的。间接蒸发冷却塔示意图见图 8.5-1。

目前间接蒸发冷却器按具体结构可分为板翅式、卧管式、立管式、热管式等多种结构形式。

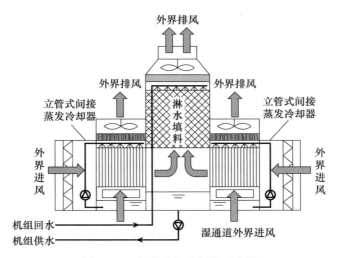

图 8.5-1　间接蒸发冷却塔示意图

图 8.5-2 为机组热湿处理过程的焓湿图，G 状态点的机组供水全部被输送至板式换热器，吸收机房侧水系统热量后成为 H 状态点，然后返回到淋水填料顶端进行喷淋，降温后的 G 状态点的机组供水再次被送至板式换热器吸收机房侧水系统热量，成为 H 状态点的机组回水，如此循环。外界环境空气一部分经过立管式间接蒸发冷却器的一次换热通道，从状态点 O 等湿预冷至状态点 C；另一部分则经过立管式间接蒸发冷却器的二次换热通道，从状态点 O 增焓加湿至状态点 P，最后排放到大气环境中。预冷后的空气从底部进入淋水填料换热器内与机组回水接触，发生近似直接蒸发冷却的热湿交换，从状态点 C 增焓加湿至状态点 E，最后被排风机从机组顶部排入大气环境中。在使用时，优先开启直接蒸发冷却段提供冷量，当室外湿球温度过高、冷量无法满足机房制冷需求时，自动开启间接蒸发冷却段，各功能段通过变频控制达到机房制冷需求。

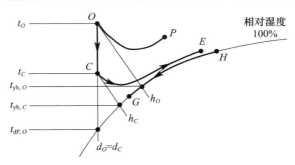

图 8.5-2　间接蒸发冷却塔热湿处理过程焓湿图

间接蒸发冷却塔具有以下几个显著的性能特点：

（1）高效节能：利用水的蒸发吸收热量，这种冷却方法相比传统冷却方式可节省大量能源，特别是在干燥地区，节能效果尤为明显。

（2）运行稳定：采用模块化设计，结合多项关键技术，如内冷式间接蒸发、填料热湿交换等，确保设备稳定运行。

（3）防冻结：针对寒冷地区，间接蒸发冷却塔具有防冻结功能，确保设备在低温环境下也能正常工作。

（4）低噪声：采用先进的降噪技术，如直流无刷 EC 风机，减少设备运行时的噪声污染。

（5）广泛适用性：可根据不同的工况要求，配置不同的制冷系统，适用于多种冷却场合，如空气调节、制冷、发电、冶金、化工等。

（6）减少维护成本：加热器采用高速旋转的翅片结构，减少管道内壁的结垢，降低了清洗和维护的频率，从而节省了后期成本。

夏季，间接蒸发冷却塔作为机械式制冷机的冷却塔，能够制备极限温度为环境露点温度的冷却水，从而提高制冷机 COP；冬季，间接蒸发冷却塔作为冷却系统的冷源，为数据机房独立供冷，由于间接蒸发冷却塔结构独特，能够有效加热进风，实现冷却塔冬季防冻的功能。并且由于间接蒸发冷却塔能够制备低温冷却水，可充分利用自然冷源，延长自然冷却的时间，有效节能[18]。这种基于间接蒸发冷却塔的数据机房冷却系统全年切换简单，只切换冷水侧管路，冷却水侧全年按一种模式运行，这样也消除了冷却水侧因管路切换存在的死水管，消除了管路结冰的隐患，实现防冻功能。

8.5.2 间接蒸发冷却塔在液冷冷源中的应用

间接蒸发冷却预冷一体化架构冷却系统由露点型间接蒸发冷却塔、离心式冷水机组、冷水/冷却水泵、板式换热器、末端空调及其他辅助设施组成，主要设备包括：离心式冷水机组、露点型间接蒸发冷却塔、板式换热器、冷水循环泵、冷却水循环泵、蓄冷水罐、定压补水装置、软水器、软水箱等，如图 8.5-3 所示。

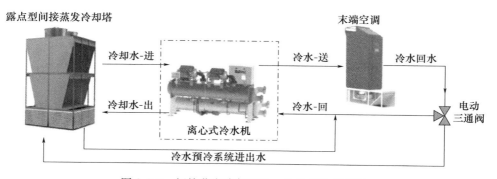

图 8.5-3　间接蒸发冷却预冷一体化架构流程图

应用露点型间接蒸发冷却塔（图 8.5-4），补充了传统冷却塔的短板。传统冷却塔的夏季出水温度高于湿球温度 4℃以上，而应用近露点超高效间接蒸发冷却装置比同条件传统冷却塔出水温度低 3~5℃，出水温度低于湿球温度，可大幅度提高全年自然冷源利用时间，并且在夏季可大幅提高冷机能效 40％以上，从而起到高效节能减排的作用[19]。

间接蒸发冷却冷水机组极限出水温度为空气的露点温度[20]，一般出水温度高于空气的露点温度，低于或接近空气的湿球温度[21]。因此，间接蒸发冷却冷水机组可作为水侧自然冷却设备为数据中心散热，相较于冷却塔而言，有诸多优点。其一，使得水侧自然冷

图 8.5-4 露点型间接蒸发冷却塔

却时间大幅增加；其二，使得进冷凝器的冷却水温度更低，还可以有效避免因冷凝压力过高而出现的制冷主机能效降低的现象，并避免因冷凝压力过高而出现的主机喘振的现象；其三，由于进冷凝器的冷却水温度较低，可以延缓 Ca（HCO₃）₂ 的分解过程，从而使得 CaCO₃ 单位时间沉淀的量减少，进而减少了运行维护的工作量，还能延长机组的使用寿命[22]。

8.6 余热直接供热技术

8.6.1 直接换热技术用于低温供热

数据中心的余热通常为中低温热源，根据风冷、水冷等冷却形式的不同，其温度范围一般在 30～60℃ 之间。这种热量虽不能直接用于高温工业过程，但非常适合低温供热系统，如地板供暖和风机盘管。这些系统通常需要 35～45℃ 的供水温度，正好与数据中心的余热特性相匹配。

直接换热技术指的是将数据中心的余热通过换热器直接传递给供热系统，而无需经过中间介质或复杂的热转换过程。这种技术具有能效高、系统简单、维护成本低等优点。在直接换热系统中，换热器的设计和选型至关重要，需要考虑数据中心冷却液的温度、流量，以及供热系统的需求。

地板供暖是一种低温辐射供热方式，其工作原理是通过埋设在地板下的热水管网将热量均匀传递至整个地面，然后再通过辐射方式向房间散热。数据中心余热的温度较低，非常适合用于地板供暖。通过直接换热，数据中心的冷却液可以直接为地板供暖系统提供热源，实现高效的热量传递。在实际应用中，地板供暖系统的设计应考虑以下因素：确定房间所需的热量，确保地板供暖系统能够提供足够的热量；选择合适的换热器以最大化换热效率，同时保证系统的稳定性和可靠性。通过控制系统的温度调节，确保供水温度在适合地板供暖的范围内。

风机盘管系统是一种基于风机盘管的供暖方式，通过将热水输送至风机盘管的换热器，然后由风机将热空气吹入房间，从而实现供热。由于风机盘管系统可以灵活调节风量和水温，因此特别适合使用数据中心的余热进行供热。与地板供暖类似，风机盘管系统在利用数据中心余热时，也需要重点关注换热器的设计。为了提高系统的整体能效，换热器应具有较高的传热系数，并且在设计中应充分考虑数据中心的供热水温和流量特性。

8.6.2 直接换热技术用于低温预热

随着节能减排的需求增加，越来越多的研究和实践开始探索如何有效利用这些余热。低温预热（如新风预热和生活热水预热）是余热利用的重要途径之一，不仅可以提高能源利用率，还能降低建筑物的能耗和运营成本。数据中心余热利用的直接换热方式主要包括新风预热和生活热水预热两种方式。

新风预热是通过将进入建筑物的新鲜空气加热至适宜的温度，以确保室内环境的舒适性，特别是在寒冷气候条件下。数据中心的余热可以通过换热器与新风系统中的空气进行直接换热，从而将外部冷空气预热至接近室内温度，减少供暖系统的负荷。新风预热系统通常采用空气-空气换热器或空气-水换热器。空气-空气换热器直接利用数据中心余热加热新风，而空气-水换热器则利用水作为中介，通过水的换热将热量传递给新风系统。新风预热系统可以与建筑物的中央空调系统或空气处理系统相结合。数据中心的余热通过管道输送到新风系统的换热器，然后将加热后的空气分配到各个房间。通过智能控制系统，可以根据室外温度和室内需求自动调节余热的使用，以确保能源的高效利用。

生活热水预热是指在生活用水进入建筑物的热水系统前，通过余热将其温度提升，以减少后续加热所需的能源。数据中心的余热通过换热器与生活热水系统中的冷水进行换热，将水预热至较高温度，然后再通过锅炉或电热水器等设备加热至最终使用温度。生活热水预热通常采用水-水换热器或板式换热器。这些换热器能够有效地将数据中心的余热转移到生活热水系统中，实现高效的热能利用。数据中心的余热通过专用管道输送至建筑物的热水预热系统。在换热器中，余热将生活热水系统中的冷水预热至 $30\sim40℃$ 左右，减少后续加热的能源消耗。该系统可以与建筑物的现有热水系统无缝集成，确保热水供应的连续性和稳定性。生活热水预热减少了生活热水加热过程中的能源需求，尤其是在冬季。同时生活热水预热方式还减少了锅炉或电热水器等设备的使用频率和负荷，从而降低了建筑物的整体运行成本。然而，生活热水的预热需求在冬季较高，但在夏季可能会减少，导致余热利用率波动。安装换热器和配套管道系统需要较高的初始投资，特别是在旧建筑改造中。此外，数据中心余热的温度可能不足以满足某些建筑物对高温热水的需求，仍需辅助加热。

8.7 余热升温供热技术

8.7.1 压缩式热泵用于高效供热

随着新建数据中心规模和电力负荷的不断增大，风冷系统已经无法满足排热需求，液体冷却系统逐渐兴起。数据中心内的微处理器、转换器、内存等主要产热部件，其温度最高可达 $50\sim85℃$。由于液体的高冷却效率，液冷环路的温度可以设定相对较高，其一次侧的回水温度可达 $40\sim50℃$。压缩式热泵技术能将数据中心的这些低品位余热转化为可再利用的高品位热能，进一步提高设施能效水平。

基于压缩式热泵的余热回收系统与数据中心冷源的连接方式有串联和并联两种。以不带冷机的液冷冷源系统为例，当余热回收系统与数据中心冷源串联时（如图 8.7-1），一般取自冷却水的回水管（高温侧），经过蒸气压缩式热泵的蒸发器后，冷却水回水温度降低，然后继续接至冷却水的回水管。蒸气压缩式热泵将来自冷却水的热量转化为更高温度的热量，并通过冷凝器释放，以供给用户侧。当余热回收系统与数据中心并联时，一般接至冷却水的回水管（高温侧），经过热泵机组的蒸发器后，然后接至冷却水的供水管（低温侧），具体原理如图 8.7-2 所示。与串联相比，并联形式下的余热回收系统更加独立、控制清晰。当余热回收的比例增大时，并联系统可关闭部分甚至全部数据中心制冷单元，而串联系统仍需开启多个制冷单元以保证一次侧的循环流量[23]。

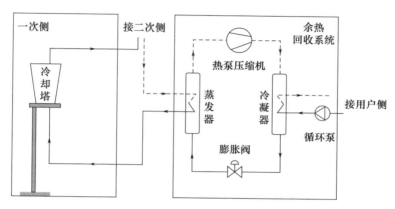

图 8.7-1　余热回收系统与数据中心冷源串联示意图（不带冷机）

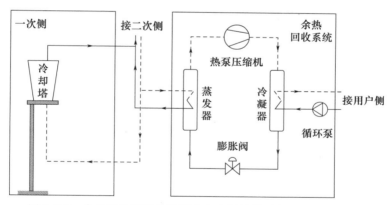

图 8.7-2　余热回收系统与数据中心冷源并联示意图（不带冷机）

同样，带冷机的液冷冷源系统与基于压缩式热泵余热回收系统之间也可以采用串联和并联这两种方式连接。除此之外，余热回收系统既可以从冷却水中取热，也可以从冷水中回收余热。当余热回收系统接至冷水管路时（以并联形式为例，图 8.7-3 为原理图），一般接至冷水的回水管（高温侧），经过热泵机组的蒸发器，然后接至冷水的供水管（低温侧）。当余热回收系统接至冷却水管路时，则一般接至冷却水的回水管（高温侧），具体原理如图 8.7-4 所示。

目前，数据中心空调末端冷水供回水设计温度为 15℃/21℃，为便于分析热泵设备特性，以供暖、供生活热水的数据中心余热利用热泵系统为例进行分析[24]。基于国家标准《水（地）源热泵机组》（GB/T 19409）相关规定，对热泵机组性能进行测试，标

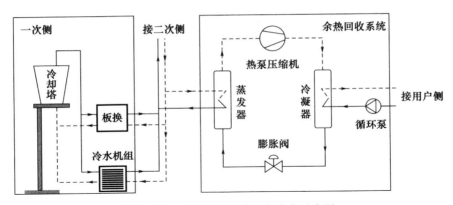

图 8.7-3　余热回收系统取自冷水示意图

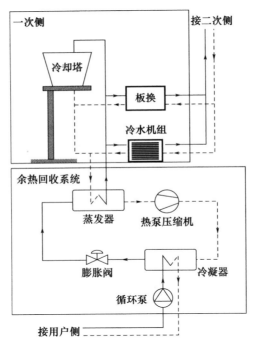

图 8.7-4　余热回收系统取自冷却水示意图

准规定工况如表 8.7-1 所示[25]。现有不同水源热泵机组产品的压缩机以旋转式、转子式、涡旋式、螺杆式为主，所使用的换热器类型和制冷剂主要以管壳式和 R22 为主，少数品牌采用板式和 R134a。旋转式、转子式、涡旋式水源热泵机组制热能力较低，螺杆式机组较高，不同型号水源热泵机组的制热性能系数（COP）分布相对均匀。

表 8.7-1　水源热泵机组标准工况

试验条件	进水温度/℃		进水单位制热量水流量/[m³/(h·kW)]		使用侧出水温度/℃	使用侧单位制热量水流量/[m³/(h·kW)]
	水环式	地下水式	水环式	地下水式		
制热	20	15	0.215	0.103	45	0.172

如图 8.7-5 所示，通过建立数据中心余热利用水源热泵供暖系统能量收支模型，对现有的水源热泵产品工作特性进行分析。给定用户侧热负荷需求的情况下，水源系统热泵特性如图 8.7-6(a)所示，展示了使用不同品牌水源热泵机组的热力特性，根据品牌不同，其能效不同，对应数据中心余热不同，各品牌机组对应数据中心余热负荷相差不超过 3.05%，而各品牌机组能效在 4.8～6 之间；图 8.7-6(b)展示了不同品牌水源热泵机组的电力特性，不同品牌所采用压缩机等设备不同，其系统参数也不同，因此电耗存在差异，各品牌机组间相差不超过 13.0%；图 8.7-6(c)展示了不同品牌水源热泵机组的能效特性，系统能效在 1.55～5.26 之间，当用户侧热负荷需求在 0～3000kW 时，由散热损失造成的附加电耗以及水泵电耗相对于水源热泵机组电耗较大，所以系统能效较低。图 8.7-6(d)展示了不同品牌水源热泵机组用户侧热负荷在 0～3000kW 区间的局部能效特性，各品牌机组能效差距不超过 13.56%，系统能效差距不超过 12.38%。

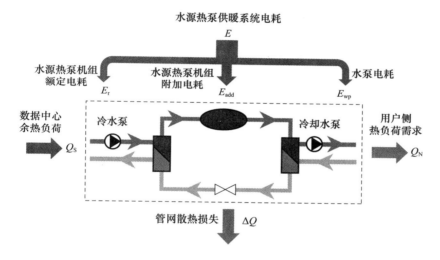

图 8.7-5　水源热泵供暖系统能量收支模型

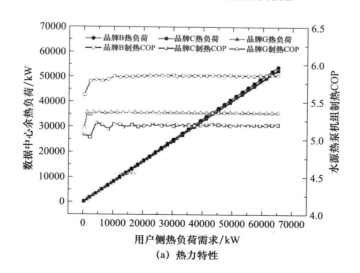

（a）热力特性

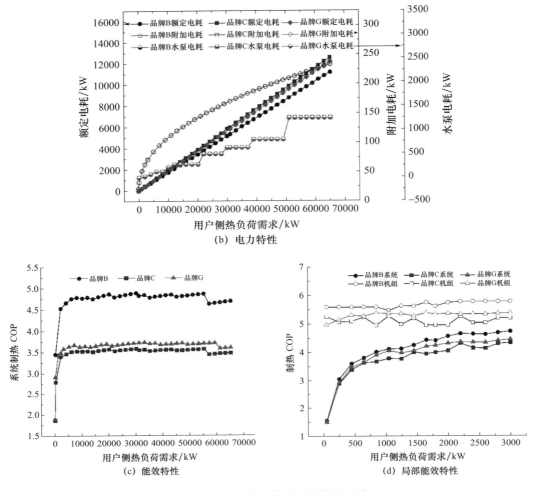

图 8.7-6　水源热泵供暖系统特性汇总

　　综上，通过采用蒸气压缩热泵系统的余热回收再利用技术，可将数据中心余热用于住宅建筑、公共建筑、农业以及工业领域。将当前水源热泵机组设备用于数据中心余热回收工况，其制热量范围在 2.7～3850kW，制热 COP 普遍在 3.5 以上，可以覆盖各类型各规模数据中心余热利用需求，但不同品牌水源热泵产品系统工作特性存在差异，需要根据实际工程需求进行选配。

　　数据中心的余热可用于生活辅助设施、农业和工业等领域。在生活辅助设施方面，余热可用来为园区及周边建筑甚至市政进行供暖或提供生活热水等。例如，瑞典、丹麦、芬兰等北欧国家早在 2010 年就开始回收数据中心余热用于市政供暖；在国内，部分数据中心进行了余热回收尝试，但供热范围基本局限于数据中心周边的小范围建筑。据统计，目前利用余热回收技术回收余热并加以利用的数据中心有阿里巴巴千岛湖数据中心、腾讯天津数据中心、中国电信重庆云计算基地、万国数据北京三号数据中心等。例如，中国移动哈尔滨数据中心采用了水源热泵技术，为园区内供暖，供暖面积达到 9.4 万 m²。在工业方面，数据中心余热在物料烘干、海水淡化等方面也具有广泛应用潜力。瑞典的 EcoDataCenter 采用余热代替丙烷燃气锅炉提供 10MW 的废热来完成木质颗粒的干燥过程。除此之外，还可以将数据中心的余热用于农业种植、养殖和谷物干燥等。日本北海道 Bibai 的 White Data Center，通过服务器的热量来加热空气和水，以尝试种植蘑菇以及日本芥菜菠菜、咖啡豆、鲍鱼和海胆等产品；挪威的 Green Mountain 与当地的龙虾、鳟鱼养殖场合作，为养殖场提供稳定的热量。

8.7.2　吸收式热变换器用于高温供热

虽然数据中心余热体量巨大，但其能源品位往往较低[26]，无法满足有高温用热需求的用户。吸收式热变换器也被称为第二类吸收式热泵，其特点为利用中温热源进行驱动，实现高温热量输出[27]，如图 8.7-7 所示。吸收式热变换器的温度提升能力高度契合数据中心低品位余热的提质需求。数据中心余热作为驱动热源加热发生器中的溶液，使其发生产生蒸气，而蒸气在冷凝器中冷凝将热量排放到低温热汇。制冷剂冷凝液经制冷剂泵输送到蒸发器中，由余热加热进行蒸发；另外，发生过程中被浓缩的溶液通过溶液泵输送到吸收器中，吸收蒸发器产生的蒸气。由于吸收过程放出热量，流经吸收器的热媒被加热，实现热量输出，且输出热量温度高于驱动热源温度。吸收制冷剂蒸气后的稀溶液通过节流阀回流到发生器中，由余热进行发生，形成循环。

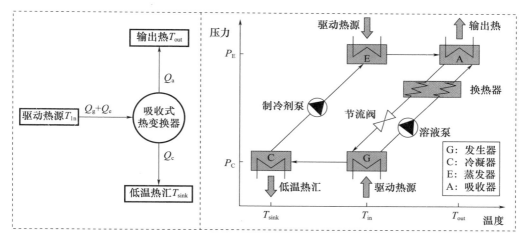

图 8.7-7　吸收式热变换器原理图

然而目前利用吸收式热变换器回收数据中心余热用于高温供热的研究尚不充分。张伟等人[28]通过实验研究了低温废热驱动溴化锂吸收式热变换器，实验结果表明溴化锂吸收式热变换器可由 45～55℃的热源驱动，实现高温热水输出，不同工况下系统 COP 可达 0.3～0.4，温升为 4～8℃。Huang 等人[29]提出了一种压缩辅助吸收制冷加热系统，该系统包含了一个吸收式制冷子循环和一个吸收式热变换器子循环，同时实现了数据中心的液冷需求和额外的供热输出。在不同压缩比的压缩机的辅助下，最低发生温度低至 27.2～52.0℃，实现了数据中心液体冷却系统中的高效废热回收。相关研究已显示了吸收式热变换器在数据中心余热回收方面的应用潜力，未来可在降低驱动温度、提高系统性能等方面开展研究，以提升余热回收能力及效率。

8.8　小　结

综上所述，数据中心余热利用具有重要的现实意义和广阔的应用前景。在全球数字化进程加速和绿色低碳发展的背景下，数据中心液冷冷源的合理选择和余热的有效利用不仅能够显著提升能源利用效率，降低运营成本，还能够减少环境污染，推动可持续发展。本章通过对液冷冷却智算中心一次侧的冷源解决方案和余热回收技术进行了梳理和总结，涵盖了干冷器、开式冷却塔、闭式冷却塔、间接蒸发冷却塔、余热直接供热、余热升温供热等技术。阐明了这些技术在不同应用场景和热源温度下的适用性和优势。

分析结果表明：干冷器方案在节能性方面和经济性方面表现最差，在节水性方面具有绝对优势；闭式冷却塔和开式冷却塔方案在节能性、节水性和经济性上表现基本相近，建议对于有一定节水要求、防冻要求较高的地区可以采用闭式冷却塔方案，对于极端缺水地区可采用干冷器方案，而开式冷却塔方案兼顾了节能性和经济性，普遍适用于全国大部分地区。露点型间接蒸发冷却塔补充了传统冷却塔的短板。传统冷却塔的夏季出水温度高于湿球温度4℃以上，而应用近露点超高效间接蒸发冷却装置比同条件传统冷却塔出水温度低3～5℃，出水温度低于湿球温度，可大幅度提高全年自然冷源利用时间，并且在夏季可大幅提高冷机能效40％以上，从而起到高效节能减排降耗的作用。

余热直接供热和升温供热技术可以有效地将数据中心产生的中低温废热用于供暖和预热，从而降低建筑物的能耗和运营成本。未来，随着技术的不断进步和能源管理理念的不断更新，数据中心液冷冷源和余热利用技术有望在更广泛的领域得到应用，助力实现更加绿色、低碳和可持续的发展目标。各类冷源方案和余热回收技术的进一步完善和推广，不仅可以为数据中心运营商带来显著的经济效益，也能够为社会创造更大的环境和社会价值。

参考文献

[1]　邓维，刘方明，金海，等．云计算数据中心的新能源应用：研究现状与趋势［J］．计算机学报，2013，36（3）：17.

[2]　李国柱，崔美华，黄凯良，等．数据中心余热利用现状及在建筑供暖中的应用［J］．科学技术与工程，2022，22（26）：9.

[3]　吴晓晖，赵春晓，徐龙云，等．浅谈数据中心自然冷却技术的应用［J］．智能建筑，2019，（12）：17-22.

[4]　中国电子工程设计院．数据中心设计规范：GB 50174—2017［S］．北京：中国计划出版社，2017.

[5]　王泽青，戴兵．中国数据中心干冷器自然冷却地图［J］．洁净与空调技术，2019（4）：76-78.

[6]　刘江涛，段继文，张波，等．机械通风开式冷却塔降噪方案研究［J］．制冷与空调，2024，24（6）：23-27.

[7]　王立军，户振宇，王鸣宇．空分装置循环水系统冷却塔选型对比分析［J］．中氮肥，2024（5）：34-37. DOI：10.16612/j. cnki. issn1004-9932.2024.05.008.

[8]　北京市建筑设计研究院．北京地区冷却塔供冷系统设计指南［M］．北京：中国计划出版

社，2011.

[9] 张诚．数据中心典型冷却设备能效等级提升的节能性与经济性分析 [J]．暖通空调，2023，53 (11)：125-130.

[10] 机械通风冷却塔 第 1 部分：中小型开式冷却塔：GB/T 7190.1—2018 [S]．2018.

[11] 梁凯，黄翔，蒋苏贤，等．蒸发冷却（凝）技术应用分析 [J]．制冷与空调，2024，24 (2)：22-27.

[12] 机械通风冷却塔 第 3 部分：闭式冷却塔：GB/T 7190.3—2019 [S]．2019.

[13] 殷平．空调大温差研究 (1)：经济分析方法 [J]．暖通空调，2000，30 (4)：62-66.

[14] 肖新文，郑伟坚，曾春利．某液冷服务器性能测试台的液冷系统设计 [J]．制冷与空调（四川），2021，35 (5)：706-712.

[15] 施敏琪，贾晶．冷水侧和冷却水侧大温差设计 [J]．制冷技术，2008，28 (1)：27-30.

[16] 杨毅，任华华，郝海仙．数据中心冷却塔供冷应用分析 [J]．建筑热能通风空调，2014，33 (1)：80-82.

[17] 章立新，陈岩永，沈艳，等．湿球温度与闭式冷却塔蒸发冷却能力关系的研究 [J]．工业用水与废水，2011，42 (2)：65-68.

[18] 冯潇潇．间接蒸发冷却技术在数据中心中的研究与应用 [D]．北京：清华大学，2017.

[19] 田金星，黄翔，褚俊杰，等．基于露点间接蒸发冷却塔的数据中心冷却系统的应用分析 [J]．制冷与空调（四川），2024，38 (3)：360-365.

[20] 谢晓云，江亿，刘拴强，等．间接蒸发冷水机组设计开发及性能分析 [J]．暖通空调，2007，37 (7)：66-71，85.

[21] 常健佩，黄翔，安苗苗，等．蒸发冷却冷水机组的原理、性能与适用性分析 [J]．化工学报，2020，71 (S1)：236-244.

[22] 严政，吴学渊，黄翔，等．水侧自然冷却技术在雄安城市计算中心的应用研究 [J]．建筑科学，2023，39 (1)：93-100.

[23] 滕世兴，蔡伟宁，闫永帅．数据中心大比例热回收架构解析 [J]．暖通空调，2023，53 (5)：73-78，145.

[24] 周峰，宋宇，马国远，等．面向小型数据中心余热供暖的水源热泵供暖系统负荷特性分析 [J]．制冷学报，2024，45 (6)：63-74.

[25] 中华人民共和国国家质量监督检验检疫总局．水（地）源热泵机组：GB/T 19409—2013 [S]．2013.

[26] HUANG P, COPERTARO B, ZHANG X, et al. A review of data centers as prosumers in district energy systems：renewable energy integration and waste heat reuse for district heating [J]. Applied Energy, 2020, 258：114109.

[27] XU ZY, MAO HC, LIU DS, et al. Waste heat recovery of power plant with large scale serial absorption heat pumps [J]．Energy, 2018, 165：1097-1105.

[28] 张伟，朱家玲．低温热源驱动溴化锂第二类吸收式热泵的实验研究 [J]．太阳能学报，2009，30 (1)：38-44.

[29] HUANG C, SHAO S, WANG N, et al. Performance analysis of compression-assisted absorption refrigeration-heating system for waste heat recovery of liquid-cooling data center [J]. Energy, 2024, 305：132325.

第9章 液冷产品

9.1 引 言

随着科学的不断进步和对技术的深入研究，液冷技术作为高效、环保的散热方案，正逐渐成为科技领域的研究焦点，其通过快速、高效地带走热量，确保设备稳定运行和延长使用寿命，成为需要处理大量热量的行业的关键散热解决方案。本章介绍几种液冷产品，包括其产品介绍、产品创新性和产品性能指标等。

9.2 解耦型冷板式液冷机柜

9.2.1 产品介绍

1）产品原理

冷板式液冷是指采用液体作为传热工质在冷板内部流道流动，通过热传递对热源实现冷却的非接触液体冷却技术。冷板式液冷技术通过在服务器组件（如 CPU 处理器、GPU 图形处理器等其他发热部件）上安装冷板，利用冷板来吸收设备产生的热量，并通过液体管道将热量传递到远离服务器的散热单元。冷板作为热传递介质，能够更高效地将热量从设备中传导出来，并通过液体冷却的方式将热量转移到环境中。

2）产品构成

解耦机柜包含机柜柜体、分集水器（Manifold）、流体连接器、分布式 CDU、风液换热器、电源框、电源模块、供电母排（Busbar）、机柜管理系统（RMC）。其中电源模块、供电母排、分集水器可根据机柜需求进行配置。分布式 CDU、风液换热器可选配。

3）产品亮点

解耦型冷板式液冷机柜秉承着解耦盲插、风液融合的设计理念，具有"全、新、特、优"四大亮点。

（1）全解耦：产品在国内外业界首创可移动总线设计，机柜制冷及供电管路通过总线集中部署，同时在机柜侧预设多个调节孔位，可按需调整机柜总线位置，增强机柜与服务器的适配性，兼容不同业务场景下各品类、多型号 IT 设备安装，实现服务器按需部署、灵活适配、解耦交付。

（2）新架构：针对冷板式液冷风、液冷却分离的痛点，首创管路连接及控制方法架构，优化液冷系统管路连接方式，创造性地将分布式 CDU 一次侧管路与机柜背部风液换热器管路串联连接，减少一次侧冷却水用量，提高一次侧冷却水与室外冷源换热温差，提高换热效率，充分发挥冷板式液冷的节能优势，同时简化机房管路布置，实现冷板式液冷柜级风液融合。

（3）特兼容：产品为业界首次提出水电两总线盲插设计，机柜采用盲插制冷管路，服务器与盲插制冷管路仅通过盲插快速接头（流体连接器）连接，无需软管，漏点少，连接简单，插入服务器即可完成对接，节省大量布线空间，且与其他线缆无交叉；同时采用集中供电形式，设置电源框、电源模块、供电母排（Busbar）向机柜内设备集中供电，提高供电质量，支持盲插操作，无须电源线缆，进一步节省布线空间。

（4）优效能：产品实现节点级快速安装维护，提升效率 30％以上，为业界领先水平；通过利用自然冷源，定制接口及优化流阻，PUE 低至 1.15 以下。

9.2.2 产品创新性

（1）首创可移动总线设计，兼容多种类、多型号 IT 设备安装，减少机柜与服务器间的连接限制，可从多厂商中择优选购，实现解耦交付。

（2）首创水电两总线盲插设计，48V 大通流盲插 Busbar，零电源线连接，提高供电效率；采用盲插制冷管路，水电结构有效防止漏液时水电正对的风险，提升液冷系统可靠性，节省大量布线空间，简化运维操作。

（3）使用创新型节点级漏液隔离技术，机柜和节点分级泄漏检测及告警漏液故障防扩散，隔离于单节点，有效防止漏液。

（4）首创通用型球阀流体连接器，实现全面端面密封，采用齿轮驱动结构，更加安全可靠，提升系统安全性。

（5）首创可兼容型流体连接器，可以与多款流体连接器实现互插，结合水电两总线标准化水路接口及可移动总线的设计，实现机柜与 IT 侧全解耦，使得业务灵活度更高，适用多种业务场景类型。

（6）支持在线运维及自动补液功能的分布式 CDU 设计，支持不同功率等级机柜混配，适应不同机柜功率场景，无二次管路，在线机柜零感知，支持流量、凝露监控、漏液检测、自动补液、防凝露等功能；同时，分布式 CDU 可以随业务随启随用，优化液冷系统冷量浪费的问题。

（7）配置可维护动力源装置，CDU 水泵通过模块化设计，实现动力装置在线快速维护，提升液冷系统动力可靠性，提升运维效率。

（8）创新柜级风液融合技术，将风液换热器与 CDU 串联，提高换热效率，减少一次侧冷却水用量，减少机房内管路部署。

9.2.3 产品性能指标

解耦型冷板式液冷机柜已顺利通过高标准严格第三方性能测试与 8 烈度抗震检测，保证产品可靠性。液冷机柜自主创新、技术先进，从全生命周期深度挖掘专利点，已围绕机柜核心部件、机柜结构、控制系统、防喷溅技术、散热技术、供电技术等进行了全方位科学的专利布局，运用液冷技术可有效降低系统能耗，PUE 低至 1.15 以下。解耦型冷板式液冷机柜参数见表 9.2-1，产品如图 9.2-1 所示。

表 9.2-1 解耦型冷板式液冷机柜参数

项目		规格参数
规格型号		MSLC02
机柜尺寸（深×宽×高）		1200mm×600mm×2200mm（含风液换热器尺寸为 1300mm×600mm×2200mm）
机柜 U 位（U）		共 47U；其中 CDU 高度为 4U（位于底部），电源框为 3U（位于顶部），其余为可用节点 U 位
机柜支持功率		30kW
工作环境		温度 5～40℃
		10%～85%
CDU 参数	额定制冷量	30kW
	额定工况	一次侧进水流量 45L/min，水溶液，一次侧进水温度 35℃，一次侧回水温度和进水温度温差小于 15℃；二次侧流量 45L/min，25%乙二醇水溶液，二次侧出水温度≤40℃
风液换热器参数	额定换热量	10kW
	额定工况	32℃进水，进风温度≥40℃，风量 3500m³/h，出风小于 35℃环境，流量 40L/min
供电模式		1. 支持 220V 交流、240V 直流供电，支持 AC220V＋AC220V、DC240V＋DC240V、AC220V＋DC240V 双输入；2. 支持 380V 交流，支持 AC380V＋AC380V 双输入
输出电压		54.5V±0.5V

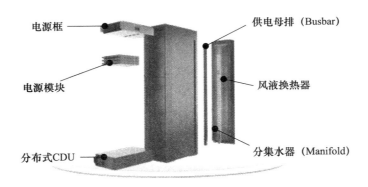

图 9.2-1 解耦型冷板式液冷机柜

9.3 机柜式 CDU

9.3.1 产品介绍

1）产品原理

机柜式 CDU 分为两相芯片冷却式 CDU 和两相背板冷却式 CDU，CDU 是连接背板换热总成和室外散热模组的关键设备。其中装配的储液器可以将两相环路里的制冷剂气液分离，将液相制冷剂泵入背板换热总成连接的模块化管路，将气液制冷剂输送到室外散热模组进行冷却。

2）产品构成

机柜式 CDU 尺寸为 600mm×1200mm×2000mm（宽×长×高），换热能力可达 300kW。

两相背板冷却式 CDU 内部主要设备有：氟泵、储液器、PLC 控制单元、监控传感单元等。

3）产品亮点

（1）双泵冗余设计，单泵故障可切换至冗余泵，保证系统正常运行；

（2）内部罐体采用不锈钢材质，具有视液窗用于观测储液器液位，并配有液位计；

（3）内部罐体内部配置过滤网，起到过滤作用，有效保护了系统免受杂质侵害；

（4）工业级 PLC 控制器，系统稳定安全；

（5）支持 Modbus TCP/IP；

（6）彩色便捷的控制界面，便于及时了解系统运行情况。

9.3.2　产品创新性

（1）泵驱两相冷却系统与制冷系统的耦合与控制技术：实现泵驱两相液冷散热系统与常规制冷系统的高效耦合及调控，通过引入额外的制冷功率，确保在夏季工况下的安全、稳定、可靠散热。

（2）双泵冗余设计：CDU 产品采用双泵冗余设计，当其中一个泵出现故障时，另一个泵可以立即接替工作，确保冷媒的循环不间断，大大提高了系统的可靠性和稳定性，降低了因泵故障导致系统停机的风险。

（3）智能控制技术：CDU 配备了智能控制系统，能够实时监测系统的运行状态，如温度、压力、流量等，并根据这些参数自动调整冷却功率和流量，确保服务器始终在最佳温度范围内运行。

9.3.3　产品性能指标

机柜式 CDU 对机柜整体以及芯片进行近热源端散热，通过冷媒循环进行换热，减小传热路径，缩小传热温差，大幅减小机房散热系统能耗。某案例使用机柜式 CDU 为核心设备，机房平均 PUE 值降低至 1.3 以下。图 9.3-1 和图 9.3-2 分别为机柜式芯片冷却 CDU 原理图和实物图。

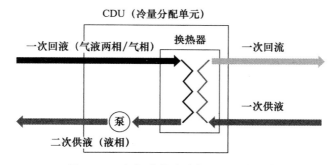

图 9.3-1　机柜式芯片冷却 CDU 原理图

图 9.3-2 机柜式芯片冷却 CDU 实物图

9.4 Vertiv™ Liebert® 冷板液冷 XDU

9.4.1 产品介绍

根据热量从 CDU 中的散出形式可以分为液液型和风液型 CDU。

9.4.1.1 液液型

1）产品原理

液液型是指热量由芯片传递到冷板，冷板中的冷却液随之被加热并将热量传递到 CDU，CDU 通过换热器连接到现有设备（例如冷却塔等）将热量散出到室外，可实现最佳冷却性能。

2）产品构成

板换、水泵、过滤器、储液罐等。

3）产品亮点

（1）分布式 CDU：XDU0100 型号［如图 9.4-1（a）］。

针对小型边缘推理场景，可采用分布式液液型 CDU 方案。该方案将 CDU 布置在机柜内部，在机柜内通过 Manifold 向液冷服务器供液，一次侧可采用冷却水/冷水系统。此方案，CDU 集成于机柜内部，空间利用率较高，并且故障影响范围较小，可控制在单个机柜内；机房不需要架高地板，无须布置复杂的二次侧环管系统，系统较为简单。

（2）集中式 CDU：XDU0450、XDU1350 型号［如图 9.4-1（b）、（c）］。

针对中大型新建智算中心、AI 人工智能数据中心场景，可采用集中式液液型 CDU 方案。该方案具有超大冷量，可支持 100kW＋高密机柜，大扬程大流量，小占地，算力部署更集中，实现高出柜率。精确控制，无惧波动。多种方案，应对不同场景。经过英伟达认证，可靠性有保障。

9.4.1.2 风液型

1）产品原理

风液型是指冷却液将芯片热量传递到 CDU，而 CDU 内的换热盘管将热量传递到周围环境空气，再通过其他室内空调设备（例如风冷空调）将热量排出室外。风液型无需连接到设施供水系统，同时能够提供灵活的产品以及更少的空间和更低的安装成本来改造现有数据中心。

2）产品构成

冷却盘管、水泵、过滤器、储液罐等。

3）产品亮点

集中式 CDU：XDU070 型号［如图 9.4-1（d）］。

机柜数量较少的小型边缘推理场景，特别是在风改液改造场景下，风液型 CDU 可快速响应客户的风改液需求，CDU 和液冷机柜间通过软管连接，无须架高地板布置二次侧环管；充分利旧机房原有风冷空调，无须额外布置一次侧冷源，初投资低。

(a) XDU0100　　　(b) XDU0450　　　(c) XDU1350　　　(d) XDU070

图 9.4-1　液液型 CDU 和风液型 CDU

9.4.2　产品创新性

（1）冷板液冷系统的供液流量设计是确保高效散热与稳定运行的关键环节。CDU（冷量分配单元）在此过程中扮演着核心角色，负责精确调控一次流体与二次流体的流量。具体而言，二次流体需维持稳定的流速进入 IT 设备，以在设备满载时有效从冷板中抽取热量，保持 IT 入口温度的恒定。同时，一次流体的流量则根据需散热的热量动态调整，并依据 CDU 接近的温度进行调整。为了确保流量控制的精准性，系统要采用压差控制并辅以实时监控，以确保系统中的泄漏不会导致压力下降。此外，通过 CDU 内泵与电源的冗余设计，系统能够在关键业务场景下保障流量的连续供应，进一步提升整体系统的可靠性与稳定性。

（2）冷板液冷系统要求冷却液顺畅通过冷板内极其微小的通道，这些通道的宽度可精细至仅 $27\mu m$。堵塞不仅会限制流量，甚至可能完全中断 IT 设备的冷却，导致维护成本急剧上升，因此系统对冷却液的过滤精度提出了严格标准。通常，这一精度需低于冷板通道的最小尺寸，业界经验倾向于采用 $25\mu m$ 或更细的过滤级别。此外，为确保系统长期保持清洁状态，CDU（冷量分配单元）需持续进行在线过滤，这是维护系统高效运行与延长使用寿命的关键措施。

（3）在冷板液冷系统的二次侧流体选择中，存在三种主流方案。首先，去离子水配方液换热效果优越，然而其腐蚀风险不容忽视，需采取额外措施加以防范。其次，乙二醇配方液虽具备一定的防腐能力，但其毒性相对较大，且在环保要求较高的地区，其排放处理成为一大现实问题。最后，丙二醇配方液作为 Intel、Nvidia 等业界巨头推荐的选择，由于其防腐效果更好，成为众多用户信赖的优选方案。在选择时，需综合考虑流体性能、成本、环保要求及安全性等多方面因素，以做出最适合自身需求的决策。

（4）在冷板液冷系统中，除了二次流体网络内其他传感器的监测外，CDU 的严密监控与管理是预防并尽早发现故障的关键。数据中心尤为关注泄漏问题，大部分泄漏案例发生在 Manifold 与服务器软管快速断开附件处，对 IT 设备影响很小。但服务器机箱内部的泄漏，特别是发生在内部 Manifold、软管与冷板之间的泄漏，则对 IT 设备构成重大威胁。因此，实施包括额外过滤与传感器在内的防错系统至关重要，这些措施不仅能在换热性能下降时提供预警，还能有效遏制人为错误导致的污染物增加或液体质量漏检风险，从而全面提升系统的稳定性与安全性。

9.4.3 产品性能指标

1）性能指标

（1）稳定的供液温度：冷板液冷系统的供液温度设计需充分考虑不同芯片及服务器制造商的特定要求，如 Dell 可能接受高达 32℃甚至更高的供液温度，而 Nvidia 则设定在 25～45℃的较宽范围内。需要注意的是，必须严格避免供液温度过低，以防止水蒸气凝结现象的发生，这可能严重损害 IT 设备的正常运行。此外，系统还需具备强大的稳定性，确保在一次侧流量出现波动时，二次侧仍能维持稳定的供液温度，以保障整体散热效能与设备安全。

（2）超大流量、更小占地：GPU 芯片对散热功耗有一定要求的同时，对流量也有较高的要求。在同样的尺寸框架里，可实现更大的流量，以及更大的可能扬程。

2）应用案例

（1）中国台湾某电子厂的一个项目，其数据中心规模为 2.5MW，共有 50 台高密机柜。机柜的功率密度为 50kW（液冷）或 35kW（风冷）。该项目采用了液冷技术，配备了 6 台 Vertiv Liebert XDU1350 系列设备，以及 14 台 Vertiv Liebert PCW 系列补冷空调，室外冷源为 Chiller 冷水主机。项目实施后，从 100%风冷转变为 75%液冷，服务器风扇功耗降低 80%，总体使用效率（TUE）提升了 15%以上。

（2）马来西亚柔佛某 Colo 客户的一个项目，其属于超大规模数据中心，总规模达到 40MW，机柜功率密度为 132kW/rack。主要设备包括 56 台 Vertiv Liebert XDU1350 系列液冷设备和 48 台 Vertiv Liebert AHU 冷水风墙系列补冷空调，室外冷源为闭式冷却塔。为客户实现万卡级超大规模液冷 SuperPod 集群的部署。

（3）印度孟买某 Colo 客户的一个项目，该数据中心的液冷负载为 1.56MW，风冷负载为 0.84MW，共有 97 个高密液冷机柜，单柜功率密度为 16kW。项目采用了 8 台 Vertiv Liebert XDU450 系列液冷设备，室外冷源为干冷器。项目实施后，达到了所有工程质量标准，完成了详细设计、现场安装与调试启动。

(4) 新加坡某高校数据中心的一个项目。该项目是一个算力中心实验室，总规模为 0.33MW，包含 11 个高密液冷机柜。机柜功率密度分为两种：7 个单柜 22kW，4 个单柜 44kW。项目配置了 2 台 Vertiv Liebert XDU450 系列液冷设备及 Vertiv Liebert AHU 冷水风墙系列补冷空调。通过实施该项目，数据中心实现了节能 40%，显著减少了碳排放。

9.5 IDC 芯片级喷淋液冷系统

9.5.1 产品介绍

1）产品原理

IDC 芯片级喷淋液冷系统采用直接将绝缘、非导电的液体冷却介质精准喷淋到服务器内部的发热器件或与其接触的散热器上，通过扩展表面使得器件的热能迅速被吸收和传递到户外的大气环境中。产品采用模块化的设计理念，各个组件具备可批量预制的设计方式，一个标准化的机房模组主要由供配电系统、散热系统、动环监控系统、温控系统、消防系统和 IT 机柜系统，采用模块拼装方式构成，支持机柜单排或双排布置，可根据客户需求灵活部署，该套方案的散热技术核心为"芯片级喷淋液冷技术"，液冷服务器采用液体直接喷淋电子芯片散热，喷淋液冷系统处理掉液冷吸收的热量并提供液体单相循环的动力。整个系统主要由冷却塔、冷水机组、液冷 CDU、液冷喷淋机柜构成，工作过程为：低温冷却液送入服务器精准喷淋芯片等发热单元带走热量；喷淋后的高温冷却液返回液冷 CDU 与冷却水换热处理为低温冷却液后再次进入服务器喷淋；冷却液全程无相变。液冷 CDU 的冷却水由冷却塔和冷水机组提供。

2）产品亮点

采用高效节能的喷淋冷却方式替代传统的机房空调冷却，通过扩展表面使得冷却液与换热器或器件进行充分热交换，既适应常规大功率散热，也适应军用高热流密度器件散热，既适合分布式器件散热也适合大量集中式器件散热，使得系统整体能效比远高于现有机房数据中心服务器散热系统。

9.5.2 产品创新性

产品创新性体现在将高效节能的喷淋冷却技术与服务器散热相结合，直接将环保液态冷却剂精准喷射到发热部件或散热器上，通过扩展表面增强热交换效率。该系统能够全面适应不同场景的散热需求，无论是常规的高功率设备还是军用级高密度热源，都能实现统一的高效冷却，同时支持分布式和集中式散热模式，显著提升了系统整体能效。

9.5.3 产品性能指标

该项目采用自主研发的 Niagara－B200W 喷淋液冷模块数据中心产品。该产品集成多种先进功能，包括喷淋液冷机柜、密闭通道系统、配电系统、UPS 系统、温控系统以及动环监控系统，支持单排和双排密闭通道布局。通过对传统风冷机房的改造，Niagara－B200W系统充分利用芯片级喷淋液冷技术的优势，实现精准冷却和接触式液冷。系统中的WCU（热交换单元）通过泵将冷却液循环导入换热器进行换热，冷却后的液体经过过滤后，经主进液管分配至每个液冷机柜。液体进入机柜后，通过喷淋板上的微孔精准输送至服务器内部的CPU、GPU等高热器件，实现直接接触式冷却，显著提升散热效率。这种创新的冷却方式不仅降低了能耗，还提高了设备的安全性和稳定性，减少了服务器故障率，产生了显著的经济效益。

（1）数据中心PUE值低至1.1，单机架功率可达56kW以上，单台喷淋液冷服务器功率可达6kW以上，IT设备制冷能耗降低90％～95％，IT设备自身能耗降低10％～25％。

（2）占地面积小，较风冷数据中心节省50％～70％用地面积，且支持高密度部署，可大幅提升单位面积土地的利用效率。

（3）实现超低能耗、高效换热，用电成本下降约50％，有效消除局部热点，无噪声，零灰尘，无静电，热故障率低，有效延长服务器使用寿命，系统双路冗余，瞬态智能切换；进液温度为43℃，出液温度为48℃且PUE稳定，IT负载率在30％～100％区间时，无论外部气候条件如何，均可实现PUE＜1.1。同时完全释放CPU性能，满载运行内存温度50～65℃，运行更加稳定可靠。

表9.5-1为微模块喷淋液冷产品的主要参数。图9.5-1和图9.5-2分别为喷淋液冷微模块数据中心系统原理图和外观图。

表9.5-1　微模块喷淋液冷产品主要参数

项目	类型	描述
型号		Niagara-B240kW
配置	液冷机柜	10/20个
	CDU	2个，集成泵、换热器、过滤器、控制系统等，整机组冗余
	列头柜（可选配智能母线）	2个，双路供电模式，每台柜内可集成监控系统、通讯系统
	液冷控制箱	2个，集成于CDU内部
匹配设备	喷淋液冷服务器（数量）	2U机架式服务器单柜16台；2U插框式服务器单柜12台
供配电	电源参数	AC380V
	IT电功率	150～480kW
能效参数	系统PUE值	≤1.2
噪声	CDU	≤65dB（距离设备1.5m，系统满负荷运行）
防护等级	CDU	IP5X
工作环境	工作温度	－20～45℃
	工作相对湿度	5％～95％
尺寸	机柜外形尺寸/mm	600×1200×2200
	CDU外形尺寸/mm	1365×2150×2400
	列头柜/mm	600×1200×2200

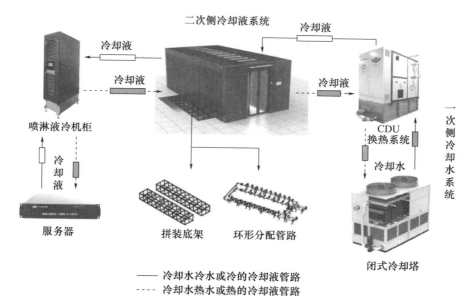

图 9.5-1 喷淋液冷微模块数据中心系统原理图

图 9.5-2 喷淋液冷微模块外观图

9.6 数据中心相变浸没液冷换热模块

9.6.1 产品介绍

相变浸没液冷基础设施系统如图 9.6-1 所示，该系统包含 1 台相变浸没液冷换热模块（Coolant Distribution Module，以下简称"CDM"）和 2 台相变浸没液冷专用机柜。相变浸没液冷基础设施结构示意图如图 9.6-2 所示，CDM 设备居于中间位置，两侧分别为相变浸没专用计算机柜，由 CDM 向两台计算机柜提供低温冷却液，通过冷却液的蒸发吸热将热量带走，气态冷却液通过自发动力循环至 CDM 的换热器内进行冷凝换

197

热。产品主要用于为高密度、超高密度计算提供高效液冷散热，具有部署密度高、绿色节能、机房噪声低等优势。

图 9.6-1　相变浸没液冷基础设施系统图

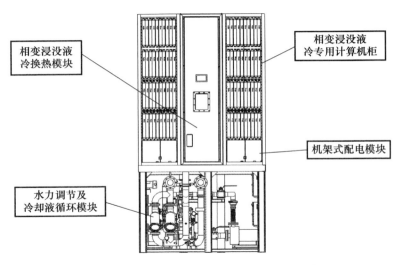

图 9.6-2　相变浸没液冷基础设施系统构成示意图

9.6.2　产品创新性

（1）服务器直接浸没于冷却液中，利用冷却液相变实现热量转移。相变浸没式液冷技术将服务器CPU、内存、主板等完全浸没于冷却液中，以刀片式服务器的刀壳作为浸没腔体，并实现液、电、信号穿壁接口密封处理，且刀片式服务器支持热插拔，单个刀片式服务器上下架不影响其他服务器正常工作。

（2）芯片散热器表面采用强化沸腾散热技术，实现高效散热。通过研发强化沸腾散热技术，大幅度增加气化核心，促使更多更细密的气泡生成，增强相变换热效率，降低电子元器件封装罩表面的温度，使得电子元器件表面的温度场均匀分布，完全避免了局部热点的产生，确保计算机系统主要发热芯片核温低于65℃，大幅提高了计算机的运行性能和系统可靠性。可允许芯片超频运行，性能约可提升10%～30%。

（3）冷却液兼容性测试实现与系统材料的相容性和安全稳定性。浸没相变液冷技术需将发热元器件长期浸泡在液态冷媒中，须考虑服务器的各部件、密封圈、焊料、黏合剂等与冷媒的长期兼容性，以免影响液冷服务器的长期稳定运行。通过对浸没液冷服务器用的各种电子元器件和部件进行大量兼容性实验，不断优化冷媒化学成分，解决了材料的相容性、稳定性和安全性等问题，有效提升服务器的使用效率和稳定性。

（4）相变浸没液冷换热模块结构实现高效换热和自动化控制。相变浸没液冷换热模块是用于二次侧高温冷却液蒸汽与一次侧冷源进行换热，并对液冷 IT 设备提供冷量分配和智能管理的模块。CDM 由换热器、储液罐、过滤器、循环泵、阀门、传感器等部件构成。CDM 主要为计算刀箱提供冷量，CDM 用于将从刀箱经竖直管线送来的气相冷却液冷却为液态，然后由循环泵经供液管路重新送往计算刀箱。为换热器提供冷量的一次侧介质采用温水，温水由室外环境冷却装置提供，经过换热器一次侧温水带走二次侧的冷凝潜热，并生成热水，送回室外冷却装置。

9.6.3　产品性能指标

（1）西安某相变浸没式液冷数据中心 PUE 低至 1.07。产品无须压缩机、风扇等高能耗散热设备，充分利用自然冷源，可实现全年全地域自然冷却。

（2）产品噪声声压值为 34dB，实现"静音机房"效果。机柜内服务器无须配置任何风扇，使得噪声显著降低，经国家建筑工程质量监督检验中心检测，产品平均噪声声压值为 34dB。

（3）CDM 换热能效水平优异。经国家空调设备质量检验检测中心检验测试，CDM 设备等功率 4.5kW、额定换热量 440kW，经测试，模拟热源输入功率平均值为 457.8kW，CDM 输入功率平均值为 1.1kW，实现换热量 452.9kW。经计算：

$$换热能效 = 换热量/输入功率 = 452.9kW/1.1kW = 412$$

9.7　数据中心液冷工质（型号 TSJ 型）

9.7.1　产品介绍

1）产品原理

数据中心液冷工质的原理主要是基于液体的高导热性和高热容性，通过液体作为散热媒介来带走服务器机柜中设备产生的热量。

2）产品构成

数据中心液冷工质是以去离子水和抗冻剂为基料，通过添加金属缓蚀剂、阻垢剂、抑菌剂、抗氧化剂和消泡剂等添加剂，经过特定生产工艺形成具有优异的冷却、防腐、阻垢、抑菌和抑泡的功能性流体，广泛应用于数据中心一次侧、二次侧冷板式液冷系统。

3）产品亮点

（1）温度适用范围广，具有高比热容和导热系数，换热性能优异；

（2）全有机配方，高储备碱度，能够有效抑制数据中心液冷系统一次侧、二次侧管路、冷板、CDU 和换热器等金属材料腐蚀和橡胶非金属材料的老化，使用寿命长，实现对液冷系统全链条材料相容，全生命周期安全防护；

（3）高效抑制菌类和微生物的生长，能够有效抑制菌下腐蚀及菌类分泌物导致的冷板通道堵塞；

（4）高效阻垢，不含成垢成分，能够有效抑制钙镁离子的沉积，防止垢下腐蚀及沉积物堵塞冷板通道；

（5）消泡和抑泡性能好，能够降低运行过程中泡沫的产生和铝泵气穴腐蚀，提高数据中心液冷系统的散热效率；

（6）不含硝酸盐、亚硝酸盐、硅酸盐、铬酸盐和硼等有害化学物质，环保性好。

9.7.2　产品创新性

（1）高效散热技术。利用液体高比热容和高导热系数的特点，相较于传统风冷技术，大幅提高了散热效率，降低了数据中心设备的运行温度、噪声和使用成本。

（2）高效环保缓蚀技术。缓蚀剂配方全有机成分，不含硝酸盐、亚硝酸盐、硅酸盐、铬酸盐和硼等有害化学物质，安全环保。其次，通过多种缓蚀剂间的高效协同作用，解决了使用去离子水或二元醇溶液（不含添加剂）带来的腐蚀和产垢的问题，提高了液冷系统的使用寿命，避免了因液冷系统腐蚀穿孔导致液体泄漏到电子设备上引发的停机、短路甚至是起火爆炸的危害。同时，添加剂使用长效，解决了二元醇酸化氧化的难题，实现对液冷数据中心全生命周期不换液，大幅降低了运维成本。

（3）高效抑菌技术。通过添加高效抑菌剂，大幅抑制细菌、真菌及藻类等微生物的生长，避免了菌类及分泌物带来的腐蚀和污垢等危害。

（4）高效抑泡和消泡技术。添加剂本身具有无泡和低泡特性。其次，通过添加高性能消泡剂，降低了运行过程中泡沫的产生，大幅提高了数据中心液冷系统的散热效率。

9.7.3　产品性能指标

产品性能检测结果如表 9.7-1 所示。

表 9.7-1　产品性能检测结果

参数	质量指标	不同数据中心液冷工质检测结果				检测方法
		去离子水	中国船舶集团第七一八研究所液冷工质			
			TSJ-WT	TSJ-EG25	TSJ-PG25	
冰点/℃	报告值	0	0	−11.0	−10.1	SH/T 0090
沸点/℃	报告值	100	100	103.5	101.3	SH/T 0089
pH 值	7.5～10.0	6.0	8.5	8.5	8.5	SH/T 0069
储备碱度/mL	≥2.5	0	4.4	4.5	4.5	SH/T 0091
导热系数/[W/(m·K)]	报告值	0.59	0.59	0.48	0.47	ASTM D7896
比热容/[kJ/(kg·K)]	报告值	4.2	4.2	3.8	3.9	ASTM D7896

续表

参数		质量指标	不同数据中心液冷工质检测结果				检测方法
			去离子水	中国船舶集团第七一八研究所液冷工质			
				TSJ-WT	TSJ-EG25	TSJ-PG25	
细菌群/(CFUs/mL)		≤100	1200	0	0	0	SN/T 1897
总硬度(CaCO₃)/10⁻⁶		≤100	≤1	≤1	≤1	≤1	GB/T 6909
黏度/(mm/a)	20℃	报告值	1.0	1.0	1.91	2.50	GB/T 265
	60℃		0.46	0.46	0.80	0.89	
液体全球变暖潜能 GWP		报告值	3	3	3	3	Y/DT—3982
液体臭氧破坏潜能 ODP		报告值	0	0	0	0	Y/DT—3982
玻璃器皿腐蚀/(mg/片)	紫铜	±5	10.0	1.0	0.8	0.8	SH/T 0085
	黄铜	±5	8.7	0	0.5	0.2	
	焊锡	±5	16.2	1.0	0.9	1.1	
	铸铁	±5	21.2	1.0	0.7	0.4	
	碳钢	±5	25.3	0	1.0	0.8	
	铸铝	±10	19.2	3.0	1.2	1.0	
	铝 3003	±10	15.6	3.0	1.9	2.0	
	铝 4043	±10	18.5	4.0	2.0	1.5	
	铝 6063	±10	14.3	2.0	0.8	0.8	
泡沫倾向	泡沫体积/mL	≤100	45	40	40	40	SH/T 0066
	消失时间/s	≤5.0	2.0	1.2	1.5	1.5	
非金属相容/质量变化/%	三元乙丙	±5	2.5	0.9	0.8	0.6	GB/T 1690
	氟硅橡胶	±5	1.8	0.5	0.3	0.5	
	丁腈橡胶	±5	0.9	0.7	0.5	0.3	

9.8　预制模块化浸没式液冷数据/智算中心产品——云酷智能

9.8.1　产品介绍

1）产品原理

一次侧冷却液和二次侧冷却液通过水泵循环，在换热器中换热，从而对 IT 设备进行有效降温。在此液冷技术基础上，采用室外预制模块化设计理念，将原有数据中心的配电、控制、散热、消防等子系统集成于一体，将传统数据中心工程产品化，如图 9.8-1 所示。

2）产品构成

整体大小为一个标准 6m 集装箱，里面配备一个容量 124U 的 Tank、双路 110kW 的 CDU、消防系统、网络配线系统、IT 供电头柜、舒适性空调、运维系统等，如图 9.8-2 所示。

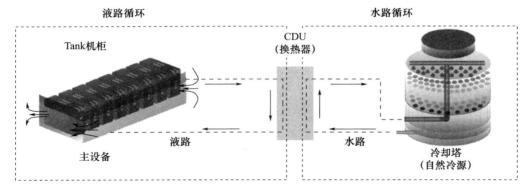

图 9.8-1　预制模块化液冷数据中心原理图

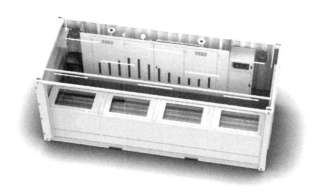

图 9.8-2　预制模块化液冷数据中心产品图

3）产品亮点

（1）高效散热：支持高性能服务器散热，兼容英伟达最新训练集群和推理集群。

（2）节能降本：PUE 可低至 1.08，能耗成本降低约 40％，单位功率造价远小于传统数据中心造价。

（3）快速部署：无须土建装修，预制模块化高效安装，即布即用，可移动，减少建造时间约 75％。

（4）减少占地：模块化、集中化部署，可堆叠，减少占地 50％以上。

（5）余热回收：液冷机房产生的热能可实现 90％的高效回收，用于供暖、供热水，构建"零碳网络"。

9.8.2　产品创新性

（1）云酷自研的高效冷却液拥有卓越的导热性能，在相同的散热条件下，冷却液能够更快速、更有效地将热量从热源带走，从而确保服务器等电子设备的稳定运行。同时，该冷却液在同体积下的比热容也远超空气，达到千倍以上，这意味着它能够储存和释放更多的热量，进一步提升了散热系统的效率和稳定性。

除了高效冷却液外，云酷还结合了智能运行控制系统和流场优化技术，对液冷系统进行了全面的升级和优化。智能运行控制系统能够实时监测液冷系统的运行状态和性能参数，确保系统始终运行在最优状态。同时，通过流场优化技术，云酷对冷却液在系统中的流动路径和分布进行了精确计算和优化，使得冷却液的流动更加顺畅、高效，进一步提升了散热效果。

（2）云酷具备成熟的液冷设计平台，平台集成了先进的设计工具、算法和数据库，能够实现对液冷系统设计的全面优化和高效辅助。可以利用该平台快速完成液冷系统的初步设计、仿真分析和优化调整，从而大大提高设计效率和准确性。

（3）云酷冷却液支持服务器松耦合，主要体现在以下几个方面：

无须指定特定服务器：由于云酷冷却液与主流服务器厂家的设备广泛兼容，数据中心在选择服务器时无须局限于特定的型号或品牌。这种灵活性使得数据中心能够根据自己的业务需求和技术要求选择合适的服务器，而不必担心散热系统的兼容性问题。

全生命周期支持业务灵活调整：云酷液冷系统支持数据中心在整个生命周期内根据业务需求进行灵活调整。无论是增加新的服务器、替换旧的服务器还是调整服务器的配置，云酷液冷系统都能够提供稳定的散热支持，确保服务器的正常运行。这种全生命周期的支持为数据中心的可持续发展提供了有力保障。

（4）按照芯片 10℃法则，温度每提高 10℃，元器件寿命约降低 50%。云酷液冷技术可降低 CPU 结温 10℃以上，不仅有助于提升服务器的运行效率，更重要的是能有效延长服务器的使用寿命。由于液冷技术能够更均匀地分散和带走热量，避免了局部过热导致的元器件老化和损坏，因此能够显著提高服务器的稳定性和耐久性。

5）模块化设计：模块化设计将液冷系统划分为多个独立且功能完整的模块，每个模块都可以单独进行预测试和调整，从而减少了整体系统安装调试时的复杂性和风险，简化了安装和调试流程。模块化设计还支持灵活扩容，数据中心可以根据实际需求逐步增加模块数量，无须对整个系统进行大规模改造或停机维护，只需在现有基础上增加相应的集装箱即可实现扩容，实现算力的灵活扩展。由于模块化设计使得系统更加标准化和规范化，因此还降低了初期安装和后期维护的复杂性和时间成本。

9.8.3　产品性能指标

产品 PUE 小于 1.1，表 9.8-1 对应部分产品的型号，厂家也可以提供定制化方案设计服务，以满足客户需求。

表 9.8-1　部分产品型号

项目	参数	项目	参数
型号	KCP-100	一次侧管道接口	DN65
液冷容量	124U	材质	Tank304，外壳 Q345
外尺寸/mm	6058×2438×2591	适配	兼容 1～8U 标准 19 英寸服务器 深度<850mm
液体体积/m³	3.5	运维方式	集装箱内置手动吊车
IT 功率/kW	100	注意事项	存储设备需配备固态硬盘或氦气硬盘
电源配置	两台 200A 列头柜	冷却液/水设计温度/℃	40～45/33～38

项目	参数	项目	参数
电源制式	380/400/415VAC， 50/60Hz，3Ph＋N＋PE	一、二次侧流量/ （m³/h）	100、200
防雷等级	40kA，8/20μS	一次侧水质要求	pH＞7，氯离子含量＜300×10⁻⁶， 过滤精度小于 300μm
CDU 配置	双泵/双板换/双路冗余	消防	七氟丙烷壁挂式消防 1 套
CDU 功耗/kW	＜20	冷却系统	可采用冷却塔或干冷器，安装于室外

注：以上仅为部分产品型号，云酷智能可提供定制化方案设计服务，以满足客户需求。

9.9 申菱天枢 SKY-ACMECOL 液冷温控系统

9.9.1 产品介绍

1）产品原理

申菱天枢 SKY-ACMECOL 液冷温控系统采用服务器热管散热技术和水冷散热技术相结合，热管冷板模块与服务器耦合形成芯片级制冷，将服务器高热流密度产生的热量导出到服务器机箱外，然后通过液冷内外循环系统将热量传递至冷却塔散热，如图 9.9-1所示。该技术服务器液冷部分无须空调压缩机，可有效实现数据中心的绿色节能。

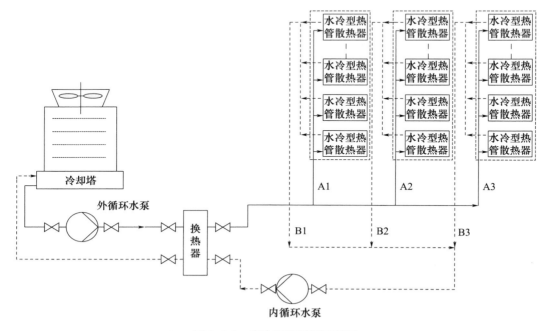

图 9.9-1 液冷温控系统原理图

2）产品构成

申菱天枢 SKY-ACMECOL 液冷温控系统由液冷温控单元 CDU、全预制二次侧循环管网、液冷机柜（含分配单元）等组成；室外冷源采用完全自然冷却型设备，可选干冷器、冷却塔；液冷服务器风侧散热兼容房间级空调、行级空调、背板式空调、AHU 等设备。

3）产品亮点

（1）机架级流量均衡技术：采用双环路内循环系统，解决机架间的流量匹配和可靠供液难题。

（2）服务器级流量均衡技术：针对台式、刀片式服务器，采用歧管式、点阵式液冷分配技术，解决架内流量匹配和可靠供液难题。

（3）精确的内循环定温技术：内循环定温智能控制系统通过自动调节内循环系统中的控制阀、水泵和冷却塔等设备对内循环供水温度进行精确调控，确保服务器安全稳定和机房内水管等设备不产生凝露现象。

9.9.2 产品创新性

（1）液冷系统减缓长菌/长藻的研究分析优化：由于液冷系统密闭的无氧环境，目前业内通常采用过程管控二次侧溶液介质的微生物生长（例如采用加药装置、定期换液等）；在液冷设备设计上充分考虑活水设计，例如双过滤的应用、水箱和膨胀罐的活水设计、定期排空设计，避免长期处于死水状态带来菌类极速滋生的问题。

（2）液冷系统的过程监控手段：面对当前二次侧溶液细菌滋生的问题，在设备端多方位进行溶液实时监控（如电导率、pH 值、浊度仪等溶液检测设备和高压系统的安全可靠适配应用），在不影响设备稳定可靠的情况下，实现对二次侧溶液粒子浓度的可视化全过程监控。

9.9.3 产品性能指标

（1）申菱液冷系统支持单机柜功率 20～120kW。

（2）满足液冷供液温度 20～45℃范围可调，供回水温差 5～15℃可调。

（3）实现液冷温控系统 CLF 值低于 0.05，机房整体 PUE≤1.13。

（4）兼容多台循环泵、多台板换、不同形式板换选择。

（5）全不锈钢器件选择，兼容不同溶液类型。

（6）金属及非金属材料兼容适配，可靠性高。

（7）兼容风液同源架构，简化系统的同时优化控制策略，提高综合使用能效。

（8）兼顾液冷散热、风冷散热，风液可调，可支持液冷回退。

9.10 小 结

新兴液冷产业企业正处于快速发展的阶段，其广泛应用于高性能计算机、服务器、数据中心等领域。相比传统风冷技术，液冷产品具有更高的散热效率、节能环保、维护成本低和适用范围广等优势。市场需求的不断增长、技术创新的不断推动以及行业发展趋势的逐渐清晰，都为新兴液冷产业带来了广阔的发展空间。未来，随着液冷技术的不断成熟和应用范围的扩大，新兴液冷产业企业有望迎来更加辉煌的发展前景。

第10章 液冷数据中心运行案例

随着液冷技术在我国数据中心领域的不断应用，在国内各地涌现出了一批应用了液冷技术且运行良好的案例。本章将按液冷系统的类型分节介绍。

部分案例提供了详细的能耗数据和温度数据。这些数据均只针对液冷数据机房部分，不包含数据中心内其他风冷数据机房。

10.1 冷板式液冷系统应用案例

10.1.1 新疆克拉玛依市碳和网络数据中心

1) 案例简介

业主单位为碳和网络科技有限公司，液冷系统建设单位/液冷系统提供单位为北京YXT。图10.1-1为碳和网络数据中心外观照片。

图10.1-1 碳和网络数据中心外观照片

本案例位于新疆克拉玛依市。当地年平均气温为8.6℃。1月为最冷月，历年月平均气温为－15.4℃，极端最低气温为－40.5℃，出现在1984年12月23日；7月为最热月，历年月平均气温均在27.9℃，夏季空气调节室外计算干球温度36.4℃，极端高温曾达到46.2℃。

本案例采用了冷板液冷技术。设计的总IT容量为37037.49kW，其中，液冷系统承担33333.74kW负荷，设计风液比为1：9。图10.1-2为系统现场照片。

(a) 液冷机房   (b) 室外冷却塔

图10.1-2 系统现场照片

2）液冷系统简介

本案例液冷系统与服务器换热采用的形式为：在 CDU 服务器侧液泵驱动下，液体由机柜底部进液至机柜 Manifold，通过 Manifold 各分支快接阀进入服务器冷板换热，然后由服务器冷板出口回液至 Manifold，到回液管。图 10.1-3 为液冷系统示意图。

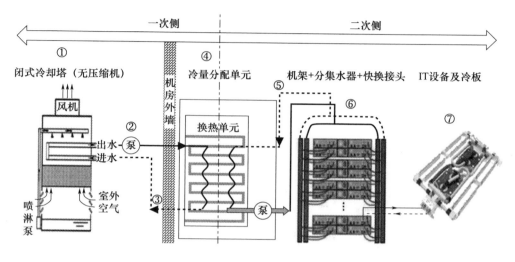

图 10.1-3　液冷系统示意图

服务器侧的冷媒及循环方式为：由水泵驱动液体供回的循环方式，管路为环网架构设计。

冷源侧与服务器侧的换热方式为：板式换热器换热，冷源侧设计进液温度 35℃、出液温度 40℃，服务器侧进液温度 45℃、出液温度 40℃，设计换热温差 5℃。

冷源侧的冷媒及循环方式为：由冷源侧液泵驱动至室外冷却塔循环散热。管路为环网结构，备份为 N+1。

冷源方式为：采用闭式冷却塔作为冷却水冷源。

主要控制参数为：冷源侧最高进出液温度为 45℃/40℃，服务器侧最高进出液温度为 40℃/45℃，冷源告警出液温度为 36℃（可调整），主要的控制策略为：通过控制调节冷源侧出液温度和流量来保证服务器侧进出液温度。

冷源侧介质为市政水，各项参数为：钙硬度 80.06mg/L；总硬度 160.13mg/L；氯离子 14.8mg/L；pH 值（25℃）7.81；电导率 281μS/cm。

服务器侧介质为去离子水，各项参数为：钙硬度 20.02mg/L；总硬度 60.0mg/L；氯离子 7.09mg/L；服务器侧水质，pH 值 9.5；电导率 750μS/cm。

3）运行情况简介

本案例的分析数据时间段为 2023 年 6 月 1 日至 30 日。该时间段内的 IT 负载约为 50%，约 13600kW；辅助系统负载约 640kW。系统整体运行数据如图 10.1-4 和图 10.1-5 所示。此数据中，IT 能耗为 IT 设备的全部能耗（包含液冷部分和风冷部分），辅助系统能耗包含了液冷系统能耗和风冷系统能耗。计算得到的平均效率为 19.12。

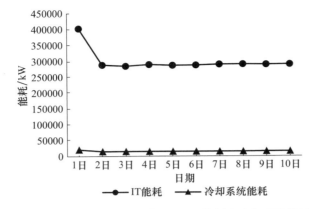

图 10.1-4　2023 年 6 月上旬逐日 IT 能耗和冷却系统能耗

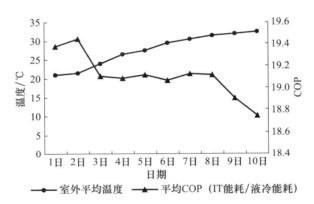

图 10.1-5　2023 年 6 月上旬逐日冷却系统平均 COP 和室外平均温度

在此时间段内，系统温度数据如图 10.1-6 所示。

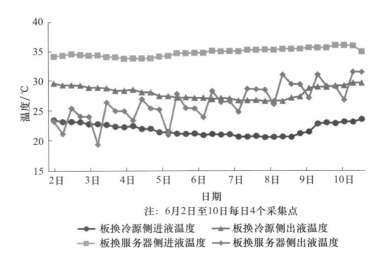

图 10.1-6　2023 年 6 月上旬 CDU 进出液温度

10.1.2　湖南资兴市东江湖大数据中心算力改造项目

1）案例简介

业主单位为湖南省云巢信息科技有限公司，液冷系统建设单位/液冷系统提供单位为长沙麦融高科股份有限公司。图 10.1-7 为项目现场照片。本案例位于湖南省郴州市资兴市东江湖 AAAAA 景区。

(a)项目中心外观照片　　　　　　　　　　　(b)水泵站房照片

图 10.1-7　项目现场照片

改造前，东江湖大数据中心总占地面积为 10000m²，其中包含取水泵站建筑总面积达 17000m²，共设计机柜 2500 架，原单机架功率平均 4.4kW。该数据中心自 2017 年投入运营以来，率先采用全自然湖水冷却技术，显著降低了制冷系统的能耗，全年平均电源使用效率（PUE）始终保持在 1.2 以下，体现了其在能效管理方面的领先水平。然而，随着行业算力需求的快速增长，初期规划的单机架功率密度已无法满足当前高性能计算（HPC）、人工智能（AI）及大数据分析等新兴应用场景的需求。为此，项目团队对空调系统进行了全面的液冷制冷改造，旨在提升机柜功率密度，优化数据中心能效表现。此次改造不仅有效解决了算力需求与基础设施承载能力之间的矛盾，还为老旧数据中心的算力升级与容量挖潜提供了可复制的技术路径，具有显著的行业示范意义。

本案例创新性地采用了冷板式液冷技术，系统设计总 IT 容量为 600kW，其中液冷系统高效承载 480kW 的热负荷，风冷系统承载 120kW 的热负荷，风冷与液冷负荷分配比例为 2∶8。

2）系统简介

本案例中，液冷系统与服务器之间的换热采用以下形式：在二次侧循环水泵的驱动下，冷却液通过冷板与服务器芯片及关键元器件进行间接换热，将热量传递至封闭循环管道的冷却液中。冷却液随后将热量输送至液冷分配单元（CDU）进行二次换热，通过外部湖水将二次侧系统的热量带走。根据工艺设计条件，冷板式液冷机柜 80% 的热量由机柜内部冷板承担，剩余 20% 的热量则由柔性风墙空调系统辅助散热，从而实现高效、稳定的热管理。整套液冷系统如图 10.1-8 所示。

一次侧系统的冷媒及循环方式如下：一次侧循环工质采用软化水，系统主要由液冷冷源（江水）、一次侧管路及一次侧循环泵组成。一次侧系统采用一次泵变流量设计，冷却水泵配备变频控制，通过 CDU 中的电动二通阀实现流量调节，确保系统能效最优。

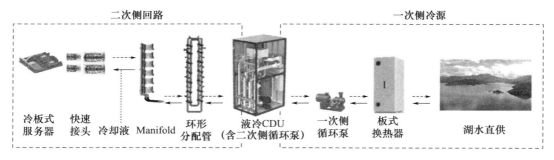

图 10.1-8 液冷系统循环示意图

一次侧系统为闭式循环设计，为保障通信机楼全年持续供冷，一次侧管路采用环状供水布局，并配置必要的阀门，以便在管道故障或维护时实现快速切换，确保系统支持在线维护，最大限度提升系统的可靠性与可维护性。

二次侧系统的冷媒及循环方式如下：二次侧循环工质采用去离子水，二次侧液冷系统主要由液冷分配单元（CDU，含二次侧循环泵）、液冷机柜（含多路分配器 Manifold）、二次侧管路、快速接头及冷板式服务器等关键组件构成。二次侧系统采用环形管路设计，管路敷设于静电地板下方，确保布局整洁且便于维护。管路采用不锈钢 304 材质，具备优异的耐腐蚀性、高强度和长寿命特性，能够满足数据中心高可靠性运行的要求。该设计不仅优化了系统的换热效率，还显著提升了系统的可维护性和扩展性，为高密度算力场景提供了稳定高效的散热解决方案。图 10.1-9 为系统现场照片。

(a) 液冷CDU现场图片　　　　　(b) 液冷风墙现场图片

图 10.1-9 液冷系统示意图

液冷系统项目特点：

（1）全自然冷却技术。全年均依靠东江湖天然低温湖水作为冷源，实现极致节能效果，显著提升制冷系统的能效比，降低运行能耗，体现绿色数据中心的可持续发展理念。

（2）风液同源系统架构。冷板式液冷系统与柔性风墙空调均以湖水为统一冷源，系统可根据客户实际负载需求动态调节风冷与液冷的比例，实现能效最优化的灵活配置。

（3）模块化建设与快速部署。采用预制化不锈钢管道组件，结合柔性风墙空调及液冷分配单元（CDU）的模块化设计，所有核心组件均可在工厂预装后运至施工现场，大幅缩短部署周期，实现高效、快速的交付。

（4）高效制冷与高可靠性设计。柔性风墙空调贴近热源布置，有效消除局部热点；采用软连接设计，便于后期运维根据负载变化灵活调整，同时支持系统冗余备份，显著提升整体系统的可靠性与可维护性。

3）运行情况简介

本案例的分析数据时间段为 2024 年 7 月 1 日至 31 日，该时间段内的 IT 负载约为 40%。无法拆分由风墙空调带走的 IT 发热量。风墙空调由机房冷水供冷。因此，认为液冷的制冷量为 IT 能耗（含风冷）的 80%。

在此时间段内，液冷 CDU 及一次侧水泵的运行负载约为 8kW。湖水与一次水通过板式换热器换热，湖水的取水泵为液冷系统与数据中心的水冷系统共用，无法单独拆分。因此，若要与其他系统对比，考虑取水管路长度一般远大于一次循环管路长度，在此近似认为水泵能耗为 CDU 及一次水泵能耗的一半进行修正。根据修正数据计算得到液冷系统的平均效率为 17.29。

在此时间段内，系统整体运行数据如图 10.1-10 和表 10.1-1 所示。由于采用水库排水作为冷源，因此冷源温度与大气温度无关，在此不对效率与室外温度的关系进行分析。

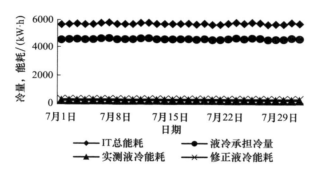

图 10.1-10　分析时间段 2024 年 7 月逐日能耗数据

表 10.1-1　部分分析时间段（7 月 1—7 日）内的运行能耗

时间	IT 总能耗/(kW·h)	液冷承担冷量/(kW·h)	实测液冷能耗/(kW·h)	修正液冷能耗/(kW·h)	液冷系统效率
7 月 1 日	5654.4	4523.52	178.6	267.9	16.89
7 月 2 日	5689.0	4551.20	176.4	264.6	17.20
7 月 3 日	5716.4	4573.12	174.6	261.9	17.46
7 月 4 日	5679.8	4543.84	174.6	261.9	17.35
7 月 5 日	5687.4	4549.92	178.0	267.0	17.04
7 月 6 日	5774.8	4619.84	180.6	270.9	17.05
7 月 7 日	5802.8	4642.24	177.6	266.4	17.43

在此时间段内，系统温度数据如图 10.1-11 所示。

当前 COP 较设计偏低的主要原因是现在液冷服务器上架率偏低，液冷负荷距离满

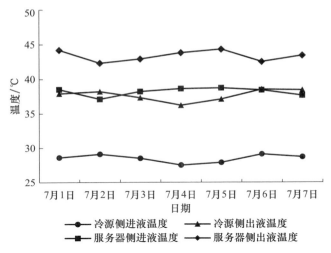

图 10.1-11　部分分析时间段（7月1—7日）内的温度曲线图

载差距较大，水泵降低至最低频率后流量依然偏大。可通过放空阀进行排气操作和检查冷板波纹管是否被挤压导致水流不通畅等操作进一步优化水系统换热效果，或者提升液冷服务器上架率提升系统总制冷量。

10.1.3　深圳百旺信智算中心

1）案例简介

业主单位为深圳易信科技股份有限公司，液冷系统建设单位/液冷系统提供单位为深圳博健科技有限公司。图 10.1-12 为现场照片。

（a）深圳百旺信智算中心外观照片　　（b）深圳百旺信智算中心机房照片

图 10.1-12　项目现场照片

本案例位于深圳市南山区。采用了冷板式液冷技术，设计的总 IT 容量为 600kW，其中，液冷系统承担 480kW 负荷，设计风液比为 2：8。

2）系统简介

本案例液冷系统与服务器换热采用的形式为：在液泵的驱动下，冷却液从冷板式液冷系统 CDU（冷量分配单元）的供水管中被抽取，并送入服务器机柜下方的冷板散热器。冷却液在冷板中均匀分布，通过直接接触服务器的发热部件吸收热量。在热压和泵的驱动作用下，冷却液从机柜下方进入，从上方流出，并与服务器进行换热。

完成换热后，冷却液从机柜上侧流出，经过溢流系统回到回液管，然后流回 CDU

（冷量分配单元）的回水管，最后回到冷水机组制冷（夏季模式）或者板式换热器冷却（冬季模式），冷却后的冷水再次循环到服务器中。

一次侧的冷媒及循环方式为：由液体泵驱动闭式循环，管路为双管路结构，以实现冷却液的均匀分布和高效换热。冷媒为水，通过冷板与服务器内部发热部件直接接触，吸收热量后，经过冷源系统冷却，然后再次循环到服务器中。在一次侧的闭式循环中，冷却液在系统内循环流动，不与外部环境直接接触，从而减少污染和水质退化的问题。一次侧冷媒为纯净水，各项参数如表 10.1-2 所示。

表 10.1-2　一次侧冷媒参数

进液温度/℃	出液温度/℃	pH 值	一次侧能耗/(kW·h)
35	29	7.7	1339.81

此外，系统还配备了列间空调进行风冷补冷，承担剩余的 20% 左右散热量，解决了服务器非冷板散热部分的热负荷。

二次侧的冷媒及循环方式为：由水泵驱动的闭式循环，管路为双管路结构，通过CDU 和列间空调实现冷却液的分配和温度调节。二次侧冷媒为纯净水，各项参数如表10.1-3 所示。

表 10.1-3　二次侧冷媒参数

进液温度/℃	出液温度/℃	pH 值	二次侧能耗/(kW·h)
25.07	19.15	7.7	601.82

此外，系统通过双冷源设计，保证了冷却系统的冗余性，即使在一个冷源发生故障的情况下，另一个冷源也能够立即启动，确保设备持续运行，提高整个系统的稳定性和可靠性。图 10.1-13 为液冷系统的平面系统图。

冷源方式为：采用露点型间接蒸发冷却塔＋板式换热器＋磁悬浮冷水机组作为组合式冷源，设计进水温度为 18℃ 左右。

根据气候条件有三种运行模式，分别是夏季冷机独立供冷的完全机械制冷模式、预冷时露点型间接蒸发冷却塔＋板换＋离心式冷水机组联合供冷的部分自然冷源模式、冬季板换＋冷却塔的完全自然冷源模式。其中冬季工况中，制冷不再依靠高能耗冷机的机械制冷，而是完全由利用自然冷源的间接蒸发冷却塔替代，大幅延长自然冷源的应用时长。

主要控制参数为：服务器最高进液温度 25℃，最高出液温度 40℃。

主要的控制策略为：回水温度控制、压力控制、水质监控、监测告警以及二次泵控制。

回水温度控制：通过调节水泵转速、冷媒流量，以保持服务器出水温度在设计范围内。

压力控制：当服务器或设备产生更多热量时，CDU 会增加冷却液的流量以提高冷却效率；相反，当热量减少时，CDU 会减少流量以节省能源。压力控制还可以确保各个液冷服务器的供液流量不低于额定值。

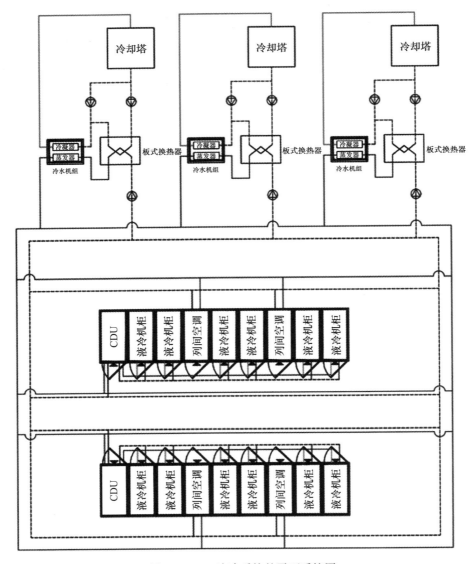

图 10.1-13　液冷系统的平面系统图

水质监控：定期检测水质，包括 pH 值、电导率、清洁度等，以确保水质符合系统要求。

监测告警：通过安装传感器和监控系统，实时监测系统状态，并在温度、压力、流量等参数超出设定范围时发出告警。

二次泵控制：高温水精密空调内置二次泵系统，实现了末端精确弹性制冷和高效近端冷却。

3）运行情况简介

本案例的分析数据时间段为 2023 年 9 月 1 日至 2024 年 6 月 1 日，该时间段内的 IT 负载约为 10.09%。在此时间段内，系统整体运行数据如表 10.1-4 所示。

表 10.1-4　分析数据时间段内的系统逐月能耗

时间	液冷 IT 能耗/ (kW·h)	液冷系统能耗/ (kW·h)	液冷平均 COP (液冷 IT 能耗/ 液冷能耗)	风冷 IT 能耗/ (kW·h)	风冷系统能耗/ (kW·h)	风冷平均 COP (风冷 IT 能耗/ 风冷能耗)	室外温度 /℃
2023 年 9 月	41382.27	5379.69	7.69	10345.57	1655.29	6.25	29.1
2023 年 10 月	43258.53	5104.51	8.47	10814.63	1600.72	6.76	26.5
2023 年 11 月	43635.89	5323.58	8.20	10908.97	1658.27	6.58	27.7
2023 年 12 月	43884.42	3789.80	11.58	10971.10	1276.66	8.59	23.5
2024 年 1 月	41507.16	2271.17	18.28	10376.79	879.10	11.80	20.2
2024 年 2 月	45650.92	5934.62	7.69	11412.73	1826.04	6.25	29.1
2024 年 3 月	44099.52	5909.33	7.46	11024.88	1808.08	6.10	30.3
2024 年 4 月	45507.68	5916.00	7.69	11376.92	1820.31	6.25	29.7
2024 年 5 月	43541.87	6182.94	7.04	10885.47	1872.15	5.81	32.6

从运行数据（图 10.1-14）可见，在室外温度较高的条件下，液冷系统运行在冷水供冷工况，系统整体运行能效在 6.5 左右；在室外温度较低的条件下，液冷系统运行在冷却水供冷工况，系统整体运行能效接近 12。

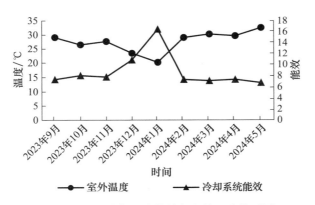

图 10.1-14　冷却系统能效与室外温度关系图

在此时间段内，系统温度数据如图 10.1-15 所示。由图可见，除了在 2024 年 1 月冷却塔供回水温度较低，可采用免费冷源运行模式之外，其他时间内均无法利用冷却塔作为直接冷源，需要开启制冷机提供冷水。在此期间，通过制冷机制取的高温冷水（19℃左右）为液冷 CDU 供冷。

4）总结与展望

（1）通过增加间接冷却模块，显著降低冷却水出水温度，额定工况下低于湿球温度，接近露点温度。

（2）预冷表冷器设置：环境空气与预冷表冷器内经蒸发冷却后的低温循环水进行预

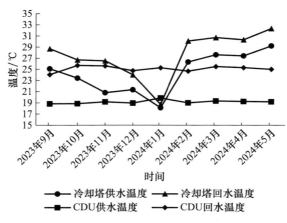

图 10.1-15　系统不同月份供回水温度曲线

冷换热，使得间接蒸发冷却效率高于 80％。

（3）高效填料设置：应用风阻小、蒸发效率高、低风速、横流填料和阶梯重力布水系统。

（4）延长自然冷源利用时长：露点塔在同等气候条件下出水温度低于常规冷却塔 4℃以上，可直接输送至末端制冷或与冷水系统换热。在湿球温度 22℃以下，可充分利用自然冷却，使自然冷却时间显著增加，华南地区（广州）、华东地区（上海）、华北地区（北京）全年自然冷却时间分别增加约 1600、1570、1020h。

可在以下方面开展进一步的优化：

（1）与可再生能源相结合设计，如利用太阳能、风能等；结合余热回收等技术。

（2）提高系统的自动化和控制水平（与 AI 人工智能结合，利用 AI 算法寻找出节能最优解）。

（3）提高操作员工的培训和管理水平。

10.1.4　北京师范大学珠海校区交叉智能超算中心

1）案例简介

业主单位为北京师范大学珠海校区交叉智能超算中心，液冷系统建设单位/液冷系统提供单位为远地（广州）数字科技有限公司。本案例位于广东珠海。采用了冷板式液冷技术，设计总 IT 容量为 3600kW，其中，液冷系统承担全部 IT 负荷的 80％。设计风液比为 2∶8。

2）系统简介

本案例液冷系统与服务器换热采用的形式为冷板式液冷系统，冷却液在液泵驱动下从液冷服务器机柜 Manifold 进液，冷却液在循环泵驱动下流动并通过服务器液冷板与服务器换热，然后回到回液管。

一次侧的冷媒及循环方式：系统一次侧采用闭式冷却塔，2+1 备份形式，循环介质为水，管路为环网结构。一次侧冷媒为水，各项参数如表 10.1-5 所示。

表 10.1-5 　一次侧冷媒参数

pH 值	8.0～10.5
浊度/NTU	<10
电导率（25℃)/(μS/cm)	<10000
总硬度（以 $CaCO_3$ 计)/(mg/L)	<10
微生物含量/(CFU/mL)	<1000
总铁含量/(mg/L)	<1.0
总铜含量/(mg/L)	<0.1
氯离子含量/(mg/L)	<50
硫酸根含量/(mg/L)	<50

一次侧与二次侧的换热方式为板式换热器换热，两侧设计进出液温度为：一次进出液 45℃/35℃、二次进出液 40℃/50℃。

二次侧的冷媒及循环方式：二次侧冷媒采用 PG25，由循环泵驱动的闭式循环，管路为环网结构，系统考虑冗余设计。二次侧冷媒为 PG25 溶液，各项参数如表 10.1-6 所示。

表 10.1-6 　二次侧冷媒参数

pH 值	7.0～9.5
浊度/NTU	<5
电导率（25℃)/(μS/cm)	<1000
总硬度（以 $CaCO_3$ 计)/(mg/L)	<1
微生物含量/(CFU/mL)	<100
总铁含量/(mg/L)	<0.5
总铜含量/(mg/L)	<0.2
氯离子含量/(mg/L)	<20
硫酸根含量/(mg/L)	<10

冷源方式：采用闭式冷却塔作为冷源，设计最高进出水温度为 45℃/35℃。

主要控制参数：服务器侧最高回液温度为 50℃，一次侧进出液温度为 45℃/35℃，二次侧进出液温度为 40℃/50℃，冷源告警出液温度为（50±1)℃，主要的控制策略为 PLC 通过通讯接入冷却塔相关运行数据，并可设置出水温度设定值，通过 PID 调节一次侧供水温度和供水流量。二次侧循环泵频率根据设定流量或设定压差通过 PID 控制冷却液循环泵频率。

3）运行情况简介

本案例的分析数据时间段为 2024 年 1 月 15 日至 22 日，该时间段内的 IT 负载约为 60%。在此时间段内，系统整体运行数据如图 10.1-16 和图 10.1-17 所示。在此时间段内，系统温度数据如图 10.1-18 所示。

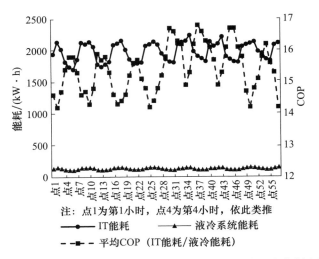

图 10.1-16　2024 年 1 月 15 日至 22 日间隔 3h 的液冷系统能耗和效率

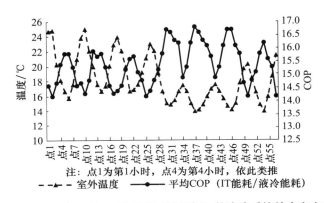

图 10.1-17　2024 年 1 月 15 日至 22 日间隔 3h 的液冷系统效率和室外温度

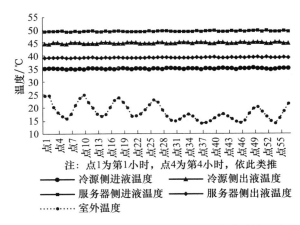

图 10.1-18　2024 年 1 月 15 日至 22 日间隔 3h 的液冷系统温度和室外温度

可在系统联调联控及控制稳定性以及调控响应及时性等方面开展进一步的优化。

10.1.5　中兴通讯滨江液冷智算中心

1）案例简介

本案例的业主单位、液冷系统建设单位/液冷系统提供单位为中兴通讯股份有限公司。图 10.1-19 和图 10.1-20 分别为液冷机房微模块和液冷机房布局图。本案例位于江苏省南京市江宁区地秀路中兴南京滨江基地。

图 10.1-19　液冷机房微模块

图 10.1-20　液冷机房布局图

基于客户将通算风冷数据中心改造为智算液冷数据中心的需求场景，本项目选定中兴通讯南京滨江智造基地综合楼 A 的三楼通算数据中心的存储机房，将其改造为智算液冷机房。机房的功能定位将从过去低功率的信息存储全面转变为能够承载诸如 ZTE 云桌面、ZTE 大模型等对 CPU/GPU 功率要求更高的业务类型。

本项目涉及机房面积约 500m^2，不间断电源供电容量 540kW，共改造为 19 个高功率液冷机柜（直插式和盲插式），机柜功率密度 20～60kW/柜，实现 IT 和承载混合部署。其中算力模块 14 台，负载 288kW，承载模块 5 台，负载 136kW。设计风液比约 2∶8。

液冷改造的具体实践进程中，充分依托原有风冷通算机房的既有条件，全力实现对现有基础设施的最大化利用。例如，保留风冷行间空调，挑选部分风冷机柜并将其改造为液冷机柜，且利用现网冷却塔充当冷源等举措。与此同时，增设液冷 CDU、板换模块、EDU、液冷机柜以及二次侧管网等一系列液冷基础设施。此外，同步开展智能母线改造工作，引入全直流系统以及 iDCIM 管理系统等先进技术手段，进而达成 IT 与承载的多业务混合部署成效。最终圆满完成液冷机房改造任务，精准契合智算中心高功率且低能耗的需求特性，成功实现 PUE 低至 1.1 的卓越成效，为中兴通讯云化业务的蓬勃推进注入了极为强劲且有力的发展动能。

2）系统简介

冷却系统整体方案。本项目定义液冷三级循环为：开式冷却塔--EDU 为零次循环，EDU--CDU 为一次循环，CDU--服务器冷板为二次循环。额定设计工况为：一次侧工质供回液温度 35℃/45℃，二次侧工质供回液温度 42℃/52℃；冷水行间空调 N+1，送风温度 32℃，盘管水温 12℃/18℃。

一次侧包含 3 台 300kW EDU，内置一次侧循环水泵，负责将冷却塔冷量传递给二次侧工质。二次侧为智算机房侧液冷设施，包括 10 个 20kW 机柜和 4 个 40kW 机柜，制冷系统包括 6 台制冷量 18.3kW 水冷行间级空调、2 台额定冷量 300kW 的液冷 CDU

机组、2 台 40kW 换热量的机柜分布式 CDU。图 10.1-21 和图 10.1-22 分别为液冷机柜和楼顶 EDU 板换模块及冷却塔。

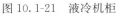

图 10.1-21　液冷机柜

图 10.1-22　楼顶 EDU 板换模块及冷却塔

一、二次侧设计两种液冷工质，其中一次侧采用 25％乙二醇，二次侧采用合成配方液；二次侧冷却液采用冷板式液冷＋冷水行间空调的风液组合方案，通过群控系统进行联动调节，保证机房高效可靠运行；液冷冷源利用开式冷却塔自然冷源，行间空调高温季节时利用冷水冷源，低温和过渡季节时通过系统切换可直接利用自然冷却模式。机房配置有蓄冷罐，在冷机故障后可满足 15min 连续制冷。

零次侧为冷却塔及板换模块，滨江液冷系统利用原有开式冷却塔作为外部冷源，使用零次侧板换模块将冷却塔出水与一次侧闭式冷却水分离，避免冷却水的污染；风冷直接利用原有冷水系统。在此架构下，本项目无须额外部署冷却塔和冷水冷源。

液冷冷源利用原水冷系统的开式冷却塔，采用无压并联开式冷却塔方案，即从冷却塔水盘取冷却水，经 EDU 内置板换与一次侧工质间接换热后，返回新增的冷却塔布水器管路，同时为解决油机启动期间的连续制冷问题，在零次循环设置冷却水蓄水箱，以实现设计温升下的 15min 连续冷却冷源。考虑项目地冬季防冻，室外侧零次管路设置电加热，同时一次侧管路运行乙二醇混合液。图 10.1-23 为系统示意图。

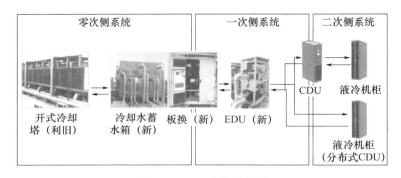

图 10.1-23　系统示意图

本项目配置自动加药装置和定压补水装置，配置 pH、电导率、腐蚀率检测器等实时水质检测器，可实现二次侧药剂的自动添加，实现一、二次侧自动补液和水压稳定。在定期维护的情况下，实现系统长时间稳定运行。

在零次侧、一次侧、二次侧管路上分别安装压力传感器、温度传感器、流量传感器，通过对全系统整体运行数据的检测，实时对系统器件进行控制，实现系统稳定运行。

3）运行情况简介

本案例的分析数据时间段为 2023 年 12 月 30 日至 2024 年 1 月 26 日。期间，IT 能耗最高达到 57000kW·h，最低约为 14000kW·h，PUE 最高达到 1.13，最低为 1.10，如表 10.1-7 所示。

表 10.1-7　测试期间不同负载条件下的系统运行功率相关参数

运行时间段	IT 负载平均功率/kW	机房总平均功率/kW	PUE
2023-12-30—2024-1-5	83.8	94.7	1.13
2024-1-6—2024-1-12	170.3	192.2	1.13
2024-1-13—2024-1-19	255.6	280.5	1.10
2024-1-20—2024-1-26	339.57	373.5	1.10

在此时间段内，系统温度数据如表 10.1-8 所示。

表 10.1-8　测试期间系统运行温度参数　　　　　　　　　　　单位：℃

运行时间段	零次侧		一次侧		二次侧	
	进液温度	回液温度	EDU 供液温度	EDU 回液温度	CDU 供液温度	CDU 回液温度
2023-12-30—2024-1-5	12.3	18.7	34.5	40.3	37.5	40.4
2024-1-6—2024-1-12	12.6	18.4	34.9	43.1	37.9	44.6
2024-1-13—2024-1-19	12.1	18.3	34.9	45.7	40.0	46.9
2024-1-20—2024-1-26	13.4	19.4	36.7	49.2	42.6	50.7

目前机房 CDU 供液控制方式为检测二次侧环网供回液温度和压力差来调节水泵频率和旁通阀开度，以维持二次侧供液温度稳定，控制还不够精细化。未来可通过机柜进出液温度来调节支路进液管电动阀开度，实现机柜级流量精准控制，进一步提高液冷系统性能。

10.1.6　合盈数据（怀来）科技产业园液冷创新实验机房项目

1）案例简介

本案例为液冷创新实验机房项目，针对液冷系统发展形势迅猛、系统多样化、技术痛点凸显的形势，设计了多种实验条件和场景。图 10.1-24 为项目现场照片。

项目采用了冷板式液冷技术，设计的总 IT 规模为 1400kW，可同时容纳 680kW 的 IT 设备同时运行。其中，液冷系统可承担 560kW 负荷。

2）系统简介

风冷侧制冷系统采用风冷氟泵精密空调，采用 N＋1 的冗余配置，设计了地板下送风吊顶回风的气流组织形式。

(a) 液冷系统泵组等设备照片　　　　　　(b) 液冷机房照片

图 10.1-24　项目现场照片

液冷侧采用冷板式技术，液冷系统与服务器换热采用的形式为：冷却液在二次侧循环泵的驱动下进入服务器液冷板内，与服务器散热部件进行换热。

二次侧管路的组成包括 CDU、二次环路、互锁球阀、Manifold 及服务器冷板。二次侧冷媒的循环方式为：CDU 内部的冷却液循环泵驱动冷却液在管路内流动，通过机柜内的 Manifold 将冷却液输送到服务器冷板，冷却液在服务器冷板内进行换热后通过 Manifold 和管路回到液冷分配单元。二次侧冷媒为去离子水，添加防腐剂、缓蚀剂等。

一次侧与二次侧的换热方式为板式换热器换热，板式换热器位于液冷分配单元 CDU 内部。板式换热器两侧设计进出液温度为：一次侧进出液温度 35℃/44℃，二次侧进出液温度 40℃/49℃，设计换热端温差为 5℃。

液冷一次侧管路的组成包括冷却塔、冷却水循环泵、CDU、定压补水装置、加药补水箱以及一次侧管路等。管路为环网结构，冷却塔、水泵、CDU 的备份设计为 1+1。一次侧冷媒采用乙二醇溶液，体积浓度为 45%，满足冬季防冻。

采用闭式冷却塔作为冷源，配置冷却水循环泵、液冷分配单元 CDU、二次环路系统。闭式冷却塔的设计进出水温度为 44℃/35℃，正常运行条件下冬季可干工况运行。在冬季和过渡季节，可以降低供回水温度，满足对不同运行温度下服务器运行性能的测试。在规定的测试周期和工况下，测试水温可连续低至 20℃。

液冷系统一次侧和二次侧分别采用自动控制。一次侧冷却塔通过风扇转速控制下塔冷却液温度，通过电动旁通调节阀的开度调节冷却液的供液温度。一次侧最高进出温度为 35℃/44℃，冷源告警出液温度为 36℃。CDU 通过一次侧循环流量控制二次侧供水温度，通过水泵转速控制流量和压差。二次侧最高进出温度为 49℃/40℃。

本项目为液冷实验机房，在系统设计上具有多个创新实验点。

（1）冷源系统进出水温度采用可根据冷板液冷的测试需求进行调节，设计带载情况下最低水温可以达到 20℃，最高水温可以达到 35℃。可以测试验证高水温、大温差运行工况下自然冷却对系统能效的提升，也可以验证低水温、小温差运行工况对 IT 设备性能的影响。

（2）液冷二次侧冷却系统兼容两种冷却液，可以采用去离子水添加各种药剂，也可实验采用去离子水加纯化水处理的形式。

（3）液冷二次侧系统设置两套管路系统，一套布置于机房地板下，另一套布置于机柜上方，两套系统可与冷却分配单元连接，根据需要进行切换满足测试需要。

（4）液冷二次侧系统管道采用两种不同的材质，一套为不锈钢管管路，一套为PPR管路，可满足不同的水质和管材兼容测试。

（5）液冷系统设计预留了余热回收，IT设备的散热用于冬季办公区供暖、水泵房防冻、余热制冰等。

3）运行情况简介

本案例的测试数据时间段为 2024 年 3 月 1 日至 6 月 30 日，该时间段内的IT负载约为 24%。

在此时间段内，配电系统的运行负载为 24%，风冷精密空调按照热备运行，风机设定最小运行频率。冷却塔、冷却水循环泵设定最低运转频率，并按照自动调节运行。

受篇幅限制，本文列举连续 24h 典型时间段内的系统运行数据，如图 10.1-25、图 10.1-26、图 10.1-27、表 10.1-9 所示。其中 IT 能耗为冷板液冷部分的 IT 能耗，液冷系统的能耗仅为冷板液冷系统的能耗，不包含氟泵系统的能耗。

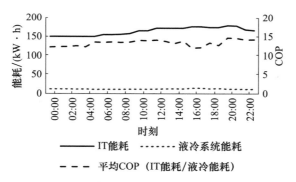

图 10.1-25　2024 年 5 月 25 日液冷系统逐时能耗及效率

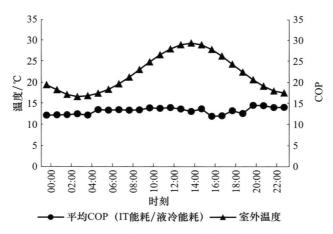

图 10.1-26　2024 年 5 月 25 日液冷系统逐时效率与室外温度

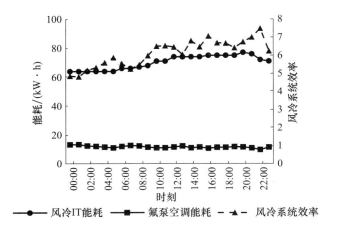

图 10.1-27 2024 年 5 月 25 日风冷系统逐时能耗及效率

表 10.1-9 分析时间段内系统能耗数据

	风冷 IT 能耗/(kW·h)	氟泵空调能耗/(kW·h)	风冷系统效率
5 月 25 日数据小计	1685	277.02	6.08

在此时间段内，CDU 的一次侧和二次侧的进出水温度数据记录如图 10.1-28 所示。

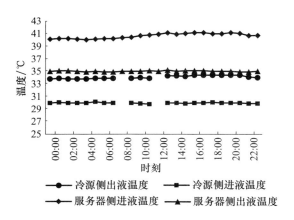

图 10.1-28 分析时间段内系统温度数据

目前，IT 设备负载率较低，冷却塔在部分负荷下运行，风机频率较低，风机运行能耗较低。此外，冷却塔在部分负荷运行，延长了干模式的运行时间，降低了喷淋泵的运行能耗。

为保证连续制冷，冷却塔、循环泵、CDU 等均按照热备工况运行，热备运行可在部分运行工况下降低设备运行能耗。

为保证系统流量和压差，冷却水循环泵和 CDU 内循环泵均设置了最低运行频率，当 IT 设备负载率提升后，液冷系统的 COP 可进一步提高。

10.1.7　北京某智算中心改造

1）案例简介

本案例位于北京，业主单位为北京某上市公司，液冷系统提供单位为航源光热（北京）科技有限公司。图 10.1-29 为机房外观照片。

图 10.1-29　数字北京机房外观照片

北京的气候为典型的暖温带半湿润大陆性季风气候。年平均气温在 12℃ 左右。1 月通常是最冷月，历年月平均气温在 −5～−3℃ 之间，极端最低气温曾达 −27.4℃。7 月为最热月，历年月平均气温在 26℃ 左右，夏季空气调节室外计算干球温度一般在 33℃ 上下，极端高温可达 42℃ 左右。

本案例采用了泵驱两相芯片液冷技术，对一台 A800 服务器进行了泵驱两相芯片级散热改造，服务器功率 2.8kW，如图 10.1-30～10.1-32 所示。

2）系统简介

本案例液冷系统与服务器换热采用的形式为：制冷工质在微通道冷板内部发生剧烈的流动沸腾，通过制冷剂相变换热机理吸收热源大功率芯片产生的热量。系统端到端温差小，可全年利用自然冷源对芯片进行散热降温。

图 10.1-30　A800 两相液冷服务器

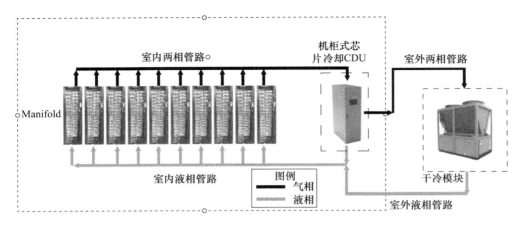

图 10.1-31　泵驱两相芯片液冷系统架构图

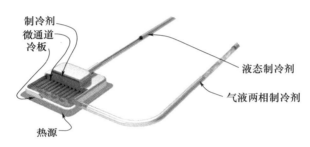

图 10.1-32　泵驱两相芯片液冷技术特殊设计的微通道

　　主要控制参数为：冷源侧最高进出液温度为 40℃/45℃，服务器侧最高进出液温度为 45℃/50℃，冷源告警出液温度为 51℃（可调整），其余主要监控参数包括流量、压力、泵状态等。主要控制策略为根据芯片 IT 功率、系统压力、系统压差以及系统检测到的环境露点温度等参数，自动调节氟泵转速、室外干冷器模组转速，保证系统参数按设定的目标值安全可靠运行。

　　冷媒为氟利昂，CDU 设计供回液温度为 40℃/50℃。

　　3）运行情况简介

　　本案例的分析数据时间段为 2024 年 10 月 10 日至 25 日，该时间段内的 IT 负载约为 85%。在此时间段内，系统整体运行数据如图 10.1-33 所示。

10.1.8　广西南宁某云计算中心改造

　　1）案例简介

　　本案例位于南宁，业主单位为广西某大型国企，液冷系统提供单位为航源光热（北京）科技有限公司。

　　南宁地处亚热带，气候温暖湿润。年平均气温约为 21.6℃。1 月作为相对较冷的月份，历年月平均气温在 12℃左右，极端最低气温一般不低于 0℃。7 月是最热月，历年月平均气温在 28℃左右，夏季空气调节室外计算干球温度约为 34℃，极端高温可达 40℃左右。

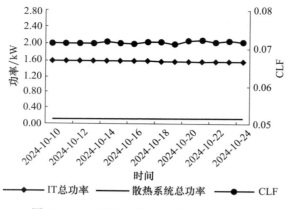

图 10.1-33　液冷系统逐日能耗及效率记录

本案例采用了全新的"泵驱两相双回路散热技术"进行建设，设计的总 IT 容量为 70kW，其中，泵驱两相散热系统承担 70kW 负荷。新建机房占地面积 312㎡，计划安装前两列机柜，每列 8 个机柜，每列机柜各配置有两相液冷散热系统，包括芯片散热系统、背板散热系统。如图 10.1-34～10.1-37 所示。

图 10.1-34　芯片级两相液冷系统　　　　图 10.1-35　室外干冷器散热模组

机柜芯片散热系统承担芯片 21.76kW 热负荷。机柜背板散热系统承担服务器主板和房间部分其他热负荷，共 48.24kW。

本案例于 2023 年 8 月正式开展，目前系统运行稳定，这是国内外第一个采用本项目团队先进专利技术的正式商用的新型机房，机房累计 pPUE=1.096。

2）系统简介

本案例液冷系统与服务器换热采用的形式为：制冷工质在微通道冷板内部发生剧烈的流动沸腾，通过制冷剂相变换热机理吸收热源大功率芯片产生的热量。系统端到端温差小，可全年利用自然冷源对芯片进行散热降温。

227

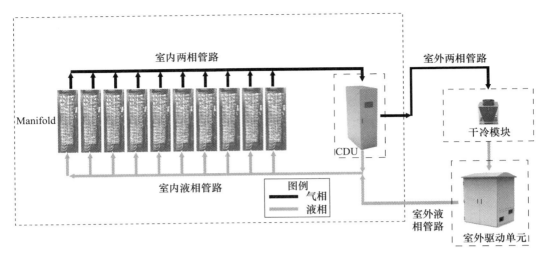

图 10.1-36 泵驱两相芯片液冷系统架构图

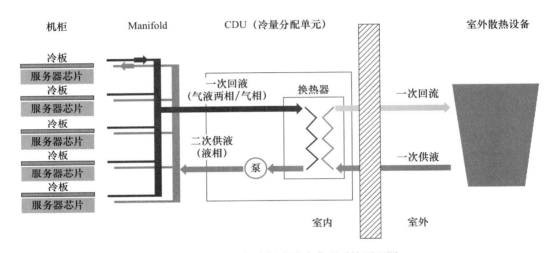

图 10.1-37 两相冷板式液冷典型系统原理图

主要控制参数为：服务器最高进液温度 45℃，最高出液温度 50℃。其余主要监控参数包括流量、压力、泵状态等。主要控制策略为：根据芯片 IT 功率、系统压力、系统压差以及系统检测到的环境露点温度等参数，自动调节氟泵转速、室外干冷器模组转速，保证系统参数按设定的目标值安全可靠运行。

泵驱两相芯片液冷技术特点与优势：

本技术源于航空液冷技术，已成功应用于多个项目，有效解决了高发热量芯片散热难题，降低散热系统能耗，综合性价比高，投资回收期短。同时，已成功研发出国内首个产品化的泵驱两相冷板式液冷产品，已成功推出全系统解决方案和全专业产品体系，并联合产业链上下游多家知名单位编写了国内首套两相液冷技术团体标准，具备规模推广的条件。

（1）安全性：制冷工质无毒、不导电、不可燃、不滋生微生物，常温常压下立刻汽化、无残留，ODP、GWP 指标符合国际要求。

（2）恒温性：芯片从低功率状态进入高功率状态，芯片温度上升速度慢，温升幅度低。

（3）均温性：同一服务器多个 GPU 芯片，不同芯片之间温差在±1.5℃范围之内。

（4）易维护性：系统运行安全、稳定，无须补液，无须排气，后期维护工作量少。

（5）解热能力强：针对 500W 以上大功率芯片的散热有明显的技术优势，可应用在热流密度 200W/cm^2。

（6）运行功耗低：制冷工质冷凝温度 45℃，可完全依靠自然冷源，无须制冷机介入。

3）运行情况简介

本案例的分析数据时间段为 2024 年 1 月 10 日至 25 日，该时间段内的 IT 负载约为 30%。在此时间段内，系统整体运行数据如图 10.1-38 所示。

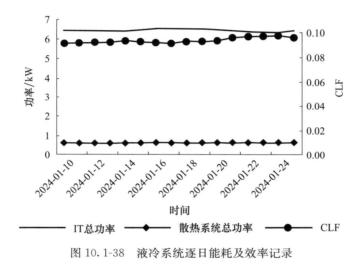

图 10.1-38　液冷系统逐日能耗及效率记录

10.2　浸没式液冷系统应用案例

10.2.1　武汉大学液冷小超算案例

1）案例简介

业主单位为武汉大学测绘学院，液冷系统建设单位/液冷系统提供单位为深圳绿色云图科技有限公司。本案例位于湖北武汉。本案例采用了单相浸没式液冷技术来搭建液冷系统，在其散热容量设计范围内（最大 40kW），该系统能满足所有 IT 设备的散热需求。

项目亮点：该方案在原教学楼电力资源有限的情况下，利用液冷技术强大的散热能力及系统稳定、高度可控等优势，使液冷数据中心在提高高性能计算（HPC）服务器散热效率的同时，能有效规避影响服务器鲁棒性的四大因素：局部热点、机械振动、空气粉尘、潮湿，从而延长 IT 设备的使用寿命，大大提高超算系统的可用性和可靠性，降低算力的综合使用成本。此外，液冷机柜静音的特性使得该计算集群与教学环境融为一体，对办公环境无明显影响。

2）系统简介

本案例所设计的液冷系统与服务器的换热形式为：

（1）以液冷机柜作为特定的容器，将 IT 设备完全浸没在散热能力优异的冷却液中（良好的导热系数及比热容）；

（2）液冷系统中的循环泵驱动冷却液在系统中进行循环流动，从而不断吸收 IT 设备释放的热量并将热量存储到冷却液中；

（3）流动至干冷器中的冷却液与空气进行换热，从而把存储在液体中的热量散发至大气环境中。

上述散热形式原理如图 10.2-1 所示，该系统于 2022 年 3 月部署至今已稳定运行 2 年多。

上述系统的进出液温度设计为，出液温度 35～40℃，进液温度 30～35℃，系统中的控制器采用分布式控制架构，由可编程控制器（Programmable Logic Controller，PLC）作为主控器件。可实时检测传感器状态并报警。系统采用的冷却液信息如表 10.2-1 所示。本案例所述系统的现场部署情况如图 10.2-2 所示。

表 10.2-1　系统冷却液参数信息

型号	LCS-300
类别	合成油
外观	清澈透明
密度/（g/cm³）	0.801（15℃）
倾点/℃	−60
比热容/[kJ/（kg·K）]	2.3（40℃）
导热系数/[W/（m·K）]	0.173（40℃）
沸点/℃	354
闪点/℃	160
燃点/℃	＞200
运动黏度/（mm²/s）	6（40.0℃）
击穿电压/kV	＞45
相对介电常数	2.08
含硫量	＜0.0000002

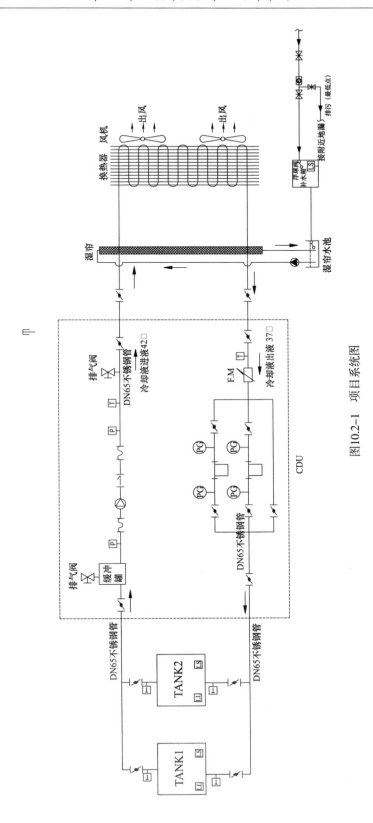

图10.2-1　项目系统图

(a)已部署好的液冷　　　　(b)液冷系统中液冷　　　　(c)服务器上架至液冷　　　　(d)服务器上架完毕后
　　系统正视图　　　　　　　主机正视图　　　　　　机柜时的实拍图　　　　　　液冷机柜的俯视图

图 10.2-2　液冷系统现场部署情况

3）运行情况简介

本案例的分析数据时间段为 2022 年 6 月 20 日至 26 日，该时间段内的 IT 负载平均功率约为 10kW。在此时间段内，液冷子系统的运行负载约为 0.8kW，系统整体运行数据如图 10.2-3 和图 10.2-4 所示。

对比传统风冷解决方案，浸没式液冷技术有助于降低数据中心的 PUE 值，减少能耗，推动低碳数字化经济的发展，符合当前绿色数据中心发展的要求。

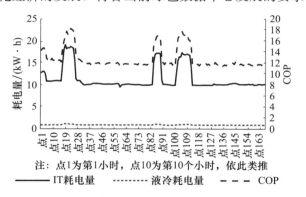

注：点1为第1小时，点10为第10个小时，依此类推
——— IT耗电量　　…… 液冷耗电量　　- - - COP

图 10.2-3　2022 年 6 月 20 日至 26 日液冷系统逐时能耗及效率

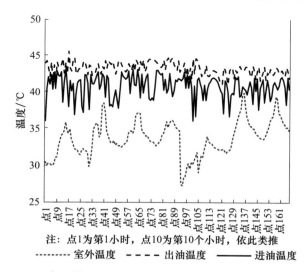

注：点1为第1小时，点10为第10个小时，依此类推
…… 室外温度　　- - - 出油温度　　——— 进油温度

图 10.2-4　2022 年 6 月 20 日至 26 日液冷系统机柜进出油温度及室外温度

本案例在运用有限的科研经费下，构建一套浸没式液冷超算实验平台。通过验证并跟踪液冷集群的工况、系统能效，了解并掌握液冷数据中心的运维要素。为边缘液冷方案的推广提供了理论依据。

项目在提高 HPC 服务器散热效率的同时，能很好规避服务器的四大主要故障因素：局部热点、机械振动、空气粉尘和潮湿，延长算力设备使用寿命，大大提高超算系统的可用性及可靠性，降低算力的综合使用成本。

10.2.2 人工智能与数字经济广东省实验室（广州）液冷算力平台

1）案例简介

本案例业主单位为人工智能与数字经济广东省实验室，液冷系统建设单位/液冷系统提供单位为远地（广州）数字科技有限公司。本案例位于广州。本案例采用了单相浸没式液冷技术，设计总 IT 容量为 600kW，液冷系统承担全部 IT 负荷。

2）系统简介

本案例液冷系统与服务器换热采用的形式为单相浸没式液冷系统，冷却液在液泵驱动下从液冷卧式机柜下进液，冷媒在热压和驱动结合下下进上出流动并与服务器换热，从机柜上侧溢流后回到回液管。

一次侧的冷媒及循环方式为：系统一次侧采用闭式冷却塔，1+1 备份形式，循环介质为水，管路为环网结构。

一次侧与二次侧的换热方式为板式换热器换热，两侧设计进出液温度为：一次进出液 45℃/35℃、二次进出液 40℃/50℃。

二次侧的冷媒及循环方式为：二次侧冷媒采用单相电子氟化液，由循环泵驱动的开式循环，管路为环网结构，系统考虑冗余设计。

冷源方式为：采用闭式冷却塔作为冷源，设计最高进出液温度为 45℃/35℃。

主要控制参数为：服务器侧最高回液温度为 50℃，一次进出液温度 45℃/35℃，二次侧进出温度 40℃/50℃，冷源告警出液温度为（50±1）℃，主要的控制策略为：PLC 通过通讯接入冷却塔相关运行数据，并可设置出水温度设定值，通过 PID 调节一次侧供水温度和供水流量。二次侧 CDU 根据 Tank 内高低区温差通过 PID 控制氟化液循环泵频率。

一次侧冷媒为水，各项参数如表 10.2-2 所示。

表 10.2-2 一次侧冷媒参数

pH 值	8.0~10.5
浊度/NTU	<10
电导率（25℃）/(μS/cm)	<10000
总硬度（以 $CaCO_3$ 计）/(mg/L)	<10
微生物含量/(CFU/mL)	<1000
总铁含量/(mg/L)	<1.0
总铜含量/(mg/L)	<0.1
氯离子含量/(mg/L)	<50
硫酸根含量/(mg/L)	<50

二次侧冷媒为电子氟化液，各项参数如表 10.2-3 所示。

表 10.2-3　二次侧冷媒参数

表观	澄清，无色	气味	无味
分子量	450	液体密度（25℃）	1.815g/mL
沸点	110～115℃	凝固点	−109.7℃
闪点	无	燃点	无
表面张力	15mN/m	水溶解性	不溶
臭氧消耗潜值（ODP）	0	全球变暖潜能值（GWP）	120

3）运行情况简介

本案例的分析数据时间段为 2023 年 12 月 1 日至 2023 年 12 月 8 日，该时间段内的 IT 负载约为 80%。由于未提供冷源系统（如冷却塔、冷却水循环泵等）的能耗数据，因此此处液冷系统能耗不全，数据无法与其他案例横向比较。

在此时间段内，系统整体运行数据如图 10.2-5～10.2-7 所示。

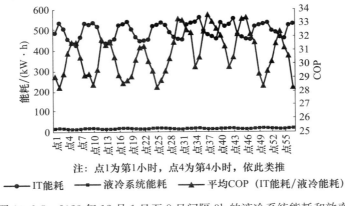

注：点1为第1小时，点4为第4小时，依此类推

—●— IT能耗　—■— 液冷系统能耗　—▲— 平均COP（IT能耗/液冷能耗）

图 10.2-5　2023 年 12 月 1 日至 8 日间隔 3h 的液冷系统能耗和效率

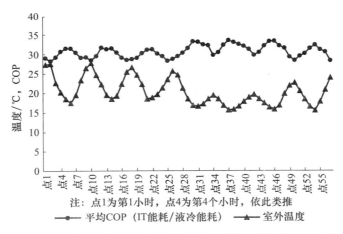

注：点1为第1小时，点4为第4个小时，依此类推

—●— 平均COP（IT能耗/液冷能耗）　—▲— 室外温度

图 10.2-6　2023 年 12 月 1 日至 8 日间隔 3h 的液冷系统效率和室外温度

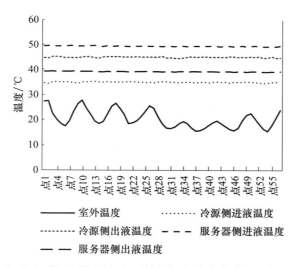

图 10.2-7　2023 年 12 月 1 日至 8 日间隔 3h 的液冷系统温度和室外温度

本系统可在系统联调联控及控制稳定性以及调控响应及时性等方面开展进一步的优化。

10.2.3　中国科学院计算机网络信息中心信息化大厦数据机房项目

1）案例简介

本案例业主单位为中国科学院计算机网络信息中心，液冷系统建设单位/液冷系统提供单位为曙光数据基础设施创新技术（北京）股份有限公司。本案例位于北京市。本案例采用了相变浸没式液冷技术，设计的总 IT 容量为 24818kW，其中，液冷系统承担 24192kW 负荷。

2）系统简介

本案例液冷系统与服务器换热采用的形式为：在液泵驱动下冷却液通过送液管输送到刀片式浸没腔体中，冷却液吸收服务器热量后沸腾，蒸气通过自发动力进入到回气管中。

一次侧的冷媒及循环方式为：由板式换热器和循环水泵组成两个冷却水循环，一次侧由液体泵驱动开始循环，管路为环状结构，二次泵数量为 4 台，正常运行时采用 3＋1 备份方式，当环网故障时，采用单向运行。

末端设备进水温度（换热器用户侧）最高 35℃，最低 20℃；循环水进出水设计温差 8℃；冷却塔设计下塔水温度（换热器冷源侧）最高 33℃，最低 16℃，供回水温差 8℃。

末端设备内冷媒为氟化液，由泵驱动的闭式循环，管路为单管路。

冷源方式为：可采用开式冷却塔（需增加中间板换）、闭式冷却塔或江水源（需增加中间板换）作为冷源，设计最高进出水温度为 33℃（最高能接受 35℃）/41℃。

主要控制参数为：服务器回气侧温度为氟化液沸点温度 50℃，一次侧最高进出水温度为 35℃/43℃，二次侧最高进液温度为 38℃，回气温度约为 50℃（氟化液沸点温度）。

一次侧和二次侧冷媒为冷却水，末端设备内冷媒为氟化液，各项参数为：常压沸点 50℃，潜热 85kJ/kg，比热容 1000J/(kJ·K)，臭氧消耗潜值 ODP 为 0，温室效应 GWP 值为 20。

3）运行情况简介

本案例的分析数据时间段为 2024 年 4 月 1 日至 30 日，该时间段内的 IT 负载约为 40%。

在此时间段内，各子系统的运行负载各自为：一次侧负载 50%，二次侧负载 60%；冷却塔平均负载 60%。在此时间段内，系统整体运行数据如图 10.2-8 和图 10.2-9 所示。由于未提供冷源系统（如冷却塔、冷却水循环泵等）的能耗数据，因此此处液冷系统能耗不全，数据无法与其他案例横向比较。

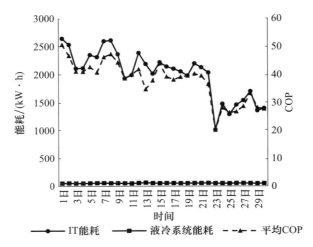

图 10.2-8　2024 年 4 月 1 日至 30 日每日 09：00—10：00 液冷系统能耗和效率

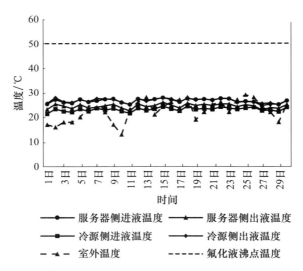

图 10.2-9　2024 年 4 月 1 日至 30 日每日 09：00—10：00 液冷系统温度和室外温度

在 IT 设备负载较小时，液冷系统需保证基础的供水压力和供水温度，在外界气温变化不大的情况下，能耗波动不大。在当前情况下，COP 值的高低主要跟 IT 设备负载有关。后续可通过提高 IT 设备负载，或适当优化供水温度和供水压力等液冷系统运行参数，来降低液冷系统能耗，达到提高 COP 的目的。

10.2.4　甘肃庆阳浸没液冷智算中心

项目采用预制集装箱的方式进行建设，浸没液冷智算中心以符合相关标准的集装箱为载体，是集成服务器机柜、配电、暖通、监控、消防等系统为一体的一种新型数据中心产品。共设置 8 台液冷一体化机柜，总负荷约为 480kW。可承载 1024 张算力卡，提供 170PFLOPS（Floating Point Operations Per Second，简称 FLOPS，是每秒所执行的浮点运算次数，它是衡量一个电脑计算能力的标准）算力。

（1）产品特点：采用液体控制算法、自研国产化冷却液、自研浸没液冷服务器结合的自有产品。将浸没式液冷技术与现有的方舱式数据中心方案相融合，方案内包含液冷方舱、配电方舱、监控方舱等，产品深度整合，所有部件实现工程产品化工厂预制生产。可根据 IT 设备空间容量需求进行整合，快速扩容。在实现建设模块化、标准化的数据中心基础上，进一步提升了系统的节能性与环保性。采用浸没液冷方案，冷媒与发热器件直接接触，换热效率更高，且可实现全面自然冷却，采用全浸没方式，服务器内部温度场更加均匀，器件可靠性更有保障。

（2）产品配置：占地面积相同的情况下，一台一体化液冷机柜比一台风冷设备，可以容纳多十倍的服务器，这也意味着同样体积下采用液冷系统，计算能力可以提升十倍以上。单机柜功率密度可达 60kW。

（3）产品质量：产品无泄漏风险，采用绝缘、环保的冷却液体，即使发生泄漏对基础设施硬件和外界环境也无任何风险；系统噪声更低，服务器全部元器件均可通过液冷方式散热，内部实现无风扇设计，满载运行噪声最低可至 45dB。

（4）面积与成本：系统集成在机柜内部，占地面积较小。不需要装修、地板等配套工程，有效降低资本性支出。浸没式液冷提升整机能效，降低运营成本，使总体拥有成本 TCO 显著下降。

（5）监管及服务：一站式售后服务能及时处理各类设备故障问题，省时省心；通过动环监控系统，实现本地、远程监控管理，更可多网点接入上层管理平台统一监管，多样化选择支持。

（6）安装：工厂预制化接电通网即可上线。

（7）故障率：对比风冷服务器，液冷服务器方案故障率下降达 50% 以上。

项目现场图片如图 10.2-10 所示。

图 10.2-10　庆阳云创数据中心液冷集群

10.3 喷淋式及其他液冷系统应用案例

10.3.1 全国一体化算力网络国家（贵州）主枢纽中心项目

1）案例简介

本案例业主单位为贵安新区大数据科创城产业集群有限公司，液冷系统建设单位/液冷系统提供单位为广东合一新材料研究院有限公司。图 10.3-1 为现场照片。

东数西算贵阳节点项目总投资约 10 亿元，以贵安数据中心集群为核心，立足全国一体化算力网络国家（贵州）枢纽节点战略定位，以国产化、智能化、网络化、绿色化、安全稳定为导向，打造一体化算力网络国家（贵州）枢纽节点算力运营调度中心，项目有 12kW、24kW 两种 216 个机柜，2023 年 6 月投入运行。

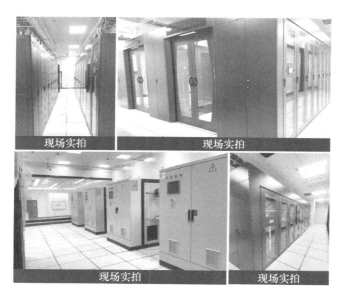

图 10.3-1 现场实拍图

本案例位于贵阳市。采用了喷淋液冷技术，设计的总 IT 容量为 3200kW。项目采用喷淋液冷模块数据中心方案，打造绿色低碳亮点工程。

项目方案为室外布置 2 台 3200kV·A 的柴油发电机，1 个地埋储液罐；一层机房规划 76 个 IT 服务器液冷机柜，二层 140 个 IT 服务器液冷机柜，单机柜功率分别为 12kW 和 20kW；WCU 按 5＋1 冗余配置，共 23 台，内含泵、过滤器、板换、阀门等；23 个 WCU 控制柜。合计 IT 功率 3200kW。使用冷却塔散热方式，冷却塔布置在楼顶室外平台，配置 3 个冷却塔（2＋1 配置）。

2）系统简介

本案例喷淋液冷系统工作模式为：在冷却液泵驱动下的冷却液经过机柜底部的进液管路流经机柜底部进液口，通过分液歧管分配到每台服务器上盖板，并通过喷淋孔使液体喷淋滴落在服务器发热器件上，受热的冷却液通过重力依次回流到机柜底部的回液管路，汇总到主回液管再次被冷却液泵往复式循环。图 10.3-2 和图 10.3-3 分别为液冷系统原理图和构成图。

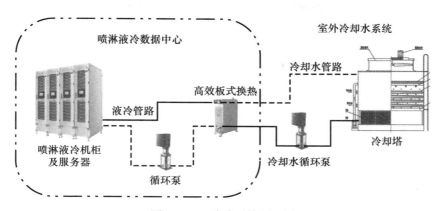

图 10.3-2　液冷系统原理图

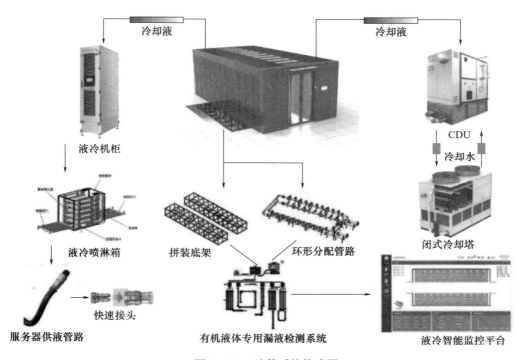

图 10.3-3　液体系统构成图

一次侧的冷媒及循环方式为：冷却水与空气蒸发式换热，由循环水泵驱动冷却水经过闭式冷却塔进行循环，闭式冷却塔利用自来水进行外管的蒸发冷却，一次侧循环管路为环网结构，主体设备采用 N+1 备份。

一次侧与二次侧的换热方式为板式换热器换热，两侧设计进出液温度为：一次侧进液 35℃、回液 40℃，二次侧进液 45℃、回液 50℃，设计换热温差均为 5℃。图 10.3-4 为板式换热器原理图。

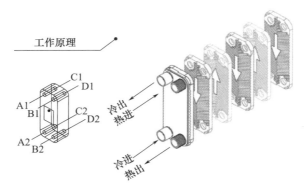

图 10.3-4 板式换热器原理图

二次侧的冷媒及循环方式为：冷媒为冷却液，绝缘导热液体。采用冷却液密闭循环，由冷却液泵驱动冷却液与机柜内的服务器进行液体接触换热，换热后的液体经过板式换热器进行热量交换，二次侧循环管路为环形管路结构，主体设备采用 N＋1 备份。

冷源方式为：采用闭式冷却塔作为冷源，设计最高进出水温度为进水 35℃、回水 40℃。图 10.3-5 为闭式冷却塔原理图。

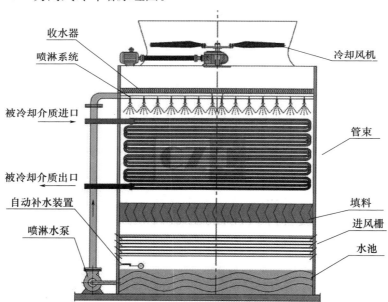

图 10.3-5 闭式冷却塔原理图

主要控制参数为：压力以及温度，一次侧最高进水温度为 35℃、回水 40℃，二次侧最高进出温度为进液 45℃、回液 50℃，告警温度为一次侧进水 40℃，二次侧进液 50℃，主要的控制策略为一次侧采用温差变频控制，利用进水与回水差值驱动风机、水泵变频，已达到节能的效果。二次侧冷却液采用压力数值的恒定进行变频控制循环泵，从而根据不同服务器开启的数量，自动匹配相应的压力（压力数值代表对等的流量）。

一次侧冷媒为冷却水，各项参数如表 10.3-1 所示。

表 10.3-1　一次侧冷媒参数

参数	数值
密度/(kg/m³)	1000
黏度/(mm²/s)	1
比热容/[kJ/(kg·℃)]	4.18
导热系数/[W/(m·℃)]	0.599

二次侧冷媒为冷却液，各项参数如表 10.3-2 所示。

表 10.3-2　二次侧冷媒参数

参数	数值
密度/(kg/m³)	800
黏度/(mm²/s)	25
比热容/[kJ/(kg·℃)]	2.21
导热系数/[W/(m·℃)]	0.1258

10.3.2　江苏宿迁联通 5GBBU 浸没液冷项目

1）案例简介

本案例业主单位为中国联通，液冷系统建设单位/液冷系统提供单位为嘉兴艾酷智能科技有限公司。本案例位于江苏宿迁。本案例采用了半集中浸没液冷一体柜技术，设计的总 IT 容量为 6kW，液冷系统承担 6kW 负荷。

2）系统简介

本案例液冷系统与 5GBBU 换热采用的形式为半集中浸没液冷一体柜，该方式将系统级部署方式变为产品级方案，取消一次侧与二次侧的中间换热单元，取消一次侧循环泵，将 CDU 内液泵集成在 Tank 内。该浸没单相液冷方式，在液泵驱动下，冷却液从 Tank 底部进入后通过布液器自下而上流动，通过液体流动将 5GBBU 设备热量带走，并通过 Tank 上部出液管将高温冷却液送至室外散热器散热后再进入液冷 Tank 内完成一次循环换热。液冷系统原理如图 10.3-6 所示。

本项目去一次侧化，取消一次侧冷却水循环泵，取消 CDU 及 CDU 内部的板换，将液泵集成在 Tank 内，系统内仅有给 5GBBU 散热用的冷却液及 Tank 箱体，冷却液循环泵集成在 Tank 箱体内，室外冷源采用闭式干冷器。

主要控制参数为：冷却液供回液温度为 40℃/50℃，冷却液采用合成油，冷却液具体参数如表 10.3-3 所示。

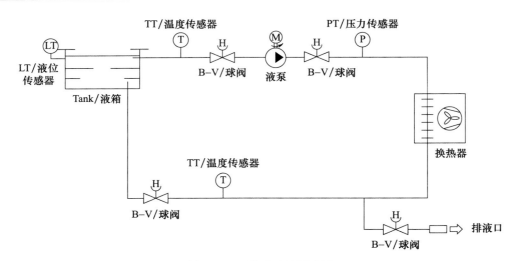

图 10.3-6　液冷系统原理图

表 10.3-3　液却液参数

指标项	艾酷（GTL）性能数据
化学结构	碳氢化合物-C-C-
运动黏度（20℃）/(mm²/s)	20.8
运动黏度（40℃）/(mm²/s)	9.12
沸点/℃	初馏点大于 280
开口闪点/℃	201
密度（20℃）/(g/cm³)	0.8
倾点/℃	−51
击穿电压/(kV/2.5mm)	70
介电常数（50Hz，90℃）	2.059
体积电阻率（90℃）/(Ω.m)	9.9846×1010
介质损耗因数（90℃）	0.00233
导热系数（20℃）/[W/(m·K)]	0.14
比热容（20℃）/[J/(g·K)]	2.08
饱和蒸气压（20℃）/kPa	小于 0.001
水含量（10⁻⁶）	15
ODP	0
GWP	极低
FOM 传热优值（计算值）（强制对流时）	483
价值/(元/kg)	25～35
综合特点	有一定闪点，稳定，介电性能好，无污染

3）运行情况简介

本案例的分析数据时间段为 2024 年 4 月 1 日至 23 日，系统能耗和效率如图 10.3-7 所示。

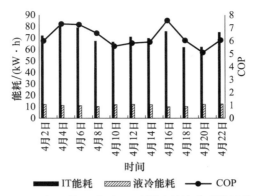

图 10.3-7 2024 年 4 月 1 日至 23 日隔日的液冷系统日能耗和效率

在此时间段内，系统温度数据如图 10.3-8 所示。

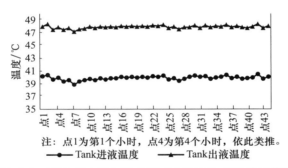

注：点1为第1个小时，点4为第4个小时，依此类推。

图 10.3-8 2024 年 4 月 1 日至 23 日间隔 12h 的液冷系统温度

5GBBU 作为一种高功耗设备，目前单个 BBU 功耗可达 700W。

单机柜可容纳 10 个 BBU，单机柜功耗达到 7kW，BBU 进出风方式为侧进侧出，而非传统通信设备的前进后出，造成不能与机柜前后门对应，气流阻塞混流严重，传统的机柜布局对 BBU 散热造成了制约。

针对 BBU 增加的功耗，必须通过精确送风方式解决，否则需要额外增加远大于 BBU 机柜功耗制冷量的空调才可以解决，且传统的精确送风效果待商榷，能耗增加成为了必然；针对这样的问题，半集中浸没式液冷一体柜由于可以将 5GBBU 直接浸泡在 Tank 内，实现高效的精确制冷，同时冷源侧去压缩机化，又可以实现进一步的节能目的，是一种非常高效的 5GBBU 冷却方案。

从项目监测的能耗数据可以看到，在设备功耗稳定的情况下，采用液冷方案的 PUE 可从原有机房的 1.59 降至 1.16。

更为重要的是，采用的产品级液冷解决方案去除掉了 CDU 以及一次侧循环泵，大幅减少了机房的占地空间，减少了管路系统的布置时间和人力物力投入，在实现节能降耗精确制冷的同时，也达到了快速布置的目的。解决了接入网机房和通信基站 5GBBU 散热采用液冷技术方案的诸多痛点问题，在未来通信基站节能领域值得大范围推广。

10.3.3　某数据中心液冷试点项目

1）案例简介

本案例业主单位为上海某数据中心，本案例采用了共用冷源的单相冷却液的柜式浸没液冷和密闭浸没液冷多类型末端液冷系统，设计的总 IT 容量为 45kW，液冷系统承担 100％负荷。

2）系统简介

本案例液冷系统的系统形式如图 10.3-9 所示。室外冷源为闭式冷却塔，通过循环泵输配乙二醇水溶液至两套并联的液冷系统中。一套液冷系统为柜式浸没液冷系统，包含一台 CDU 和两个卧式液冷机柜，每台机柜可承担 20kW 的 IT 设备。另一套液冷系统为密闭浸没液冷系统，利用数据中心内原有机柜，在下方安装了一台 CDU，在机柜内安装了一套密闭浸没液冷设备。该密闭浸没液冷设备由一个密闭插框和内部末端组成，密闭插框安装在机柜内，前侧开口可敞开，背板有液体进出通道、电线通道等。内部末端可采用喷淋装置，也可采用密闭液冷服务器。

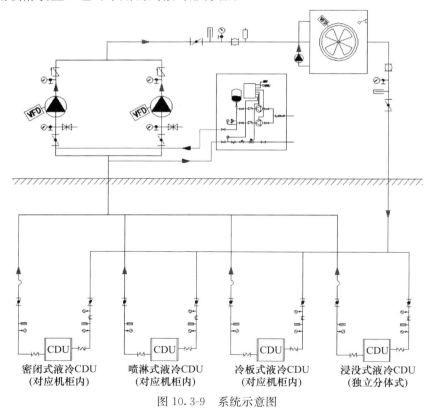

图 10.3-9　系统示意图

3）运行情况简介

本案例的分析数据时间段为 2024 年 8 月 17 日，测试时间段的 IT 负载为 43.693kW，其中，柜式浸没液冷的 IT 负载为 39.303kW，密闭液冷机柜的 IT 负载为 4.39kW。冷却塔、冷却水泵能耗为 3.665kW，柜式浸没冷却 CDU 能耗为 0.485kW，密闭浸没冷却 CDU 能耗为 0.546kW。

在按负载分摊冷却塔和水泵能耗后，计算得到柜式浸没冷却系统的 COP 为 10.42，密闭浸没冷却系统的 COP 为 4.81。系统整体 COP 为 9.3。

运行期间，柜式浸没 CDU 的服务器侧出液温度为 39.3℃，进液温度为 43.3℃；冷源侧进液温度为 31.5℃，出液温度为 42.3℃。密闭浸没 CDU 的进液温度为 35℃，出液温度为 35.7℃。

从运行数据可知，由于密闭浸没冷却系统的装机容量过小，进出液温差过低、CDU 内循环泵能耗占比过大。同时，闭式冷却塔、冷却水泵的能耗占比过高，为系统整体能耗的 78%，供回水温差为 4.4℃，温差过小。系统整体存在较大的运行提升空间，包括闭式冷却塔风机变频优化、布水优化、降低风机能耗；循环水泵变频控制优化、密闭液冷系统管道阻力优化、降低水泵能耗；密闭液冷系统和柜式液冷系统 CDU 控制和流量分配优化，平衡两个系统的流量分布等等。

10.4 本章案例综合分析

本节对提供了较为详细数据的液冷案例进行详细分析，主要汇总了能效等关键信息，具体如表 10.4-1 和表 10.4-2 所示。

表 10.4-1 液冷项目能耗数据比较

项目名称	IT 负载 /kW	液冷系统能耗	液冷形式	冷源	含风冷系统后整体能效	风冷系统形式	其他备注
新疆克拉玛依市碳和网络数据中心	13600		冷板	闭式冷却塔	19.12	间接蒸发冷却风冷系统	
湖南资兴市东江湖大数据中心算力改造项目	190	17.29	冷板	湖水冷却			取水水泵能耗为估算值
深圳百旺信智算中心	75	8.57	冷板	冷水及板换	8.15	冷水机房地板下送风系统	
北京师范大学珠海校区交叉智能超算中心	1700	9	冷板	冷却塔			
中兴通讯滨江液冷智算中心	14000		冷板	开式冷却塔	7.69	冷水机房空调	按 25% 负载工况估算能效
合盈数据（怀来）科技产业园液冷创新实验机房项目	165	13.31	冷板	闭式冷却塔	9.81	氟泵空调系统	
武汉大学液冷小超算案例	10	12.98	浸没	干冷器			合成油
江苏宿迁联通 5GBBU 浸没液冷项目	3	6.26	浸没	干冷器			合成油

续表

项目名称	IT 负载/kW	液冷系统能耗	液冷形式	冷源	含风冷系统后整体能效	风冷系统形式	其他备注
某数据中心液冷试点项目	45	9.3	浸没	闭式冷却塔			合成油；柜式浸没和密闭浸没末端并联

表 10.4-2　液冷项目的冷源侧和服务器侧温度　　单位：℃

项目名称	服务器侧进液温度	服务器侧出液温度	服务器侧温差	冷源侧进液温度	冷源侧出液温度	冷源侧温差
新疆克拉玛依市碳和网络数据中心	34.76	26.37	8.39	21.94	28.07	6.13
湖南资兴市东江湖大数据中心算力改造项目	43.34	38.16	5.18	28.49	37.66	9.17
深圳百旺信智算中心	未提供	未提供	未提供	19.15	25.07	5.92
北京师范大学珠海校区交叉智能超算中心	49.54	39.31	10.23	35.1	45.05	9.95
中兴通讯滨江液冷智算中心	45.65	39.5	6.15	35.25	44.58	9.33
合盈数据（怀来）科技产业园液冷创新实验机房项目	40.65	35.01	5.64	29.99	34.09	4.1
武汉大学液冷小超算案例	43.24	40.79	2.45			
人工智能与数字经济广东省实验室（广州）液冷算力平台	49.56	39.33	10.23	35.1	45.09	9.99
中国科学院计算机网络信息中心信息化大厦数据机房项目	26.48	24.35	2.13	23	26.58	3.58
江苏宿迁联通 5GBBU 浸没液冷项目	47.95	39.93	8.02			
某数据中心液冷试点项目	43.3	39.3	4	31.5	42.3	10.8

从各案例分析可知，液冷系统在应用中要充分注意装机容量与实际运行负荷的比例，若 IT 负载率过低，系统能效也较低。不同类型冷源的影响较大，相比于表冷器，冷却塔作为冷源的系统效率较高。冷水作为冷源的效率较低，大部分时间需要运行在冷水工况，减少了免费冷源的利用。

从能效上分析，开式冷却塔作为冷源的系统与闭式冷却塔作为冷源的系统能效接近。利用开式冷却塔替代闭式冷却塔的技术路线可行，一方面开式冷却塔逼近度小于闭式冷却塔，虽然多了一级板换增加了换热温差，但板换清洗相较闭式冷却塔盘管清洗更方便，有助于温度的控制；另一方面，虽然开式冷却塔多了一级冷却水泵，但部分降低了冷却塔的风机能耗；应用开式冷却塔还可以充分利用既有系统，可大幅度降低液冷改造成本。